Photoshop CC 抠图一本通

◎ 麓山文化 李志红 吴桂华 等编著

机械工业出版社

抠图是指把“前景”和“背景”分离的操作，也是图像编辑、调色和后期合成的基础和前提。本书以最新的 Photoshop CC 为工具，通过 12 大实用技术、100 多种抠图技法、150 个精彩案例、660 分钟的视频教学，深入讲解 Photoshop 的各类抠图技法。

本书共 12 章，首先介绍了 Photoshop CC 和抠图的基础知识，然后层层深入，分别讲解了基本工具、智能工具、橡皮擦工具及路径等常用抠图技术；接着讲解了蒙版、通道、图层、插件等高级抠图方法；最后介绍了抠图在网店商品美化、照片调色、图像合成、广告设计、商业特效合成等工作中的实际运用。

本书所附光盘内容丰富，除提供全书所有实例的源文件和素材外，还免费赠送了全书 150 个实例共 660 分钟的视频教程，以提高学习效率和兴趣，读者在学习过程中可参考使用。

本书案例丰富、技法全面，具有很强的实用性，适合 Photoshop CC 的初、中级读者，包括图像处理人员、照片处理人员、影楼后期设计师、网店抠图美化人员、平面广告设计人员、网络广告设计人员、动漫设计人员等阅读，同时也可以作为各类计算机培训中心、中职中专、高职高专等院校相关专业的辅导教材。

图书在版编目（CIP）数据

Photoshop CC 抠图一本通/麓山文化编著. —2 版. —北京：机械工业出版社，2016.1 重印

ISBN 978-7-111-44781-8

Ⅰ. ①P…　Ⅱ. ①麓…　Ⅲ. ①图像处理软件　Ⅳ. ①TP391.41

中国版本图书馆 CIP 数据核字(2013)第 272101 号

机械工业出版社（北京市百万庄大街 22 号　邮政编码 100037）
责任编辑：曲彩云
印　　刷：北京兰星球彩色印刷有限公司
2016 年 1 月第 2 版第 2 次印刷
184mm×260mm・17.75 印张・437 千字
4001—5500 册
标准书号：ISBN 978-7-111-44781-8
　　　　　ISBN 978-7-89405-212-4 （光盘）
定价：69.00 元（含 DVD）
凡购本书，如有缺页、倒页、脱页，由本社发行部调换
销售服务热线电话（010）68326294
购书热线电话（010）88379639　88379641　88379643
编辑热线电话（010）68327259

前言 PRAFACE

关于 Photoshop CC

2013 年 7 月，Adobe 公司推出最新版本 Photoshop——Photoshop CC（Creative Cloud）。相比此前的版本，Photoshop CC 带来许多新功能，如防抖滤镜、Camera Raw 工具、图像提升采样、属性面板改进、Behance 集成、云同步设置等。但 Photoshop CC 对安装条件也相对进行了提高，它只能安装在 Windows7 系统或者更高级别的系统中。

Photoshop 是目前世界上最优秀的平面设计软件之一，因其界面友好、操作简单、功能强大，深受广大设计师的青睐，被广泛应用于插画、游戏、影视、海报、POP、照片处理等领域。本书立足于 Photoshop CC 软件的抠图技法，通过大量行业案例演练，介绍其操作方法。

本书内容安排

本书是一本专门讲解中文版 Photoshop CC 抠图技法的专业教材。全书通过 12 章、11 小时的高清视频教学，深入讲解了 Photoshop CC 中各种抠图的操作方法和技巧，以及商业类的综合案例。即使没有 Photoshop CC 软件基础的读者，也能够快速步入 Photoshop CC 照片抠图的高手之列。

本书共 12 章，第 1 章为 Photoshop CC 抠图的基础入门，讲解软件的操作界面和软件的基本操作以及抠图的含义；第 2 章为基本选择工具抠图，讲解在 Photoshop CC 中利用选择工具对图像进行抠图，从最简单的基础知识入手来帮助没有基础的读者轻松抠取规则形状的图像；第 3 章、第 4 章和第 5 章，分别讲解利用智能工具、橡皮擦工具及路径进行抠选图像，以全面掌握 Photoshop CC 各类工具的抠图方法和技术；第 6 章为 Photoshop CC 的蒙版抠图，全面讲解不同类型的蒙版抠图方法，让读者了解蒙版的多样性及重要性；第 7 章为 Photoshop CC 通道抠图，通过实例的形式讲解不同的通道抠选图像的方法，让读者突破通道抠图难的误区；第 8 章为图层抠图方法，讲解在 Photoshop CC 中使用图层抠图产生锦上添花的效果；第 9 章讲解第三方的插件的运用，让读者了解目前最好的抠图插件工具，在掌握抠图技法的基础上也知晓插件的使用方法；第 10 章、第 11 章，分别讲解 Photoshop CC 在淘宝中的应用，让不会使用软件的淘宝店主能够瞬间处理自己的宝贝；最后一章通过 17 个综合案例，使读者巩固前面所学的知识，在知识与技能方面得到全面的提升，帮助读者实践所学的内容，积累实战经验。

本书编写特色

总的来说，本书具有以下特色：

零点快速起步 技巧原理细心解说	本书所有的理论知识都融入案例中，以案例的形式进行讲解，每个实例都包含相应知识点。在一些重点和要点处，还添加了大量的知识补充和技巧讲解，帮助读者理解和加深认识，以达到举一反三、灵活运用的目的。
8 大抠图类型 100 多种抠图技法	书中详解地介绍了选择工具抠图、智能工具抠图、橡皮擦工具抠图、路径抠图、图层抠图、蒙版抠图、通道抠图以及插件抠图共 8 大类 100 多种实用抠图技法

150 个实战案例 抠图应用全面掌握	本书是一本全操作型的技能实例手册，共计 150 个精彩案例。使读者在熟悉基础的同时，能够全面掌握抠图在实际工作中的应用方法
高清视频讲解 学习效率轻松翻倍	本书配套光盘收录全书所有实例长达 11 小时的高清语音视频教学，可以在家享受专家课堂式的讲解，成倍提高学习兴趣和效率

本书光盘内容

本书附赠 DVD 多媒体学习光盘，配备了全书所有实例共 11 个小时的高清语音视频教学，细心讲解每个实例的制作方法和过程，生动、详细的讲解可以成倍提高读者的学习兴趣和效率，真正的物超所值。

本书创作团队

本书由麓山文化编著，具体参加编写和资料整理的有：李志红、吴桂华、陈志民、江凡、张洁、马梅桂、戴京京、骆天、胡丹、陈运炳、申玉秀、李红萍、李红艺、李红术、陈云香、陈文香、陈军云、彭斌全、林小群、刘清平、钟睦、刘里锋、朱海涛、廖博、喻文明、易盛、陈晶、张绍华、黄柯、何凯、黄华、陈文轶、杨少波、杨芳、刘有良、刘珊、赵祖欣、齐慧明等。

由于编者水平有限，书中错误、疏漏之处在所难免。在感谢您选择本书的同时，也希望您能够把对本书的意见和建议告诉我们。

作者邮箱:lushanbook@gmail.com

麓山文化

目 CONTENTS 录

第 3 章 超级简单——智能工具抠图

第 4 章 涂涂抹抹——橡皮擦工具抠图

第5章 自由控制——路径抠图

第6章 高手必修——蒙版抠图

第 7 章 高级技法——通道抠图

第 8 章 魔幻技法——图层抠图

第 9 章 借助外力——运用插件抠图

第10章 自己做主——网拍你的照片

第11章 玩转色彩——调整色彩和色调

第 12 章 天马行空——抠图的合成特殊运用

- ▶使用菜单和快捷键
- ▶控制图像窗口
- ▶撤销与恢复
- ▶新增功能——完美的同步设置
- ▶操作面板
- ▶新增功能——图像大小
- ▶图层的基本操作
- ▶图像的变换与变形操作

第1章 热身运动——抠图须知

抠图是指将所需对象从背景中抠出来，首先是用一种选择方法制作选区选中对象；其次是通过选区将对象从背景中分离出来放在单独的图层上。选择是 Photoshop CC 最为重要的技法之一，而抠图是选择的一种具体应用形式。本章主要讲解抠图之前的准备工作，通过学习可以让零基础的 Photoshop CC 爱好者轻松掌握软件，为以后的抠图打好基础。

1.1 抠图必知的 4 个问题

要学习抠图，必须知道什么是抠图、抠图有哪些表现形式、使用什么样的工具可以进行抠图。所以，本小节概述了抠图的思想、方法、概念、选区、Photoshop CC 的界面构成以及各种图像格式，通过本节的学习，可以对抠图有些基本的了解，建立起抠图的概念与思维方法，认识抠图与选区的关系。

001 关于 Photoshop CC

Photoshop CC 是 Adobe 公司新推出的一款专业图像处理软件，Photoshop CC 的工作界面在原有的基础上进行了创新，许多功能更加界面化、按钮化，在使用起来也更加的直观、方便。

STEP 01 启动 Photoshop CC 程序后执行“文件”|“打开”命令，弹出“打开”对话框，选择本书配套光盘中“第 1 章\1.1\01.jpg”文件，可以看到 Photoshop CC 工作界面主要由菜单栏、工具选项栏、工具箱、图像编辑窗口、状态栏和浮动控制面板 6 个部分组成，如图 1-1 所示。

图 1-1　Photoshop CS6 界面

STEP 02 菜单栏包括了“文件”“编辑”“图像”“图层”“类型”“选择”“滤镜”“3D”“视图”“窗口”“帮助”11 个菜单项，如图 1-2 所示，单击任意一个菜单项都会弹出其包含的命令。

Ps 文件(F) 编辑(E) 图像(I) 图层(L) 类型(Y) 选择(S) 滤镜(T) 3D(D) 视图(V) 窗口(W) 帮助(H)

图 1-2 菜单栏

STEP 03 工具选项栏一般位于菜单栏的下方，是 Photoshop CC 的重要组成部分，在使用任何工具之前，都要在工具选项栏中对其进行参数设置，选择不同的工具时，工具选项栏中的参数也将随之变化，如图 1-3 所示是画笔工具的工具选项栏。

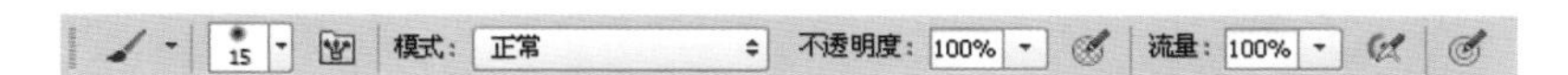

图 1-3 画笔工具的工具选项栏

STEP 04 工具箱位于软件窗口的左侧，所有工具共有 50 多个，要使用工具箱中的工具，只要单击工具按钮即可选择相应工具，如果该按钮中还有其他工具，单击鼠标右键可展开工具按钮，选择即可使用，如图 1-4 所示。

STEP 05 图像编辑窗口是 Photoshop CC 的主要工作区域，无论是新建文件还是打开文件，都会出现图像编辑窗口。图像编辑窗口以标签形式出现，这使得窗口之间的切换比较方便，直接单击要激活的图像编辑窗口的标签即可，如图 1-5 所示。

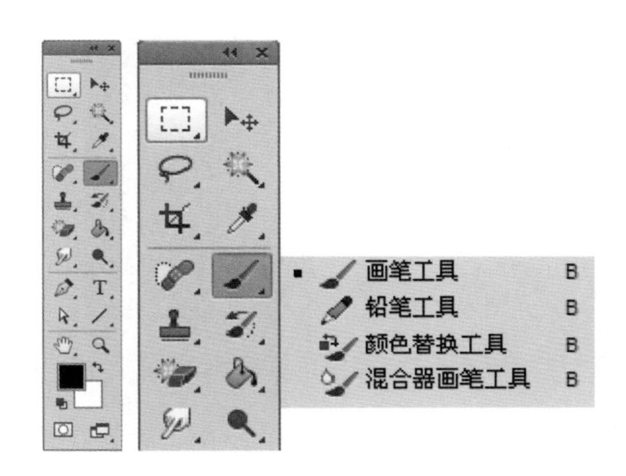

图 1-4　工具箱

图 1-5 图像编辑窗口

STEP 06 默认情况下，面板组停靠在软件界面的右侧，它是成组出现的，并且以选项卡的形式来区分。在工作过程中，可以自由地移动、展开、折叠面板，也可以显示或隐藏面板，如图 1-6 所示。

STEP 07 状态栏位于图像编辑窗口的底部，主要用于显示当前所编辑图像的显示参数值及当前文档图像的相关信息，单击信息右侧的小三角形，即可弹出快捷菜单，显示各种选项，如图 1-7 所示。

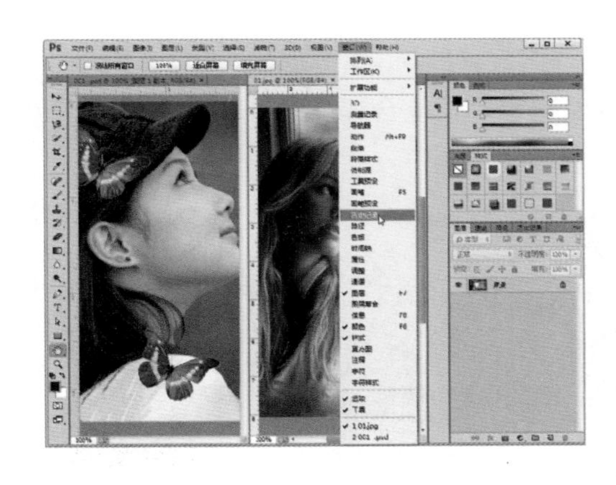

图 1-6　图像面板

图 1-7　状态栏

002 什么是抠图

抠图是一种非常通俗、形象的说法，也就是将需要的主体部分从图像中精确地分离并提取出来，它是进行后续操作的重要基础。

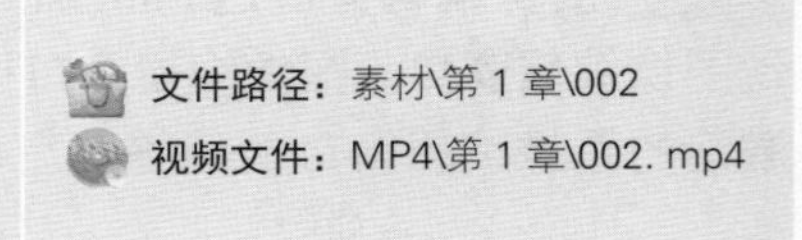

文件路径：素材\第 1 章\002

视频文件：MP4\第 1 章\002. mp4

STEP 01 根据抠图目的的不同，可以将抠图的表现形式分为两种。一种是彻底抠图，就是将需要的图像真正的分离到一个独立的图层上，如图 1-8 所示。

图 1-8　彻底抠图对比效果

STEP 02 另外一种是可以通过图层的混合模式、混合颜色带等功能合成操作，从而实现“不用抠图而达到抠图效果”的目的，如图 1-9 所示。

图 1-9　“不抠而抠”抠图对比效果

STEP 03 Photoshop CC 提供了专门的抠图工具，其作用就是抠图。它们是“磁性套索”工具、“魔术橡皮擦”工具、“背景橡皮擦”工具、“磁性钢笔”工具、“抽出滤镜”，如图 1-10 所示为“魔术橡皮擦”工具抠图效果。

STEP 04 在 Photoshop CC 中，通过选择工具创建选区，然后“复制”与“粘贴”命令可以将选中的对象分离到独立的图层中或是其他图像中。选择工具包括“矩形选框”工具、“椭圆选框”工具、“套索”工具、“多边形套索”工具、“魔棒”工具、“快速选择”工具、“色彩范围命令等，如图 1-11 所示为“色彩范围”命令抠取图像效果。

图 1-10 “魔术橡皮擦”工具抠图对比效果

图 1-11 “色彩范围”命令抠图对比效果

STEP 05 Photoshop CC 中的“钢笔”工具绘制出来的路径可以反复调整，非常适合抠图。对于边界比较清晰的对象，使用钢笔工具沿着边缘绘制路径，再将路径转换为选区，就可以将图像抠取出来，如图 1-12 所示。

STEP 06 Photoshop CC 中的编辑工具也可以进行抠图，不过它们是结合快速蒙版、图层蒙版、通道等进行操作的。使用编辑工具即“色阶”和“曲线”等调整命令编辑 Alpha 通道中的黑、白、灰色，可以实现对象的选择与排除，甚至可以包括半透明对象的选取，如图 1-13 所示为 Alpha 通道抠图。

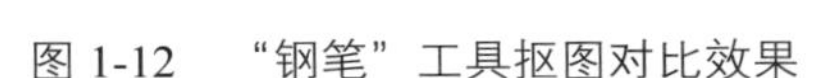

图 1-12 “钢笔”工具抠图对比效果

图 1-13 “通道”抠图对比效果

STEP 07 Photoshop CC 中的混合模式功能非常强大，无论是图层、画笔工具、填充工具、还是“应用图像”与“计算”对话框，都可以看到混合模式的身影，利用混合模式抠图可以达到“不抠而抠”的效果，如图 1-14 所示。

STEP 08 抠图插件是用于抠图的外挂滤镜，如 Mask Pro、KnockOut 等，它们擅长抠毛发、人像等复杂图像，如图 1-15 所示为 Mask Pro 抠取动物。

技巧：实际工作中，对于复杂的图像不必拘泥于以上的方法，可以是多种方法的混合，也可以是更巧妙的其他方法，总之，以快速、精确为基本原则。

图 1-14 “混合模式”抠图对比效果

图 1-15 外挂滤镜抠图对比效果

003 什么是选区

在 Photoshop CC 中，选区就是要操作的区域，它的外观表现为一个闪烁的虚线框，而闪烁的虚线构成了选区的边界，看上去像一行排队向前的蚂蚁，故称“蚂蚁线”。

本实例主要讲解创建选区的各种方法。

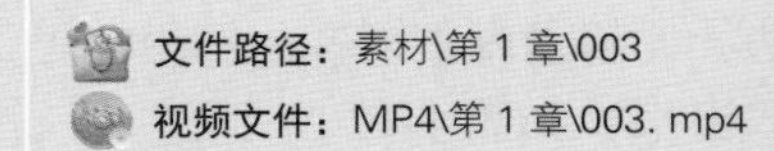

文件路径：素材\第 1 章\003

视频文件：MP4\第 1 章\003. mp4

STEP 01 如果对象的边缘比较清晰，对象内部也没有透明像素区域，这时可以基于形状创建选区。Photoshop CC 中的“矩形选框”工具、“椭圆选框”工具、“套索”工具、“多边形套索”工具等都是根据形状创建选区的工具，如图 1-16 所示。

图 1-16 “椭圆选框”工具抠图对比效果

STEP 02 如果要选择对象的边缘非常复杂，但是背景比较单一，可以根据颜色的反差创建选区，从而选择对象，Photoshop CC 提供了一些基于颜色建立选区的工具，如“魔棒”工具、“快速选择”工具、“色彩范围”命令，如图 1-17 所示

STEP 03 有些图像非常复杂，无论是颜色还是形状都不容易选择，例如毛发、透明的玻璃杯等，这时可以考虑使用蒙版或是通道来进行抠图，如图 1-18 所示。

图 1-17 “快速选择”工具抠图对比效果

图 1-18 通道抠图对比效果

技巧：根据颜色创建选区时，图像必须颜色分明，而且颜色比较单一，所要选择的对象与背景能够明显分开。

004 图像格式有哪些

当完成抠图或是其他编辑操作时，要对图像文件进行存储，以便再打开修改或是调到其他的图像软件中，所以图像的格式选取非常重要。Photoshop CC 支持多种图像格式，在存储图像时必须合理选择。

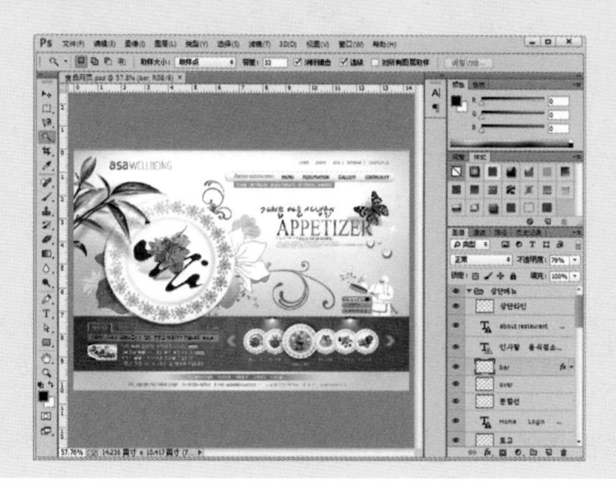

文件路径：素材\第 1 章\004

视频文件：MP4\第 1 章\004. mp4

STEP 01 JPG 格式：通常情况下抠图时打开的图像都是 JPG 格式，这是一种使用频率最高的图像文件格式。JPG 格式的优点是压缩性强，对色彩信息保留较好；可以支持 RGB、CMYK、和灰度颜色模式。打开 JPG 格式图像后，可以看到只有“背景”图层，如图 1-19 所示。

STEP 02 一般使用数码相机拍摄的照片都是 JPG 格式，当在 Photoshop CC 中完成了图像的编辑以后，需要保持为 JPG 格式时，会出现“JPEG”对话框，提供了 0-12 级的品质，其中 12 级压缩最小，品质最好。

图 1-19 JPG 格式文件

图 1-20 “存储为”对话框

STEP 03 PSD 格式是 Photoshop CC 软件的默认格式，也是唯一支持所有图像模式的文件格式，可以分别保存图像中的图层、通道、辅助线和路径等，如图 1-21 所示。

STEP 04 PNG 格式是流行网络图形格式，它不仅支持透明背景而且颜色非常丰富。通常 PNG 格式的图像都被当做素材来使用，如果是 JPG 格式图像，就需要抠图，而 PNG 格式的背景是完全透明的。所以完成抠图后，可以将图像文件保存为 PNG 格式，如图 1-22 所示。

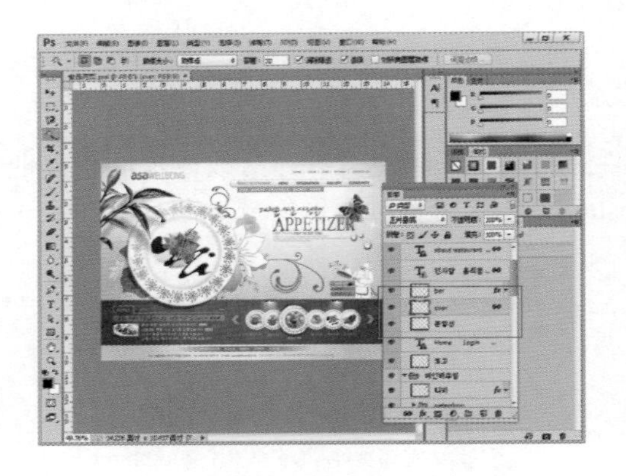

图 1-21 PSD 格式文件

图 1-22 PNG 格式文件

1.2 抠图必备的技能

本小节主要介绍 Photoshop CC 的一些基本操作，在进行抠图时应用比较频繁，内容包括打开与存储图像、如何正确的选择工具、菜单与快捷键的使用、撤销与恢复、图层的基本操作等，通过学习，可以让零基础的 Photoshop CC 爱好者轻松掌握 Photoshop CC 的基本操作，为以后的抠图打好基础。

005. 打开与存储图像

不同于其他 Windows 应用软件，启动 Photoshop CC 以后系统并不产生一个默认的图像文件。

打开图像是抠图的第一步，所有的操作都建立在打开图像的基础上，而存储图像是完成抠图以后，对结果的保存，打开与存储图像是最基础且必须掌握的基本技能。

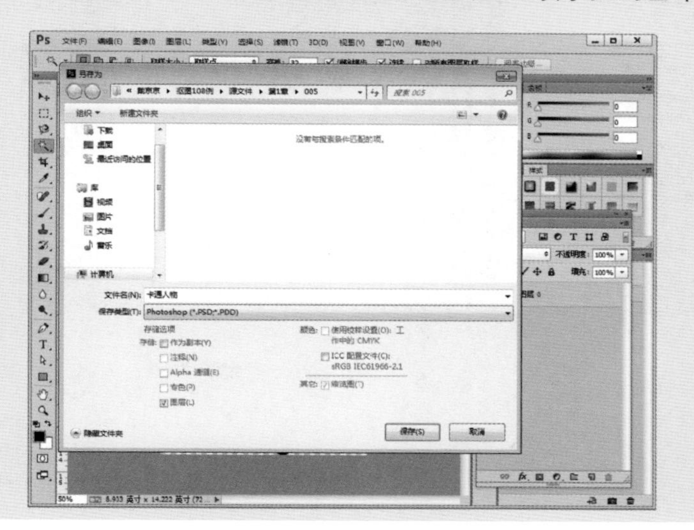

文件路径：素材\第 1 章\005

视频文件：MP4\第 1 章\005. mp4

STEP 01 启动 Photoshop CC 程序后执行“文件”|“打开”命令，如图 1-23 所示。

STEP 02 在弹出的“打开”对话框中选择要打开的图像，如果要打开多个图像，可以按住 Ctrl 键依次单击要打开的图层，将它们同时选中，如图 1-24 所示。

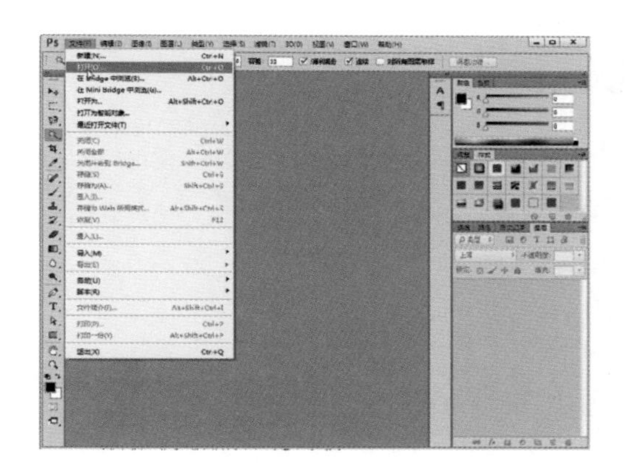

图 1-23 打开文件

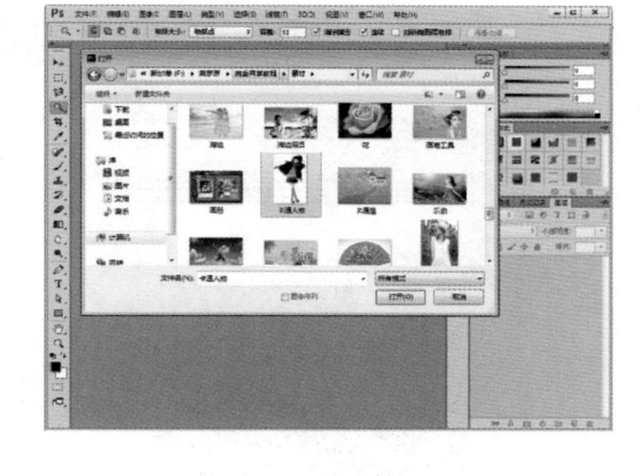

图 1-24 “打开”对话框

STEP 03 单击“打开”按钮打开选择的素材。选择工具箱中的“魔术橡皮擦”工具，在背景上不断地单击鼠标，就可以将人物抠取出来，如图 1-25 所示。

STEP 04 执行“文件”|“存储为”命令，在弹出的“存储为”对话框中输入新的文件名，并指定文件的格式为 PNG，因为这种图形格式支持背景透明，若选择 JPEG 格式，存储图像后再打开，会出来白色背景。单击“保存”按钮，即可对文件进行保存，如图 1-26 所示。

技巧：按 Ctrl+O 组合键，可以快速打开文件对话框；按 Ctrl+Alt+S 组合键，可以快速打开“存储为”对话框。

图 1-25　抠取人物

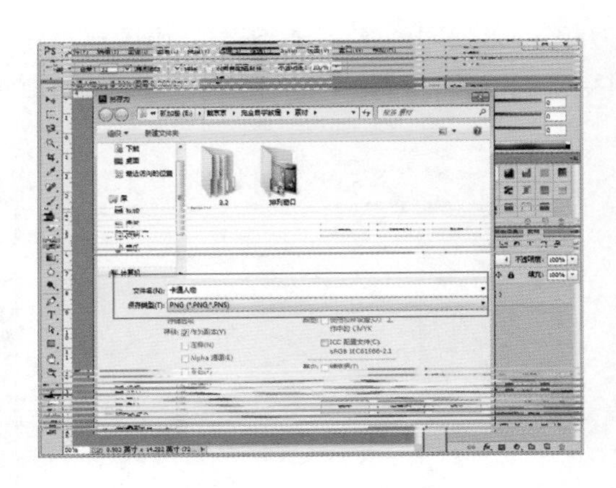

图 1-26　存储文件

006 正确的选择工具

Photoshop CC 就像文具盒一样，里面放置了各种各样的工具，大约有 70 余种。当对图像进行操作时，正确选择工具十分重要。默认情况下，Photoshop CC 的工具箱位于窗口的左侧，它的外观与位置并不是一成不变的，可以改变它的位置与单双排显示模式。

文件路径：素材\第 1 章\006

视频文件：MP4\第 1 章\006. mp4

STEP 01 启动 Photoshop CC 程序后执行“文件”|“打开”命令，弹出“打开”对话框，选择本书配套光盘中“第 1 章\006\006.jpg”文件，单击“打开”按钮。在默认状态下，工具箱是单排按钮显示的，如图 1-27 所示。

STEP 02 将光标移动到工具箱左上角的双三角形按钮上，单击鼠标，则工具箱变成双排按钮显示，如图 1-28 所示的效果。

STEP 03 将光标指向工具箱顶部的黑色标题栏，按住鼠标左键将其拖动到其他位置，工具箱则会随着光标移动，释放鼠标即可改变工具箱的位置，如图 1-29 所示。

图 1-27　打开文件

图 1-28　显示双排工具按钮

STEP 04 若工具箱被移动到其他位置后，将光标指向黑色标题栏，拖动工具箱到窗口左侧边缘位置，当边缘显示一条蓝色的粗线时释放鼠标，即可将工具箱还原到默认状态，如图 1-30 所示。

图 1-29　移动工具箱

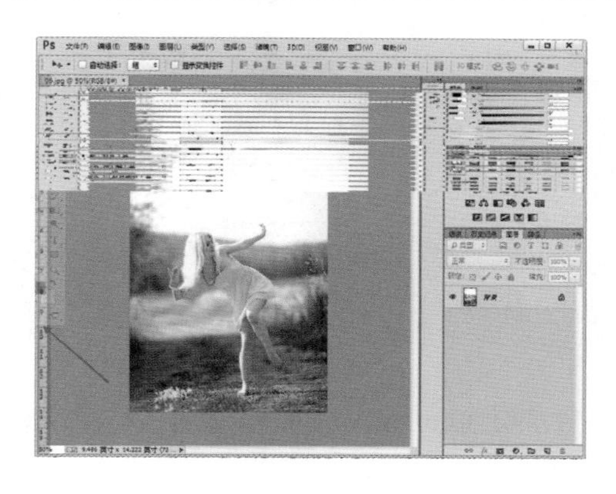

图 1-30　复位工具箱

STEP 05 将光标指向要选择的工具按钮时，此工具就会呈现凹下去的状态，稍等片刻之后，会出现工具名称与快捷键，如图 1-31 所示。

STEP 06 按住鼠标左键不放会出现一个隐藏起来的工具组。拖动鼠标，使光标指向要选择的工具就会选择该工具，释放鼠标即可隐藏该工具组，如图 1-32 所示。

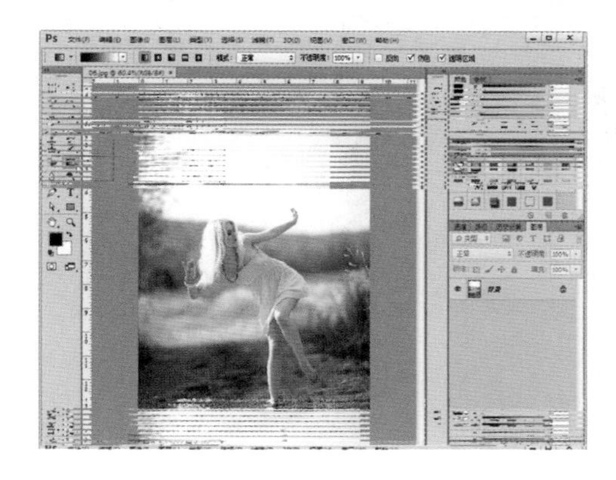

图 1-31　显示工具

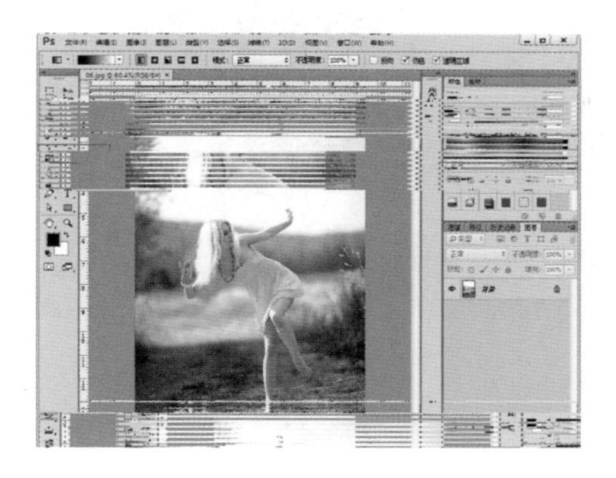

图 1-32　隐藏工具

技 巧：工具按钮的右下角带有黑色三角形表示含有隐藏工具组，按住 Alt 键并单击该工具按钮，可以循环选择其中的隐藏工具。

007 使用菜单和快捷键

在 Photoshop CC 中，有一些操作必须通过菜单命令才能完成，所以对菜单的基本使用和各种标记的意义应该熟知，另外还应该掌握快捷键的使用，可以大大的提高操作效率。

文件路径：素材\第 1 章\007

视频文件：MP4\第 1 章\007. mp4

STEP 01 启动 Photoshop CC 程序后执行“文件”|“打开”命令，弹出“打开”对话框，选择本书配套光盘中“第 1 章\007\007.jpg”文件，单击“打开”按钮，如图 1-33 所示。

STEP 02 执行“视图”|“显示”命令，该命令后有一个黑色三角形箭头，光标在该命令上稍停片刻即出现子菜单，如图 1-34 所示。

图 1-33 打开文件

图 1-34 “显示”命令

技 巧：“窗口”菜单中的命令基本上都是“开关式命令”，用于打开或关闭各种面板。已经打开的面板，其对应的菜单命令前有“✔”标记，没有“✔”标记的命令，对应的面板则没有打开。

STEP 03 在弹出的“子菜单”中选择“参考线”，即执行了该命令将参考线隐藏起来，如图 1-35 所示。

STEP 04 执行“图像”|“应用图像”命令，打开“应用图像”对话框，在弹出的对话框中设置相关参数，如图 1-36 所示。

图 1-35 隐藏参考线

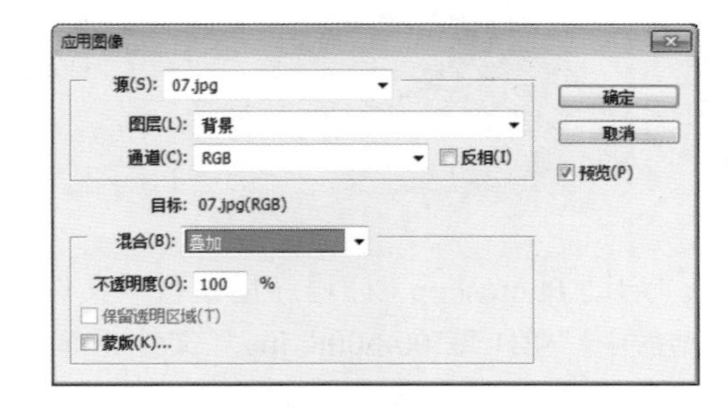

图 1-36 “应用图像”对话框

STEP 05 单击“确定”按钮，查看“应用图像”命令效果，如图 1-37 所示。

STEP 06 按键盘上的 C 键，即选择了“裁剪”工具，拖动显示的定界框，对图像进行裁剪，如图 1-38 所示。

图 1-37 “应用图像”效果

图 1-38 裁剪图像

技巧：有些菜单命令的后面有省略号标记，表示执行该命令后将打开相应的对话框。

008 操作面板

Photoshop CC 中包含了 20 多个面板，并且每个面板都有其对应的属性参数。本例以“样式”面板为例，讲解面板的显示及使用方法。

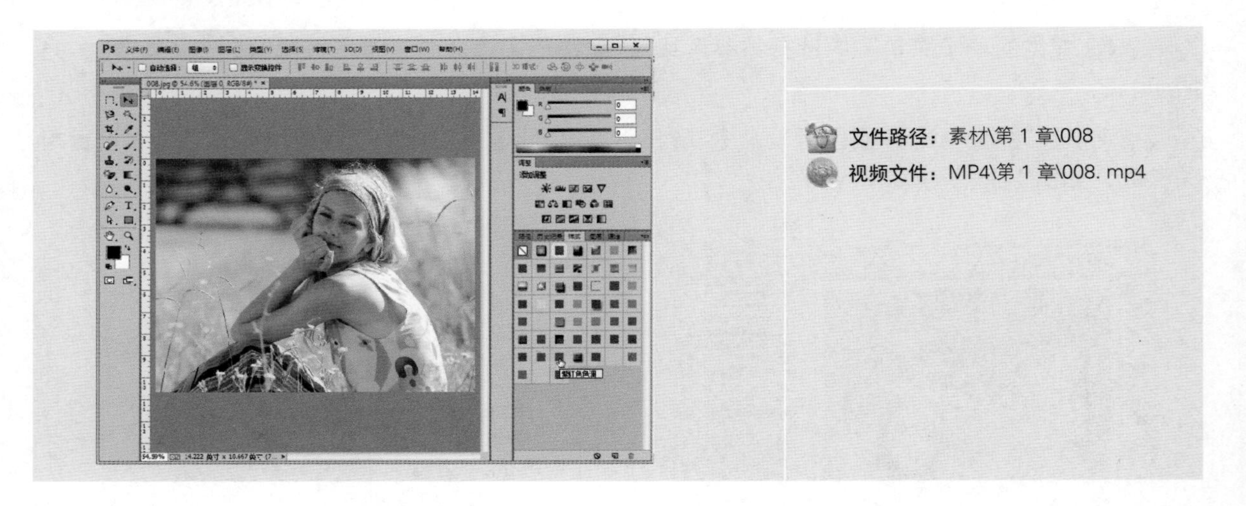

STEP 01 启动 Photoshop CC 程序后执行“文件”|“打开”命令，弹出“打开”对话框，选择本书配套光盘中“第 1 章\008\008. jpg”文件，单击“打开”按钮，如图 1-39 所示。

STEP 02 按 Ctrl+J 组合键复制女孩图层。执行“窗口”|“样式”命令，显示隐藏的“样式”面板，如图 1-40 所示。

图 1-39　打开文件

图 1-40　显示面板

STEP 03 拖动“样式”面板上方的标题栏或选项卡位置，将其移动到另一组或另一个面板边缘位置，当看到一垂直的蓝色线条时释放鼠标，即可将该面板停靠在其他面板或面板组的边缘位置，如图 1-41 所示。

STEP 04 单击“样式”面板右上角的“扩展选项”按钮，在弹出的快捷菜单中选择“摄影效果”，如图 1-42 所示。

STEP 05 在弹出的对话框中选择“追加”按钮，将“摄影效果”追加到原有效果中，如图 1-43 所示。

STEP 06 在追加的样式中选择“紫红色色调”，完成

图 1-41　移动面板

对图像样式的添加，如图 1-44 所示。

图 1-42 追加“摄影效果”

图 1-43 “追加”对话框

图 1-44 “紫红色色调”效果

技巧：按 Tab 键，可以隐藏或显示所有面板、工具箱和工具选项栏；按 Shift+Tab 组合键，可以只隐藏或显示所有面板，不包括工具箱和工具选项栏。

009. 控制图像窗口

启动 Photoshop CC 之后，并不会出现图像窗口，只有新建或打开图像之后，才会出现图像窗口，它是处理图像时的主要操作区域。

文件路径：素材\第 1 章\009

视频文件：MP4\第 1 章\009. mp4

STEP 01 启动 Photoshop CC 程序后执行“文件”|“打开”命令，弹出“打开”对话框，打开多张素材，如图 1-45 所示。

STEP 02 打开多张素材后出现多个图像窗口的标签，单击某个窗口标签即可将其切换到当前图形窗口中，如图 1-46 所示。

STEP 03 执行“窗口”|“排列”|“在窗口中浮动”命令，即可将当前窗口变为浮动窗口，如图 1-47 所示。

图 1-45 打开文件

图 1-46 切换窗口

STEP 04 执行"窗口"|"排列"|"使所有内容在窗口中浮动"命令，可以将打开的图像窗口全部变为浮动窗口，如图 1-48 所示。

图 1-47 浮动窗口效果

图 1-48 使所有内容在窗口中浮动效果

STEP 05 将浮动窗口的标题栏拖动到选项卡中，当出现蓝色横线时放开鼠标，可以将窗口重新停放在选项卡中，如图 1-49 所示。

STEP 06 执行"窗口"|"排列"|"平铺"命令，图像在窗口平铺显示，如图 1-50 所示。

图 1-49 停放窗口

图 1-50 平铺图像

STEP 07 执行“窗口”|“排列”|“全部垂直拼贴”命令，图像在窗口成垂直拼贴效果排列，如图 1-51 所示。

STEP 08 执行“窗口”|“排列”|“三联堆积”命令，三张图像在窗口显示，如图 1-52 所示。

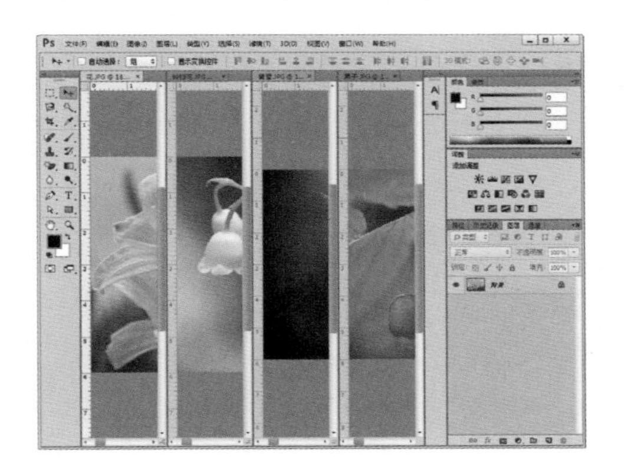

图 1-51 全部垂直拼贴图像

图 1-52 三联堆积图像

STEP 09 执行“窗口”|“排列”|“双联水平”命令，显示两张图像在窗口中水平显示，如图 1-53 所示。

STEP 10 执行“窗口”|“排列”|“将所有内容合并到选项卡中”命令，即可将所有图像合并到选项卡中，如图 1-54 所示。

图 1-53 双联水平图像

图 1-54 将所有内容合并到选项卡中效果

技巧：不论是层叠窗口还是平铺窗口，当打开了多个窗口以后，选择工具箱中的“缩放”工具，按住 Shift 键的同时对一个图像进行缩放显示，其他图像也同步缩放显示。

010 新增功能——图像大小

“图像大小”命令是 Photoshop CC 中的新增功能，在放大图像的同时更好地保留了图像的细节部分。本实例主要讲解 Photoshop CC 新增功能——“图像大小”的操作方法，在操作的同时可以体验 Photoshop CC 带来的不一样的操作体验。

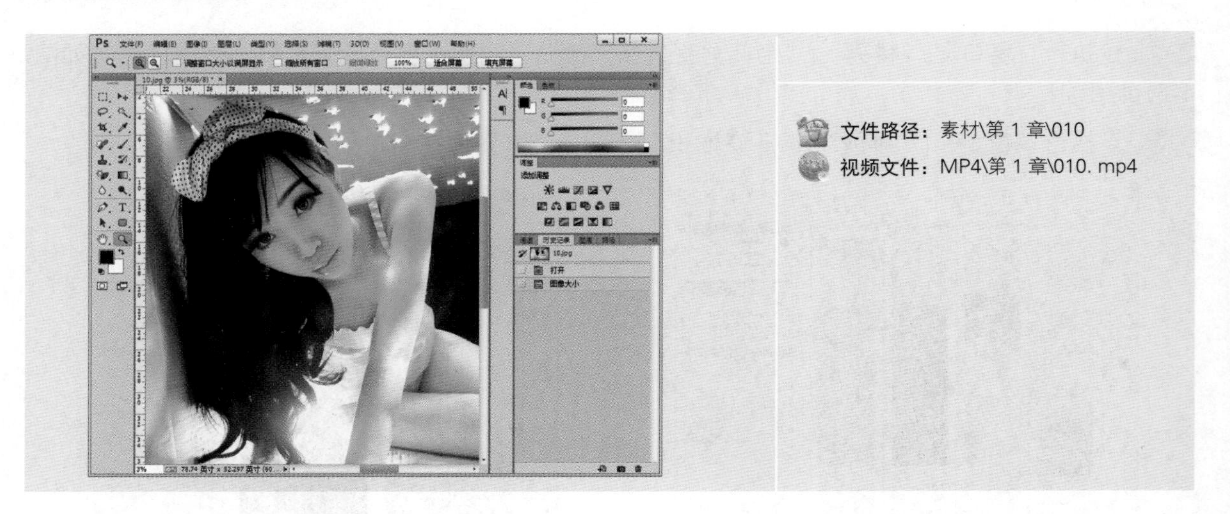

STEP 01 启动 Photoshop CC 程序后，执行“文件”|“打开”命令，弹出“打开”对话框，选择本书配套光盘中“第 1 章\010\010.jpg”文件，单击“打开”按钮，效果如图 1-55 所示。

STEP 02 执行“图像”|“图像大小”命令，或按 Ctrl+Alt+I 组合键，打开“图像大小”对话框，如图 1-56 所示。

图 1-55　打开文件

图 1-56　放大图像

STEP 03 此时可以看到“图像大小”对话框的界面与之前的版本有很大的区别。在弹出的对话框中更改“宽度”数值，此时图像效果如图 1-57 所示。

STEP 04 单击图像框中的“放大”按钮，将图像进行放大，此时发现人物脸上有比较多的杂色，如图 1-58 所示。

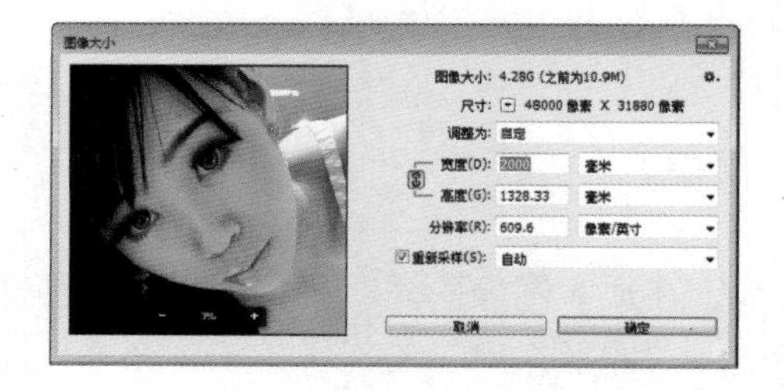

图 1-57　创建虚线矩形框放大图像

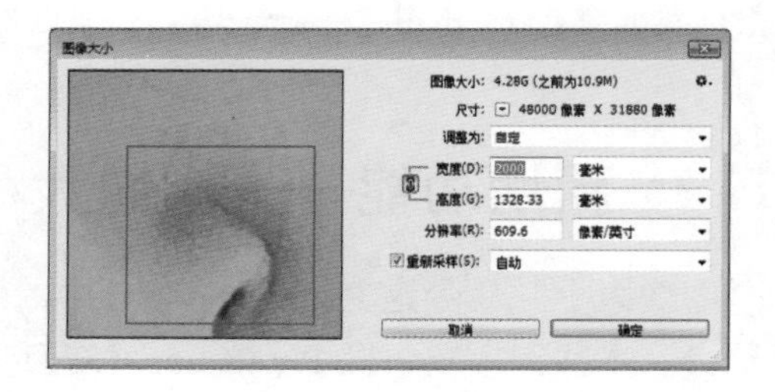

图 1-58　放大的图像

提 示：将低分辨率的影像放大，使其拥有优质的印刷效果，或从尺寸较大的影像开始作业，将其扩大成海报或广告牌的大小。

STEP 05 在“重新采样”的下拉列表中，选择“保留细节（扩大）”选项，拖到“减少杂色”的滑块，可以减少人物脸上的杂色，让图像在放大的同时最大保留了图像的细节部分，效果如图 1-59 所示。

STEP 06 单击“确定”按钮关闭对话框，此时图像效果如图 1-60 所示。

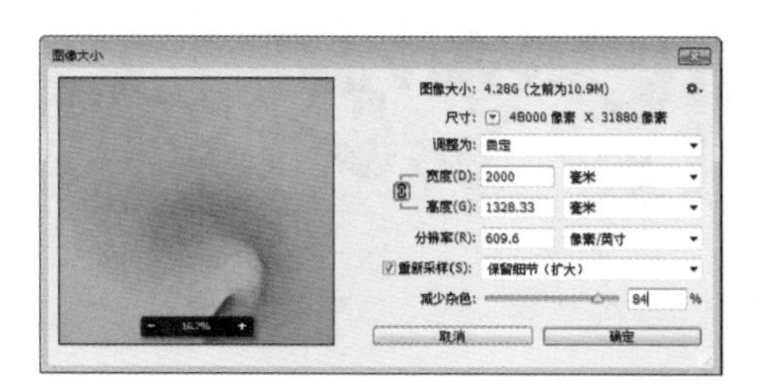

图 1-59　缩小图像

图 1-60　图像效果

技 巧：要恢复“图像大小”对话框中显示的初始值，可以从“调整为”菜单中选取“原稿大小”，或按住 Alt 键，单击“复位”键即可恢复初始数值。

011 撤销与恢复

在编辑图像的过程中，出现操作失误是在所难免的，如果执行了错误操作，或者对当前的图像效果不满意，可以进行撤销和恢复操作。

文件路径：素材\第 1 章\011

视频文件：MP4\第 1 章\011. mp4

STEP 01 启动 Photoshop CC 程序后执行“文件”|“打开”命令，弹出“打开”对话框，选择本书配套光盘中“第 1 章\011\011.psd”文件，单击“打开”按钮，如图 1-61 所示。

STEP 02 按 F7 键，打开“图层”面板。选择工具箱中的“移动”工具，在图像窗口中将光标指向蓝色的蝴蝶，向下拖动改变其位置，如图 1-62 所示。

图 1-61　打开文件

图 1-62　移动图像

技 巧：使用移动工具时，按住 Alt 键拖动图像可以复制图像，同时生产一个新的图层。

STEP 03 按 Ctrl+Shift+]组合键，将紫色蝴蝶放在图层最顶端，如图 1-63 所示。

STEP 04 执行“编辑”|“还原置于顶层”命令（或按 Ctrl+Z 组合键），撤销上一步操作，如图 1-64 所示。

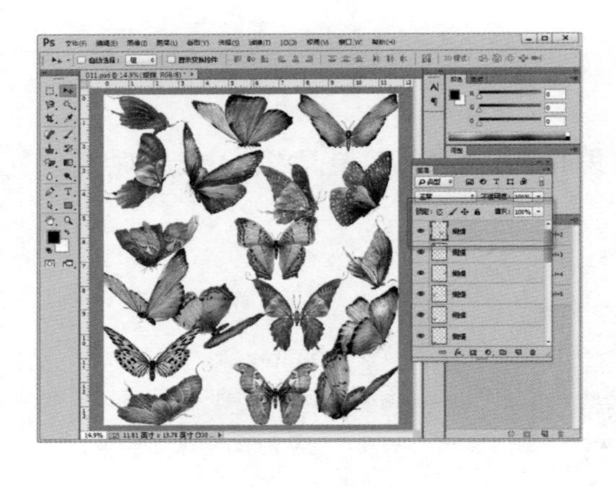

图 1-63　图层置顶

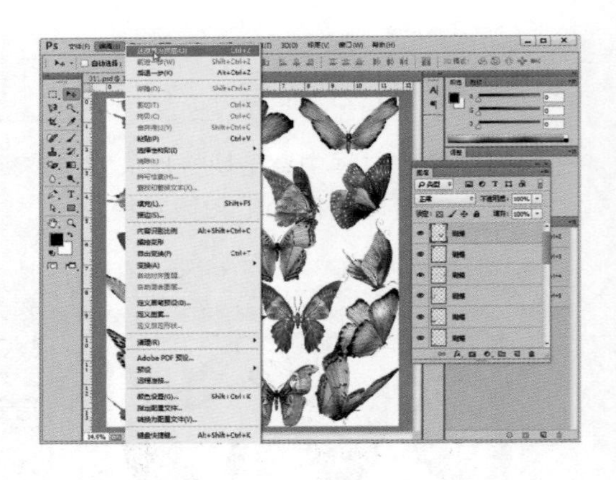

图 1-64　“撤销上一步”命令

STEP 05 执行“文件”|“恢复”命令（或按 F12 键），如图 1-65 所示，可以将图像恢复到打开时的状态。

STEP 06 执行“窗口”|“历史记录”命令，打开“历史记录”面板，可以查看到最近的 20 个操作步骤，如图 1-66 所示，只需要在某步骤上单击即可快速撤销或恢复该步骤。

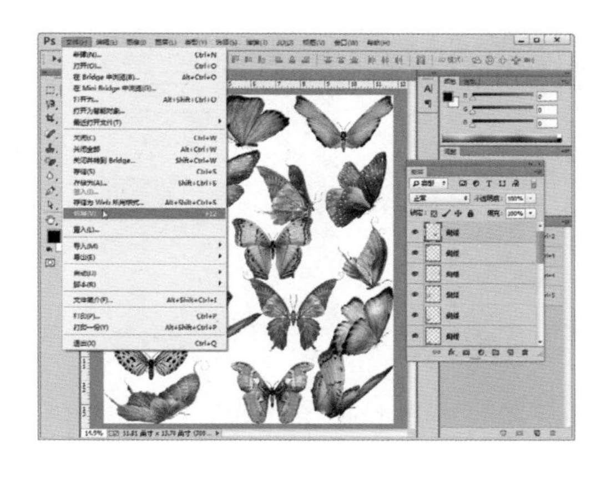

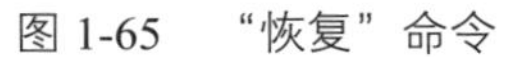

图 1-65 “恢复”命令

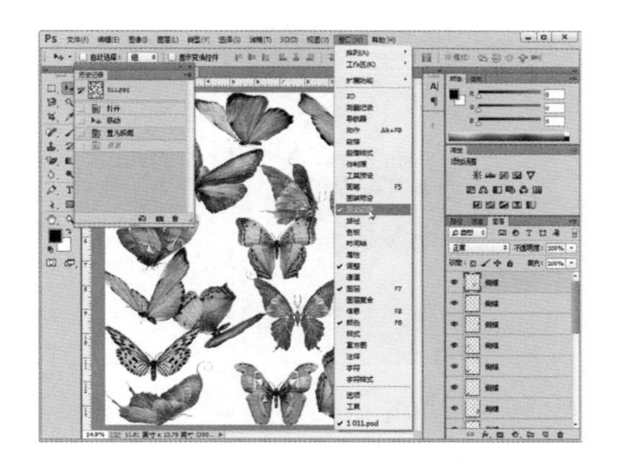

图 1-66 “历史记录”命令

技巧：使用“还原”命令只能撤销一步，再执行该命令时，又恢复到撤销前的状态；如果要多步撤销，可以连续执行“后退一步”命令，或者按 Ctrl+Alt+Z 组合键。

012 图层的基本操作

图层是 Photoshop CC 中的重要技术之一，创作任何一个作品都离不开图层的使用，没有图层，图像的编辑会变得非常困难。在抠图过程中，会反复用到图层的编辑，如新建图层、复制图层、合并图层、装换图层等。

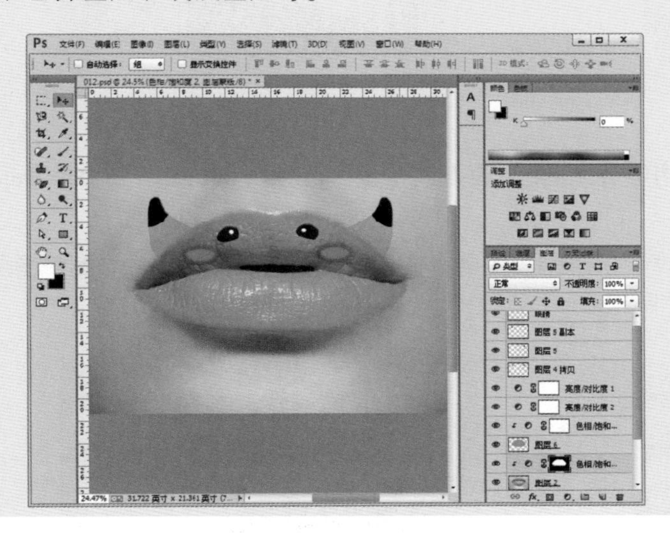

文件路径：素材\第 1 章\012

视频文件：MP4\第 1 章\012. mp4

STEP 01 启动 Photoshop CC 程序后，执行“文件”|“打开”命令，弹出“打开”对话框，选择本书配套光盘中“第 1 章\012\012.psd”文件，单击“打开”按钮，如图 1-67 所示。

STEP 02 在“图层”面板中选择“图层 6 副本”图层，按 Ctrl 键依次单击“图层 6 副本”以上的图层，执行“图层”|“合并图层”命令（或按 Ctrl+E 组合键），将选中的图层进行合并，如图 1-68 所示。

图 1-67　打开文件

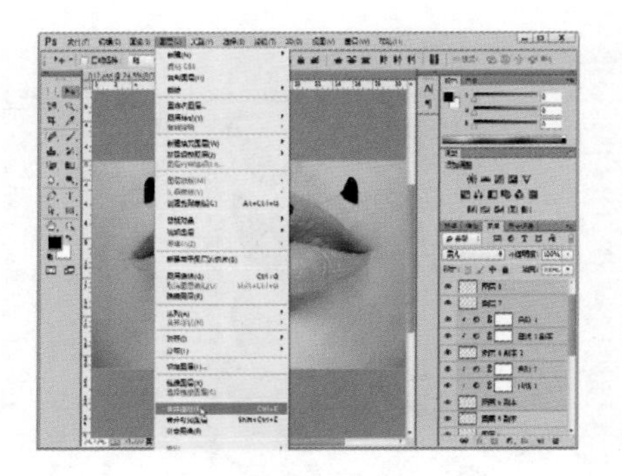

图 1-68　合并图层

STEP 03 选择合并后的图层，双击鼠标将图层名称激活，输入名字，按 Enter 键确认，如图 1-69 所示。

STEP 04 选择“图层 4”图层，按住鼠标左键向下拖动到“创建新图层”按钮上，复制图层，如图 1-70 所示。

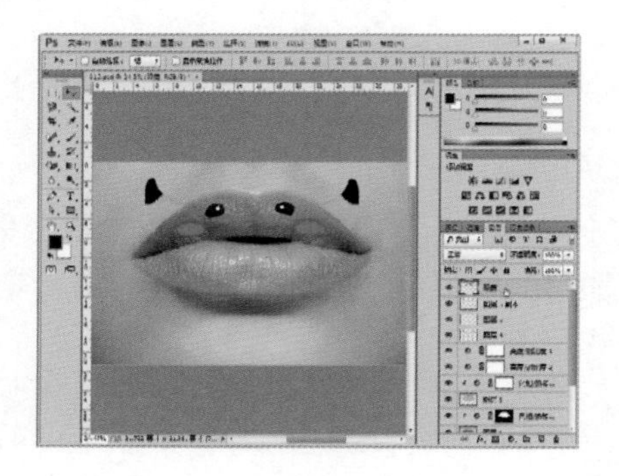

图 1-69　更改图层名称

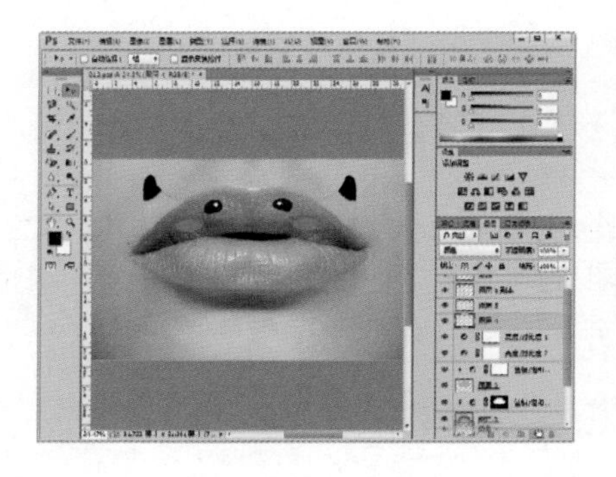

图 1-70　复制图层

STEP 05 按 Ctrl 键的同时，单击复制的图层载入选区。设置前景色为蓝色（#00e1fc），按 Alt+Delete 组合键，填充前景色，如图 1-71 所示。

STEP 06 按 Ctrl+D 组合键取消选区。选择“图层 4”图层，将其拖拽到图层面板下的“删除图层”按钮上，将该图层删除，如图 1-72 所示。

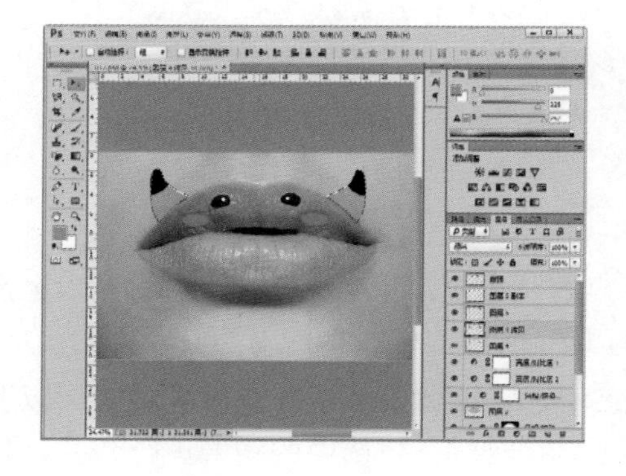

图 1-71　填充颜色

图 1-72　删除图层

STEP 07 选中“图层 3”。选择图层面板下的“创建新图层”按钮，新建图层。按 Ctrl 键单击“图层 3”载入选区，填充蓝色，更改混合模式为“颜色”，如图 1-73 所示。

STEP 08 按 Ctrl+D 组合键取消选区。选择“图层 3”，按 Delete 键将其删除，如图 1-74 所示。

图 1-73　新建图层

图 1-74　删除图层

技 巧：“向下合并”是将当前图层与下面的图层合并为一层；“合并可见图层”是将所有的可见图层合并为一层，对隐藏的图层不产生作用，组合键为 Ctrl+Shift+E；“拼合图像”是将所有的图层合并为一层，如果图像中存在隐藏的图层，执行该命令时将丢弃隐藏图层。

013 新增功能——完美的同步设置

“云端”意味着“同步”。Adobe 宣称 CC 版软件可以将你的所有设置，包括首选项、窗口、笔刷、资料库等，以及正在创作的文件，全部同步至云端。无论是用 PC 或 Mac，即使更换了新的电脑，安装了新的软件，只需登录自己的 Adobe ID，即可立即找回熟悉的工作区。

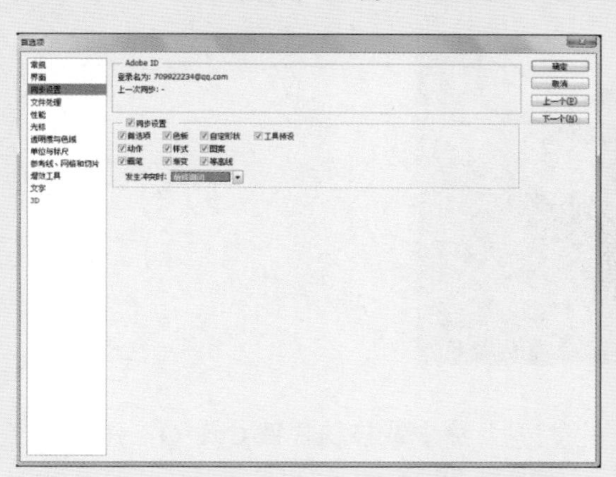

文件路径：素材\第 1 章\013

视频文件：MP4\第 1 章\013. mp4

STEP 01 启动 Photoshop CC 程序后执行“编辑”|“同步设置”|“立即同步设置”命令，如图 1-75 所示，系统将自动进行同步设置。

STEP 02 执行“编辑”|“同步设置”|“管理同步设置”命令，弹出“首选项”对话框，如图 1-76

所示。

STEP 03 在弹出的对话框中勾选“同步设置”复选框，在“同步设置”底部提供各种不同的设置类型，勾选后系统将自动的同步到云端上，方便在不同的电脑上操作，如图 1-77 所示。

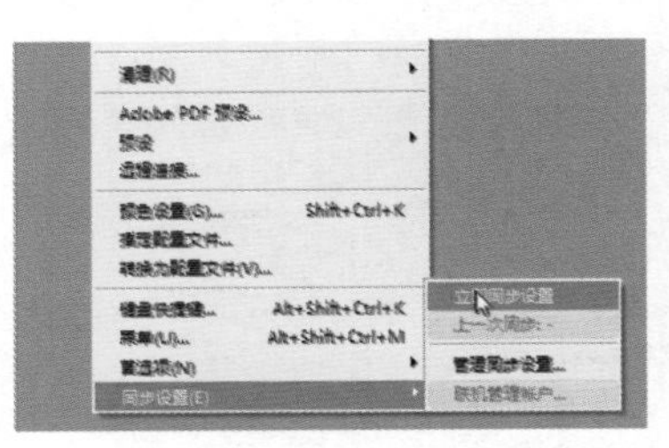

图 1-75　设置命令

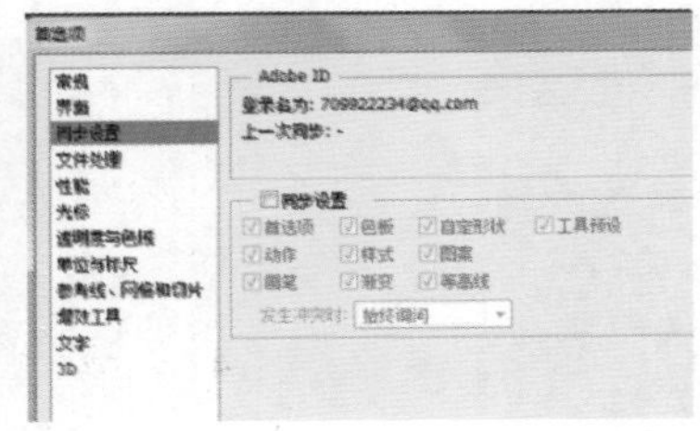

图 1-76　“首选项”对话框

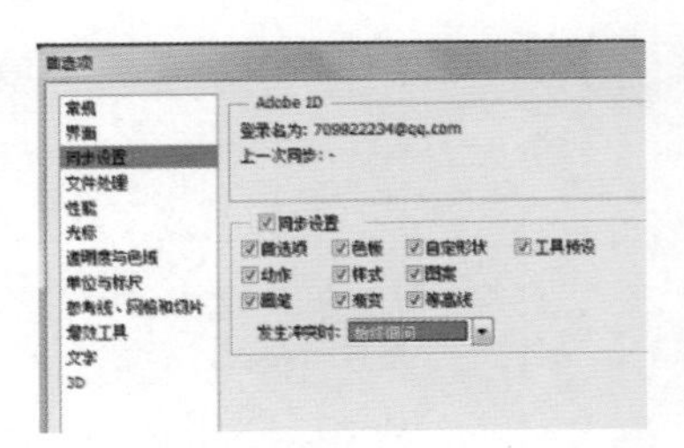

图 1-77　同步设置

提　示：要成功设置同步设置，请仅从应用程序内部更改设置。同步设置功能不会同步任何手动置入文件夹位置的文件。

014 图像的变换与变形操作

在处理图像时，常常需要调整图像的大小、角度，或者对图像进行斜切、扭曲、透视、翻转等处理，Photoshop CC 提供了强大的图像变换操作，通过“自由变换”命令可以实现缩放、旋转、扭曲、变形等操作。

文件路径：素材\第 1 章\014

视频文件：MP4\第 1 章\014. mp4

STEP 01 启动 Photoshop CC 程序后执行“文件”|“打开”命令或按快捷键 Ctrl+O，弹出“打开”对话框，选择“跑车”素材，单击“确定”按钮，如图 1-78 所示。

STEP 02 选择工具箱中的“钢笔”工具，沿着跑车的轮廓绘制路径，按 Ctrl+Enter 组合键将路径转换为选区，按 Ctrl+J 组合键复制选区内的图像，如图 1-79 所示。

STEP 03 选中“背景”图层，显示“背景”图层。执行“滤镜”|“模糊”|“动感模糊”命令，在弹出的对话框中设置相关参数，如图 1-80 所示。

图 1-78 打开文件

图 1-79 复制文件

图 1-80 “动感模糊”对话框

STEP 04 选中“图层 1”图层，按 Ctrl+J 组合键复制该图层。执行“滤镜”|“模糊”|“动感模糊”命令，设置相关参数，如图 1-81 所示。

STEP 05 选择工具箱中的“橡皮擦”工具，擦除车前盖及车轮位置，按 Ctrl+E 组合键合并两个图层，如图 1-82 所示的图像效果。

图 1-81 设置相关参数

图 1-82 合并图层

STEP 06 选择工具箱中的“钢笔”工具，在跑车车轮处绘制路径，按 Ctrl+Enter 组合键将路径转换为选区，按 Ctrl+J 组合键复制选区内的图像。按 Ctrl+T 组合键显示定界框，单击鼠标右键，在弹出的快捷菜单中选择“变形”命令，图像上会显示出变形网格，先将四个角上的锚点稍微拖动，再拖动四个锚点上的方向点，使图像的结构扭曲，如图 1-83 所示。

STEP 07 单击回车键确认“变形”操作。按 Ctrl+T 组合键显示定界框，将光标放在定界框四周的控制点上，按住 Ctrl 键光标会变为▷状，单击并拖动鼠标将图像扭曲如图 1-84 所示的形状。

STEP 08 单击回车键确认“扭曲”操作。按住 Ctrl 键的同时单击图层面板，载入该图层选区，执行“滤镜”|“模糊”|“径向模糊”命令，在弹出的对话框中设置相关参数，如图 1-85 所示。

图 1-83 变形车轮

图 1-84 斜切车轮

图 1-85 “径向模糊”对话框

技 巧：在进行缩放时，按Shift键是等比例缩放；按Alt键是以中心为基准进行缩放；按Shift+Alt组合键，则是以中心为基准进行等比例缩放。

STEP 09 单击“确定”按钮关闭对话框。选择“移动”工具将车轮移动到原来位置，按Ctrl+T组合键显示定界框，单击鼠标右键，在弹出的快捷菜单中选择“变形”选项，拖动控制点及控制点上的方向点，将图像变形为如图1-86所示的形状。

STEP 10 单击回车键确认“变形”操作，同上将另一个车轮也进行变形，如图1-87所示。

STEP 11 按Ctrl+E组合键合并图层。选择“图层1”图层，按Ctrl+J组合键复制该图层，执行“滤镜”|“模糊”|“动感模糊”命令，在弹出的对话框中设置相关参数，如图1-88所示。

图1-86 变形车轮

图1-87 变形车轮

图1-88 “动感模糊”对话框

STEP 12 单击“确定”按钮关闭对话框。按Ctrl+T组合键显示定界框，将光标放在定界框四周的控制点上，按住Ctrl+Shift组合键，光标会变为状，单击并拖动鼠标将图像斜切为图1-89所示的形状。

STEP 13 单击回车键，确认“斜切”操作，设置混合模式为“溶解”、不透明度为20%。选择工具箱中的“橡皮擦”工具，擦除车前盖位置的溶解点，如图1-90所示。

STEP 14 按Ctrl+E组合键合并这两个图层，按Ctrl+J组合键两次，复制图层，如图1-91所示。

图1-89 斜切图像

图1-90 更改混合模式

图1-91 复制图层

STEP 15 选择最上面的图层，执行“滤镜”|“模糊”|“动感模糊”命令，在弹出的对话框中设置相关参数，如图1-92所示。

STEP 16 选中除“背景”图层外的三个图层，按Ctrl+E组合键合并图层。按Ctrl+J组合键复制图层，执行“滤镜”|“液化”命令，将图像液化为如图1-93所示的效果。设置混合模式为“线性减淡”，选择“橡皮擦”工具，擦除车头上的亮光，如图1-94所示。

图 1-92 “动感模糊”对话框

图 1-93 “液化”效果

图 1-94 更改混合模式

STEP 17 新建图层。选择工具箱中的“渐变”工具，单击工具选项栏中的按钮，打开“渐变编辑器”对话框，如图 1-95 所示，在对话框中选择“透明线性彩虹”渐变。

STEP 18 单击“确定”按钮关闭“渐变编辑器”对话框。按下工具选项栏中的“线性渐变”按钮，从车上往车轮处拖动鼠标填充线性渐变，如图 1-96 所示。

STEP 19 按 Ctrl+T 组合键显示定界框，将光标放在定界框四周的控制点上，当光标变为状时单击并拖动鼠标将图像缩小，单击鼠标右键，在弹出的快捷菜单中选择“变形”选项，拖动渐变图像四周的控制点击方向点，将渐变图像变形为如图 1-97 所示的形状（在变形过程中可以适当降低不透明度）。

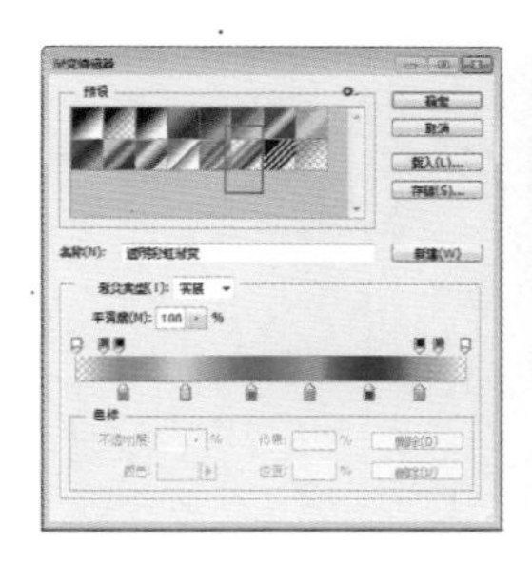

图 1-95 “渐变编辑器”对话框

图 1-96 填充渐变

图 1-97 变形渐变

STEP 20 单击回车键确认“变形”操作，设置混合模式为“叠加”。选择“添加图层蒙版”按钮，为该图层添加蒙版，选择“画笔”工具，在蒙版中涂抹黑色，隐藏部分渐变色，如图 1-98 所示。选择图层面板下的“创建新的填充或调整图层”按钮，创建“亮度/对比度”调整图层，调整“亮度”与“对比度”数值，加强图像的对比度，图像效果如图 1-99 所示。

图 1-98 添加蒙版

图 1-99 最终效果

技巧：执行“编辑”|“变换”命令下的旋转与翻转命令，可直接对图形进行变换，而不会显示定界框。

- 矩形选框工具抠图
- 椭圆选框工具抠图
- 套索工具抠图
- 多边形套索工具抠图
- 羽化的使用
- 趣味照片
- 特殊贴纸
- 网店装修设计

第 2 章 快速入门——基本选择工具抠图

选择是 Photoshop CC 的核心，几乎所有的操作都建立在选择之上，所以 Photoshop CC 提供了各式各样的选择方法，其中选择工具是最简单的。本章主要介绍基本选择工具在抠图中的具体应用，通过与【羽化】命令相结合，读者可以掌握最简单的抠图操作方法。

2.1 基本选择工具抠图

在 Photoshop CC 中，用户对图像进行抠图时经常需要借助选区确定操作对象或区域。选区的功能在于准确地限制抠图图像的范围，从而得到精确的效果，因此选区功能尤为重要。灵活而巧妙地运用选区，可以制作出许多特殊的效果。

015 矩形选框工具抠图

矩形选框工具[图标]在 Photoshop 第一个版本时就存在了。它能够创建矩形选区，可以用于选取矩形和正方形的对象，如门、窗、画框、屏幕、标牌等，也可用于创建网页中的矩形按钮。

本例主要运用了矩形选框工具对人物进行抠图，并运用了“自由变换”命令将人物进行调整，使其成为一幅完整的相册内页。

STEP 01 启动 Photoshop CC 程序后执行“文件”|“打开”命令，弹出“打开”对话框，选择本书配套光盘中“第 2 章\015\015.jpg”文件，单击“打开”按钮，如图 2-1 所示。

STEP 02 按 Ctrl+O 组合键，弹出“打开”对话框，打开“人物”素材。选择工具箱中的“矩形选框”工具[图标]，将鼠标放至人物背景上按住左键不放，拖拽出一个虚线框，这个虚线框内的区域就是选区，如图 2-2 所示。

图 2-1 打开文件

图 2-2 创建选区

STEP 03 选择工具箱中的“移动”工具，按住 Alt+Ctrl 组合键的同时拖拽选区内的图像至相册文档中，按 Ctrl+T 组合键调整其大小和位置，如图 2-3 所示。

STEP 04 同上述操作方法，依次将人物抠出，制作出相册的内页，如图 2-4 所示。

图 2-3 拖拽素材

图 2-4 最终效果

技 巧：按 M 键，可快速选取矩形选框工具；按 Shift 键，可创建正方形选区；按 Alt 键，可创建以起点为中心的矩形选区；按 Alt+Shift 组合键，可创建以起点为中心的正方形。

016 椭圆选框工具抠图

椭圆选框工具也是在 Photoshop 第一个版本时就存在了。它能够创建椭圆形和圆形选区，适合选择篮球、乒乓球、盘子等圆形的对象。

本例主要运用了椭圆选框工具对月亮进行抠图，并运用了“自由变换”命令及图层的混合模式将月亮融入到背景中，形成天地一色的画面。

文件路径：素材\第 2 章\016

视频文件：MP4\第 2 章\016. mp4

STEP 01 启动 Photoshop CC 程序后，执行“文件”|“打开”命令，弹出“打开”对话框，选择

本书配套光盘中“第 2 章\016\016.jpg”文件，单击“打开”按钮，如图 2-5 所示。

STEP 02 按 Ctrl+O 组合键，弹出“打开”对话框，打开“月亮”素材。选择工具箱中的“椭圆选框”工具，按住 Shift 键的同时，在月亮上绘制出一个正圆选区，如图 2-6 所示。

STEP 03 选择工具箱中的“移动”工具，按住 Alt+Ctrl 组合键的同时拖拽选区内的图像至海景文档中，按 Ctrl+T 组合键调整其大小和位置，如图 2-7 所示。

图 2-5 打开文件

图 2-6 创建选区

图 2-7 拖拽文件

STEP 04 更改其图层混合模式为“滤色”，如图 2-8 所示。

STEP 05 选择图层面板下的“创建图层蒙版”按钮，添加一个图层蒙版。选择工具箱中的“画笔”工具，用黑色的画笔工具将多余的月亮擦除掉，如图 2-9 所示。

STEP 06 选择图层面板下的“创建新的填充或调整图层”按钮，创建“色彩平衡”调整图层，设置参数如图 2-10 所示。

图 2-8 更改图层混合模式

图 2-9 添加蒙版

图 2-10 “色彩平衡”参数

STEP 07 按 Ctrl+Alt+G 组合键，创建剪贴蒙版，使其调整的色彩只影响月亮，最终效果如图 2-11 所示。

技巧：按 Alt+Shift 组合，可以从当前单击的点出发，绘制正圆。

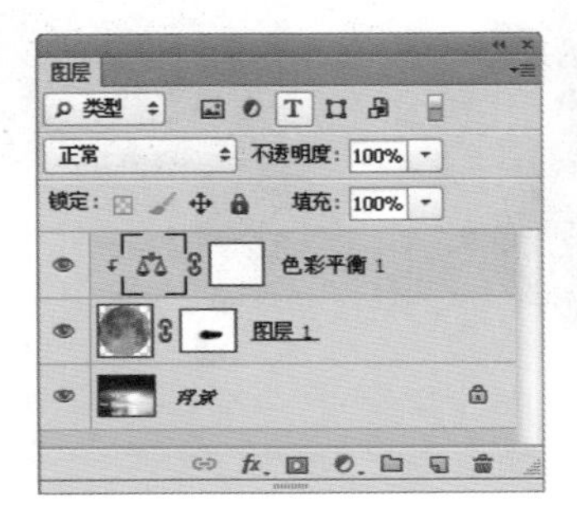

图 2-11 最终效果

017. 套索工具抠图

在 Photoshop CC 中，利用套索工具可以在图像编辑中创建任意形状的选区，通常用来创建不太精确的不规则图像选区。

本实例主要运用了套索工具对人物的五官进行抠图，并结合图层蒙版及调整图层，将人物的五官和娃娃的相融，形成真人版的 SD 娃娃。

文件路径：素材\第 2 章\017

视频文件：MP4\第 2 章\017. mp4

STEP 01 启动 Photoshop CC 程序后执行“文件”|“打开”命令，弹出“打开”对话框，选择本书配套光盘中“第 2 章\017\017.jpg”文件，单击“打开”按钮，如图 2-12 所示。

STEP 02 按 Ctrl+O 组合键，弹出“打开”对话框，打开“女孩”素材。执行“滤镜”|“液化”命令，选择液化工具选项栏中的“膨胀”工具将人物的眼镜进行膨胀，如图 2-13 所示。

STEP 03 选择工具箱中的“套索”工具，在人物的右眼上创建选区，如图 2-14 所示。

图 2-12　打开文件

图 2-13　“液化”效果

图 2-14　创建选区

STEP 04 选择工具箱中的“移动”工具，按住 Alt+Ctrl 组合键的同时拖拽选区内的图像至娃娃文档中，按 Ctrl+T 组合键调整其大小和位置，如图 2-15 所示。

STEP 05 选择图层面板下的“创建图层蒙版”按钮，添加图层蒙版。选择“画笔”工具，用黑色的画笔工具将多余的肤色擦掉，如图 2-16 所示。

STEP 06 选择图层面板下的“创建新的填充或调整图层”按钮，创建曲线调整图层，按 Ctrl+Alt+G 组合键，创建蒙版，效果如图 2-17 所示。

图 2-15 拖拽选区

图 2-16 添加蒙版

图 2-17 曲线调整

STEP 07 同上述操作方法将人物的另一只眼睛及鼻子拖拽到娃娃上，如图 2-18 所示。

STEP 08 选择图层面板下的“创建新的填充或调整图层”按钮，创建“色彩平衡”调整图层，按 Ctrl+Alt+G 组合键，在鼻子上方创建剪贴蒙版使其只改变鼻子的色彩，效果如图 2-19 所示。

STEP 09 创建“曲线”调整图层，按，按 Ctrl+Alt+G 组合键，在鼻子上方创建剪贴蒙版，提亮鼻子，效果如图 2-20 所示。

图 2-18 拖拽图像

图 2-19 色彩平衡调整

图 2-20 曲线调整

STEP 10 继续选择“套索”工具，将人物的嘴唇拖拽至娃娃文档中，调整大小及位置。选择图层面板下的“创建图层蒙版”按钮，为嘴唇添加图层蒙版，选择“画笔”工具，用黑色的画笔工具将嘴唇涂抹出来，如图 2-21 所示。

STEP 11 创建“色相/饱和度”调整图层，更改其参数。按 Ctrl+Alt+G 组合键，在嘴唇上方创建剪贴蒙版，使其只改变嘴唇的色彩，如图 2-22 所示。

STEP 12 按 Ctrl+O 组合键，打开“花朵”素材。选择工具箱中的“移动”工具，将素材添加至娃娃中，最终效果如图 2-23 所示。

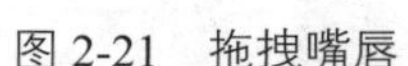

图 2-21　拖拽嘴唇　　图 2-22　“色相/饱和度”调整　　图 2-23　最终效果

技巧：套索工具主要用来选取对选择区的精度要求不高的区域。

018 多边形套索工具抠图

在 Photoshop CC 中，使用多边形套索工具可以创建直边的选区，多边形套索工具的优点是只需要单击就可以选取边界规则的图像，两点之间以直线连接。

本例主要运用多边形套索工具对规则图形抠图，将图像添加至圣诞树上，造成硕果累累的圣诞树。

文件路径：素材\第 2 章\018
视频文件：MP4\第 2 章\018. mp4

STEP 01 启动 Photoshop CC 程序后执行“文件”|“打开”命令，弹出“打开”对话框，选择本书配套光盘中“第 2 章\018\018.jpg”文件，单击“打开”按钮，如图 2-24 所示

STEP 02 按 Ctrl+O 组合键，弹出“打开”对话框，打开“星星”素材。选择工具箱中的“多边形套索”工具，在星星的角点处单击鼠标指定起点，并在转角处单击鼠标，指定第二点，如图

2-25 所示。

STEP 03 采用与上面同样方法依次单击其他点，最后在起始点处单击创建选区，如图 2-26 所示。

STEP 04 选择工具箱中的“移动”工具，按住 Alt+Ctrl 组合键的同时将选区中的图像拖拽至圣诞树上，按 Ctrl+T 组合键调整其大小和位置，如图 2-27 所示。

STEP 05 同上述操作方法依次将素材内的图像添加至圣诞树上。

图 2-24　打开文件　　图 2-25　绘制起点　　图 2-26　创建选区　　图 2-27　拖拽选区

技巧：运用多边形套索工具创建选区时，按住 Shift 键的同时单击鼠标左键，可以沿水平、垂直或 45 度角方向创建选区；在运用套索工具或多边形套索工具时，按 Alt 键可以在两个工具之间进行切换。

019 羽化的使用

羽化是 Photoshop CC 中非常重要的功能，几乎任何一个选择工具都具有【羽化】选项，它可以使抠图的对象边缘变得更加柔和，与其他图像合成的效果也更加自然。

本例主要运用套索工具对图像进行抠图，并结合【羽化】命令，将图像与图像进行融合，使其成为一体。

文件路径：素材\第 2 章\019

视频文件：MP4\第 2 章\019. mp4

STEP 01 启动 Photoshop CC 程序后执行“文件”|“打开”命令，弹出“打开”对话框，选择本书配套光盘中“第 2 章\019\019. jpg”文件，单击“打开”按钮，如图 2-28 所示。

STEP 02 按 Ctrl+O 组合键，弹出“打开”对话框，打开“河流”素材。选择工具箱中的“套索”工具，选取图像中的河流，如图 2-29 所示。

STEP 03 执行“选择”|“修改”|“羽化”命令或按 Shift+F6 组合键，打开“羽化选区”命令对话框，在对话框中设置羽化半径为 5 像素，单击“确定”按钮关闭对话框。

STEP 04 选择工具箱中的“移动”工具，按住 Alt+Ctrl 组合键的同时将羽化后的选区拖拽至“草原”文档中，按 Ctrl+T 组合键调整其大小及位置，如图 2-30 所示。

图 2-28 打开文件

图 2-29 创建选区

图 2-30 拖拽选区

STEP 05 选择图层面板下的“创建图层蒙版”按钮，添加图层蒙版。选择“画笔”工具，用黑色的画笔工具在河流的边缘反复擦拭，使其与草地融合得更自然，如图 2-31 所示。

STEP 06 选择图层面板下“创建新的填充或调整图层”按钮，创建“曲线”调整图层（第一个节点参数为输入 21，输出 0），按 Ctrl+Alt+G 组合键，创建剪贴蒙版使其只影响河流的颜色，效果如图 2-32 所示。

STEP 07 采用与上面相同方法，将“马群”抠取出来，放置在草原合适的位置，如图 2-33 所示。

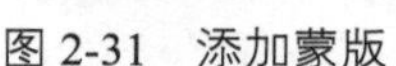

图 2-31 添加蒙版

图 2-32 曲线调整

图 2-33 添加素材

STEP 08 创建“曲线”调整图层，设置参数如图 2-34 所示。按 Ctrl+Alt+G 组合键，创建剪贴蒙版使其只影响马群的颜色。

STEP 09 同上述操作方法依次添加马群，效果如图 2-35 所示。

技巧：如果设置的羽化数值大，而创建的选区很小，就有可能弹出“警告”提示框，但并不会影响所创建的选区，只是这些选区在图像中看不见。如果在此选区中填充颜色，得到的图像透明度都低于 50%。

图 2-34 曲线调整

图 2-35 最终效果

2.2 基本选择工具的高级应用

抠图操作离不开选区，选区的创建离不开选择工具。Photohsop CC 在工具箱中提供了 3 种选择工具，本小节通过实例的形式，具体介绍它们在抠图中的综合应用，通过本小节的学习，读者可以熟练应用各种选择工具及各种选择工具之间的转换。

020 趣味照片

抠图与选区息息相关，大部分抠图都离不开选区，建立选区是抠图的前奏，但是建立选区并不全部是为了抠图，有时是为了绘画与添加、应用滤镜等。

本例是将套索工具与矩形选框工具相结合，然后运用“滤镜”命令和“调整图层”，使图像成为一幅趣味性十足的照片。

文件路径：素材\第 2 章\020

视频文件：MP4\第 2 章\020. mp4

STEP 01 启动 Photoshop CC 程序后执行“文件”|“打开”命令，弹出“打开”对话框，选择本书配套光盘中“第 2 章\020\020.jpg”文件，单击“打开”按钮，如图 2-36 所示。

STEP 02 按 Ctrl+O 组合键，弹出“打开”对话框，打开“手”素材。选择工具箱中的“移动”工具，将素材拖拽至“鸟”文档中，如图 2-37 所示。

STEP 03 选择工具箱中的“矩形选框”工具，在卡片内部创建选区，如图 2-38 所示。

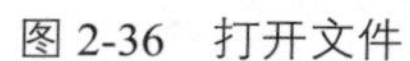

图 2-36　打开文件

图 2-37　拖拽素材

图 2-38　创建矩形选区

STEP 04 选择“磁性套索”工具，按住 Alt 键在手指处创建选区，放开鼠标之后进行选取运算，将选中的图像排除到原选区之外，如图 2-39 所示。

STEP 05 将“背景”图层拖动到图层面板下的“创建新图层”按钮上复制“背景”图层。选择图层面板下的“添加图层蒙版”按钮，添加图层蒙版，再按 Shift+Ctrl+]组合键将该图层移动到顶层，如图 2-40 所示。

STEP 06 执行“滤镜”|“艺术效果”|“海报边缘”命令，打开“滤镜库”，将图像处理为如图 2-41 所示的效果。

图 2-39　减选

图 2-40　添加蒙版

图 2-41　“海报边缘”参数

STEP 07 选择图层面板下的“创建新的填充或调整图层”按钮，创建“色相/饱和度”调整图层，设置参数如图 2-42 所示，按 Ctrl+Alt+G 组合键创建剪贴蒙版，使调整图层只影响它下面的一个图层。

STEP 08 创建“色阶”调整图层，设置参数如图 2-43 所示，按 Ctrl+Alt+G 组合键创建剪贴蒙版，使图层只影响鸟的密度。

图 2-42 “色相/饱和度”调整

图 2-43 “色阶”调整

STEP 09 再次创建“色彩平衡”调整图层，设置参数如图 2-44 所示，让图像的整体颜色转向洋红色。最后加入素材、文字等作为装饰，效果如图 2-45 所示。

图 2-44 “色彩平衡”调整

图 2-45 最终效果

021 特殊贴纸

抠图是一种非常通俗、形象的说法，也就是将需要的主体部分从图形中精确地分离并提取出来，然而提取的素材往往不是我们所需要，这时就要进行后期处理。

本例是将人物用多边形抠取处理，然后运用“滤镜”命令和图层混合模式的应用，使图像成为一幅搞怪的照片。

文件路径：素材\第 2 章\021

视频文件：MP4\第 2 章\021. mp4

STEP 01 启动 Photoshop CC 程序后执行“文件”|“打开”命令，弹出“打开”对话框，选择本书配套光盘中“第 2 章\021\021.jpg”文件，单击“打开”按钮，如图 2-46 所示。

STEP 02 选择通道面板下的“创建新通道”按钮，创建一个通道，按 Ctrl+I 组合键将通道反相成为白色，如图 2-47 所示。

STEP 03 选择工具箱中的“多边形套索”工具，在工具选项中设置参数如图 2-48 所示。

图 2-46　打开文件

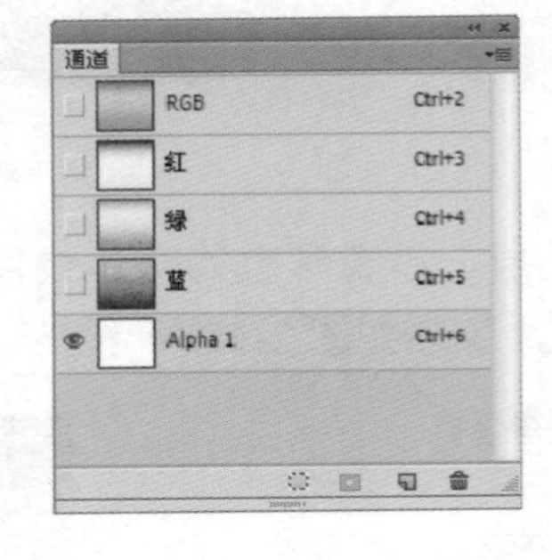

图 2-47　反选通道

图 2-48　设置参数

STEP 04 绘制一个五角星.执行“滤镜”|“模糊”|“高斯模糊”命令，对它进行模糊处理，如图 2-49 所示。

STEP 05 执行“滤镜”|“像素化”|“彩色半调”命令，设置参数如图 2-50 所示。

STEP 06 按住 Ctrl 键单击“Alpha1”通道，载入星星选区，按 Shift+Ctrl+I 组合键进行反选。选择图层面板下的“创建新图层”按钮，创建一个图层，如图 2-51 所示。

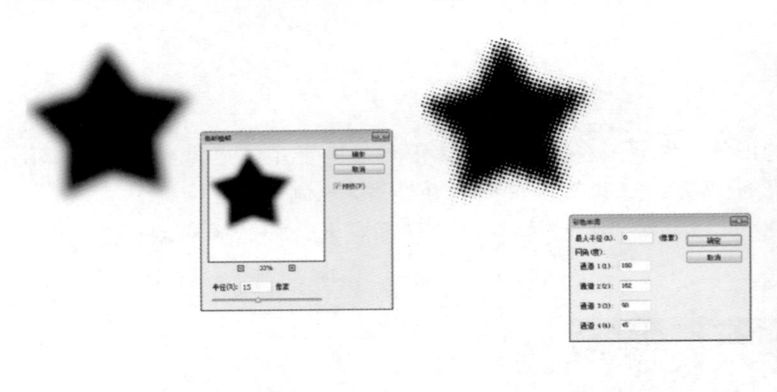

图 2-49　“高斯模糊”参数　　图 2-50　“色彩半调”参数

图 2-51　载入选区

STEP 07 将前景色设为暗橙色（#e1a755），按 Alt+Delete 组合键在选区内填色，按 Ctrl+T 组合键调整大小及位置，如图 2-52 所示。

STEP 08 按 Ctrl+J 组合键复制星星。按 Ctrl 载入星星选区，调整星星的颜色为（#7ba8b9）。同方法，制作另一个星星，如图 2-53 所示。

STEP 09 按 Ctrl+O 组合键，弹出“打开”对话框，打开素材。选择工具箱中的“移动”工具，将素材依次拖拽至“背景”文档中，更改其图层混合模式为“正片叠底”，如图 2-54 所示。

图 2-52 填充颜色

图 2-53 复制图层

图 2-54 添加素材

STEP 10 按 Ctrl+O 组合键，打开“人物”素材。选择工具箱中的“多边形套索”工具，在人物四周创建选区，如图 2-55 所示。

STEP 11 选择工具箱中的“移动”工具，按 Ctrl+Alt 组合键的同时将创建的选区拖拽至背景文档中，按 Ctrl+T 组合键调整大小和位置，如图 2-56 所示。

STEP 12 选择图层面板下的“添加图层样式”按钮，在弹出的快捷菜单中选择“内发光”、“投影”选项给人物添加图层样式，如图 2-57 所示。

图 2-55 创建选区

图 2-56 拖拽文件

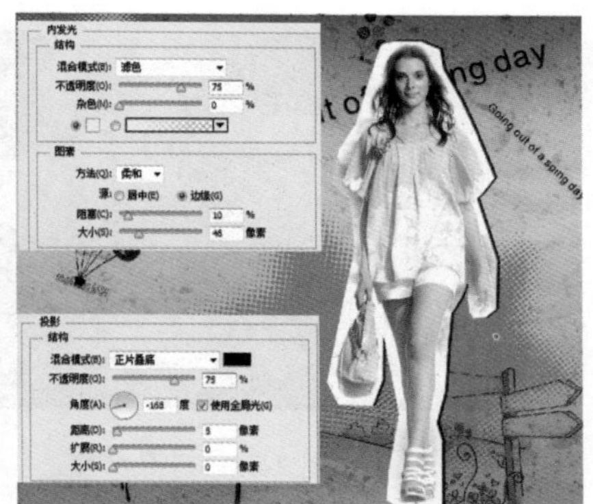

图 2-57 “图层样式”参数

技巧：在移动选区内图像的过程中，按 Ctrl 键的同时单击键盘上↑、↓、→、←方向键移动选区，可以使图像向上、下、左、右移动一个像素；按 Shift 键移动，则可以移动 10 个像素的距离。

022 网店装修设计

抠图与颜色往往有很大的关联，将图像抠取出来，如果颜色搭配不好或是不融洽也很难达到想要的效果。

本例是将图像进行色彩调整，然后运用矩形选框工具制作出具有特色的框，让照片一下就变得与众不同。

STEP 01 启动 Photoshop CC 程序后执行“文件”|“打开”命令，弹出“打开”对话框，选择本书配套光盘中“第 2 章\022\022.jpg”文件，单击“打开”按钮，效果如图 2-58 所示。

STEP 02 执行“图像”|“调整”|“HDR 色调”命令，在弹出的对话框设置相关参数，调整照片的色彩，如图 2-59 所示。

图 2-58　打开文件

图 2-59　“HDR 色调”参数

STEP 03 按 Ctrl+Shift+N 组合键，新建图层。将前景色设置为白色，选择工具箱中的“渐变”工具，在工具选项栏中选择前景色到透明的渐变，在画面的四周填充渐变，如图 2-60 所示。

STEP 04 设置该图层的不透明度为 65%，效果如图 2-61 所示。

图 2-60　渐变参数

图 2-61　更改不透明度

STEP 05 选择图层面板下的“创建新组”按钮，创建图层组。选择“新建图层”按钮，在组中创建一个图层，如图 2-62 所示。

STEP 06 选择工具箱中的“矩形选框”工具，在文档中创建一个选区，按 Alt+Delete 组合键填充白色，按 Ctrl+D 组合键取消选区，如图 2-63 所示。

STEP 07 双击该图层，打开“图层样式”对话框，将“填充不透明度”设置为 0%，如图 2-64 所示。并在左侧列表中分别选择“投影”、“渐变叠加”和“描边”选项，设置相关参数，添加这几种效果，如图 2-65 所示，效果如图 2-66 所示。

图 2-62 新建图层

图 2-63 填充颜色

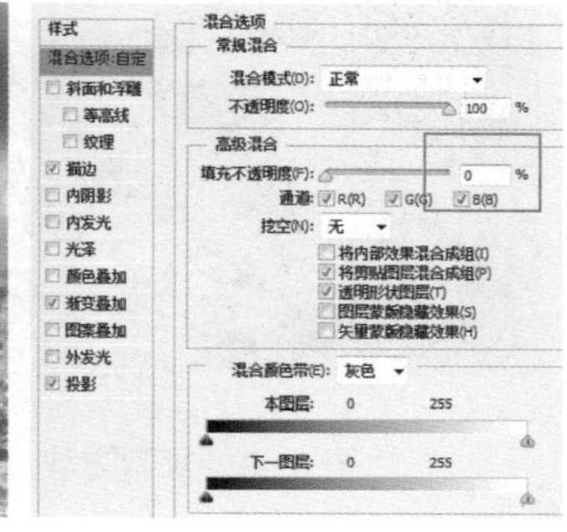

图 2-64 更改不透明度

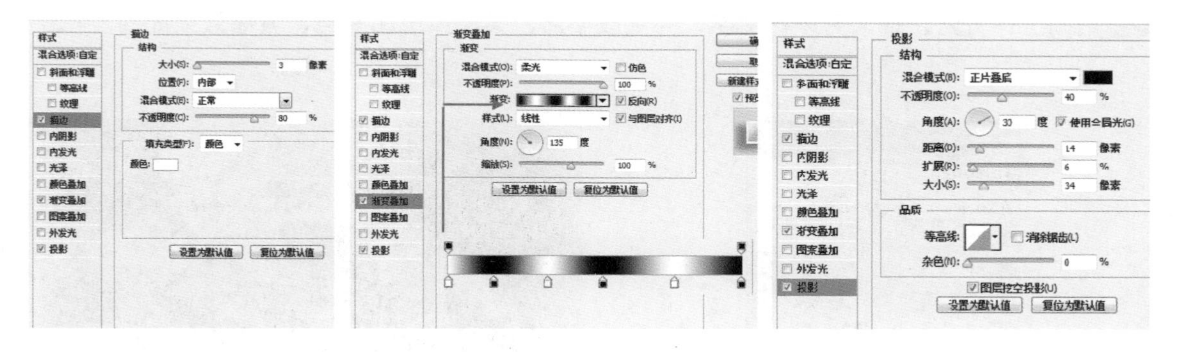

图 2-65 “图层样式”参数

STEP 08 选择工具箱中的“移动”工具，按住 Alt 键拖动矩形方块，复制出一个图形，按 Ctrl+T 组合键显示定界框，按 Shift 键拖动控制点将图像等比例缩小，效果如图 2-67 所示。

图 2-66 添加“图层样式”效果

图 2-67 复制图层

STEP 09 采用同样的方法复制方块，调整大小并放在纸盒人的周围，如图 2-68 所示。

STEP 10 在组的上方新建图层。选择工具箱中的“矩形选框”工具，在画面右上角创建一个选区，将前景色设为绿色（#5f9c36），按 Alt+Delete 组合键填色，按 Ctrl+D 组合键取消选区，如图 2-69 所示。

STEP 11 选择“横排文字”工具，在绿色矩形框中单击会出现“|”型光标，输入文字，如图 2-70 所示，单击工具选项栏中的✓按钮，结束文字的标记。

图 2-68　复制方块

图 2-69　绘制矩形

图 2-70　输入文字

STEP 12 在文字工具选项栏中选择“字符”面板按钮，并在其中修改文字的样式和颜色，如图 2-71 所示。

STEP 13 同上述方法，输入另一行文字，并更改字体、文字大小和颜色，整体效果如图 2-72 所示。

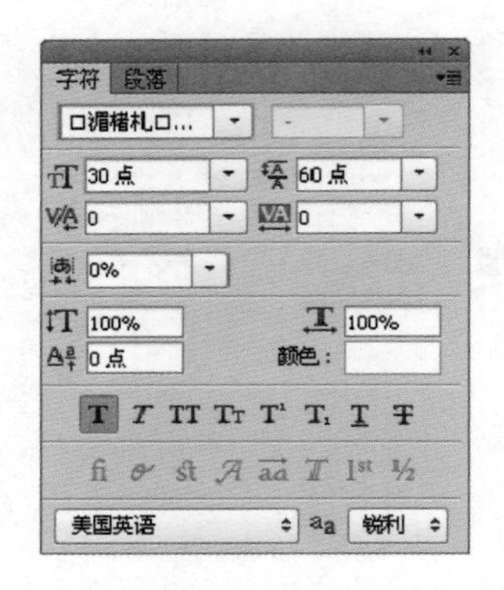

图 2-71　“字符”面板

图 2-72　最终效果

技巧：“填充不透明度”只影响图像的不透明度，而不会影响我们所添加的“图层样”。因此，将该值设置为 0 以后，画面中的白色矩形会呈现为透明状态，只有各种效果显示出来。

- ▶磁性套索工具抠图
- ▶魔棒工具抠图
- ▶快速选择工具抠图
- ▶利用“色彩范围”命令抠图
- ▶利用“选取相似”命令抠图
- ▶选区的运算
- ▶利用“调整边缘”命令抠图
- ▶彩妆设计
- ▶擎天柱重生
- ▶DJ 归来

第 3 章 超级简单——智能工具抠图

抠图是一个比较复杂的过程，因此，Photoshop CC 提供了若干智能抠图工具，使用它们可以大大提高工作效率。本章集中介绍几个重要的智能抠图工具，包括磁性套索工具、魔棒工具、快速选择工具等，它们让抠图操作变得轻松简单。本章还介绍了使用【色彩范围】命令抠取边缘复杂的图像，使用【调整边缘】命令对已有的选区进行细化与调整等。通过对本章的学习，读者可以掌握一些简单的抠图技巧，享受抠图的乐趣。

3.1 智能工具抠图

魔棒工具、快速选择工具以及相应的命令都是很好的抠图工具。通常运用魔棒可以对一些简单背景的图像进行抠取，而对稍微复杂的抠图，则可以用到快速选择工具、“色彩范围”以及“选取相似”等命令进行抠图操作。

023 磁性套索工具抠图

磁性套索工具适合于选择背景较复杂、选择区域与背景有较高对比度的图像。与套索工具的区别在于它可以根据图像的对比度自动跟踪图像的边缘。

本例主要运用了磁性套索工具对图像进行抠图，并运用了“自由变换”命令将图像进行调整，使其成为一幅完整的画面。

文件路径：素材\第 3 章\023

视频文件：MP4\第 3 章\023. mp4

STEP 01 启动 Photoshop CC 程序后执行“文件”|“打开”命令，弹出“打开”对话框，选择本书配套光盘中“第 3 章\023\023.jpg”文件，单击“打开”按钮，如图 3-1 所示。

图 3-1　打开文件

图 3-2　沿着边缘处移动鼠标

STEP 02 按 Ctrl+O 组合键，弹出“打开”对话框，打开“海星”素材。选择工具箱中的“磁性套索”工具，沿着海星的边缘移动鼠标，如图 3-2 所示。

STEP 03 至起始点处，单击鼠标左键，即可创建选区，如图 3-3 所示。

STEP 04 按 Ctrl+C 组合键复制。切换到“美人鱼”文档，按 Ctrl+V 组合键粘贴，按 Ctrl+T 组合键调整大小和位置，如图 3-4 所示。

STEP 05 切换到“海星”文档，运用相同的方法抠取所需要的海星，如图 3-5 所示。

图 3-3　创建选区

图 3-4　移动素材

图 3-5　抠取

STEP 06 选择工具箱中的“移动”工具，按 Ctrl+Alt 组合键的同时将“海星”拖拽至“美人鱼”文档中，按 Ctr+T 组合键调整大小和位置。按 Ctrl+J 组合键两次，复制“海星”图层。按 Ctrl+Shift+] 组合键，将红色海星图层置入顶层，如图 3-6 所示。

STEP 07 同上述操作方法，将其他的海星和贝壳添加到美人鱼头发上，如图 3-7 所示。

图 3-6　拖动素材

图 3-7　添加素材

STEP 08 按 Shift 键选取除背景图层以外的其他图层，按 Ctrl+G 组合键进行编组，如图 3-8 所示。

STEP 09 选择图层面板下的“创建新的填充或调整图层”按钮，创建“色相/饱和度”调整层，设置参数如图 3-9 所示，按 Ctrl+Alt+G 组合键，创建剪贴蒙版使色彩只影响编组图层。

图 3-8　编组

图 3-9　“色相/饱和度”调整图层

STEP 10 双击编组图层打开“图层样式”对话框，在对话框中选择“投影”选项，设置相关参数如图 3-10 所示，给“组 1”添加图层样式。

STEP 11 单击“确定”按钮，最终效果如图 3-11 所示。

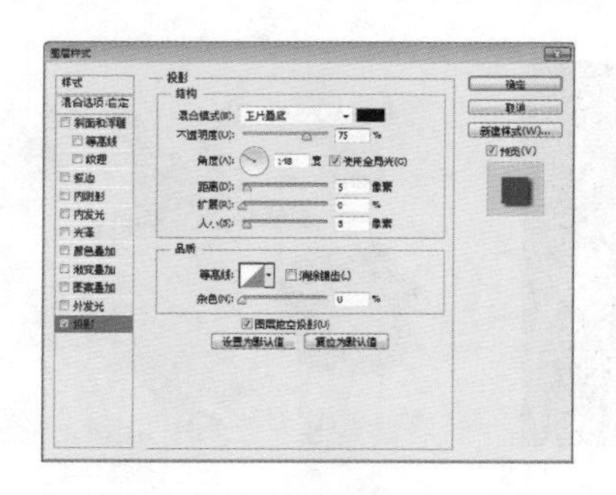

图 3-10　“图层样式”对话框

图 3-11　最终效果

技 巧：运用磁性套索工具自动创建边界选区时，按 Delete 键可以删除上一个节点和线段。

024 磁性套索与多边形套索转换抠图

抠图时经常要根据边界特点使用不同工具，通过组合键转换工具既方便又有效。

本例主要运用磁性套索与多边形套索转换抠图，并结合图层样式将人物与背景相融合，形成会跳舞的小熊。

文件路径：素材\第 3 章\024

视频文件：MP4\第 3 章\024. mp4

STEP 01 启动 Photoshop CC 程序后执行“文件”|“打开”命令，弹出“打开”对话框，选择本书配套光盘中“第 3 章\024\024.jpg”文件，单击“打开”按钮，如图 3-12 所示。

STEP 02 选择“磁性套索”工具，将光标放在小熊的耳朵处的位置，单击鼠标设定选区的起点，然后紧贴小熊边缘拖动鼠标创建选区，如图 3-13 所示。

图 3-12 打开文件

图 3-13 沿着边缘创建选区

图 3-14 创建直线

STEP 03 下面选择小熊的胳膊。按住 Alt 键单击一下，切换为“多边形套索”工具，创建直线，如图 3-14 所示；放开 Alt 键拖动鼠标，切换为“磁性套索”工具，继续选择小熊的弧度部位如图 3-15 所示。

STEP 04 采用同样方法创建选区，即遇到直线边界就按 Alt 键单击，遇到曲线边界则放开 Alt 键拖动鼠标，如图 3-16 所示。

STEP 05 打开光盘中的舞会文件。选择“移动”工具，按 Ctrl+Alt 组合键的同时将选中的小熊拖入到该文档中，效果如图 3-17 所示。

图 3-15 绘制弧度部分

图 3-16 创建选区

图 3-17 拖拽文件

STEP 06 按住 Ctrl 键选择图层面板下的“创建图层”按钮，在小熊图层下方创建一个图层。选择“椭圆选框”工具，在小熊脚下绘制椭圆，如图 3-18 所示。

STEP 07 按 Shift+F6 组合键，羽化 3 像素。将前景色设为黑色，按 Alt+Delete 组合键填充黑色，如图 3-19 所示，给小熊制作阴影。

图 3-18 绘制椭圆

图 3-19 填充黑色

STEP 08 同上述操作方法给另一只脚也添加阴影，如图 3-20 所示。

STEP 09 选择“色相/饱和度”调整图层，增加小熊的艳度，按 Ctrl+Alt+G 组合键创建剪贴蒙版，如图 3-21 所示。

STEP 10 同上述操作方法将另一小熊也拖入到舞会文档中，效果如图 3-22 所示。

图 3-20　添加阴影

图 3-21　“色相/饱和度”调整图层

图 3-22　最终效果

技巧：使用磁性套索工具时，按 Alt 键单击并拖动鼠标，可转换为套索工具，放开 Alt 键即可恢复为磁性套索工具。

025。魔棒工具抠图

魔棒工具是建立选区的工具之一，其作用是在一定的容差值范围内（默认值为 32），将颜色相同的区域同时选中建立选区，从而达到抠取图像的目的。

本例主要运用魔棒工具对图形的抠图，将图像添加至杂志上形成杂志的封面。

文件路径：素材\第 3 章\025

视频文件：MP4\第 3 章\025. mp4

STEP 01 启动 Photoshop CC 程序后执行“文件”|“打开”命令，弹出“打开”对话框，选择本书配套光盘中“第 3 章\025\025.jpg”文件，单击“打开”按钮，如图 3-23 所示

STEP 02 选择工具箱中的“魔棒”工具，移动鼠标至图像编辑窗口中，在浅黄色区域上单击鼠标左键，选中浅黄色区域，如图 3-24 所示。

STEP 03 选择工具选项栏上的“添加到选区”按钮，多次单击背景区域使背景全部被选中，如图 3-25 所示。

图 3-23 打开文件

图 3-24 创建选区

STEP 04 按 Q 键切换到快速蒙版编辑状态，如图 3-26 所示。

STEP 05 在快速蒙版编辑状态下，选择“磁性套索”工具，在多选的图像上创建选区，如图 3-27 所示。

图 3-25 创建选区

图 3-26 进入快速蒙版

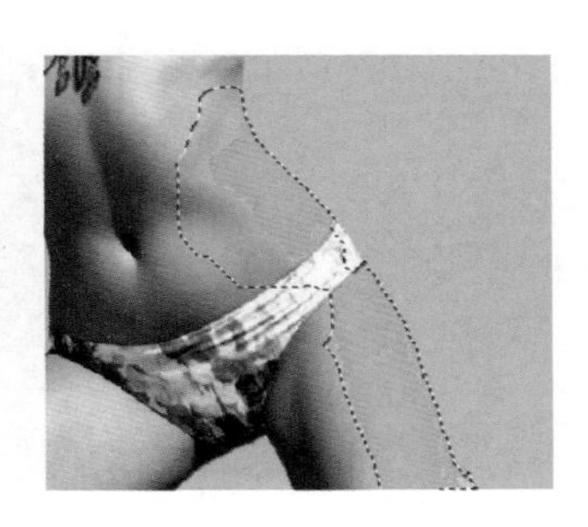

图 3-27 加选

STEP 06 填充白色，按 Ctrl+D 组合键取消选区，如图 3-28 所示。

STEP 07 按 Q 键退出快速蒙版，按 Shift+Ctrl+I 组合键反选选区，选中美女如图 3-29 所示。

STEP 08 打开光盘中的“杂志封面”文件，选择“移动”工具，按 Ctrl+Alt 组合键的同时将选中的美女拖入到该文档中，按 Ctrl+T 组合键调整大小和位置，效果如图 3-30 所示。

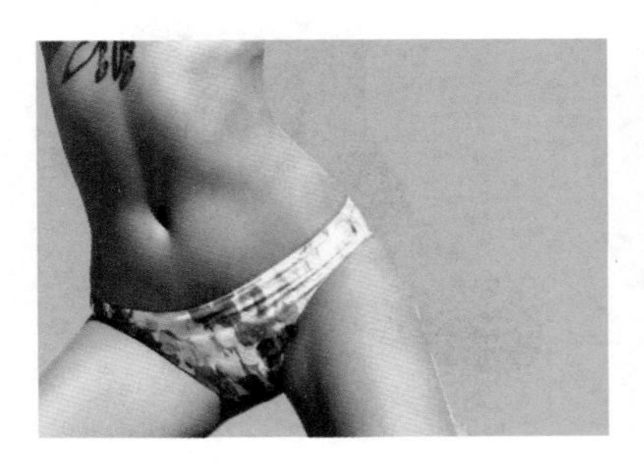

图 3-28 填充白色

图 3-29 反选

图 3-30 最终效果

技巧：在“新选区”状态下，按 Shift 键的同时单击相应的区域，可以快速切换到“添加到选区”状态；按 Alt 键可以快速切换到“从选区减去”状态。

026 快速选择工具抠图

用快速选择工具创建选区，通常用在一定容差范围内的颜色选取，在进行选取时，需要设置相应的画笔大小。

本例主要运用快速选择工具对跑鞋的抠图，将跑鞋添加至背景上，然后添加素材，形成一幅宣传跑鞋的海报。

STEP 01 启动 Photoshop CC 程序后执行“文件”|“打开”命令，弹出“打开”对话框，选择本书配套光盘中“第 3 章\026\026.jpg”文件，单击“打开”按钮，如图 3-31 所示。

STEP 02 选择工具箱中的“快速选择”工具，在弹出的工具选项栏中设置“画笔”大小为 30 像素，在跑鞋上拖动鼠标，如图 3-32 所示。

STEP 03 继续在跑鞋上拖动鼠标直至选择全部的跑鞋图像，如图 3-33 所示。

图 3-31　打开文件

图 3-32　创建选区

图 3-33　创建选区

STEP 04 打开光盘中的“背景”文件，选择“移动”工具，按 Ctrl+Alt 组合键的同时将选中的跑鞋拖入到该文档中，按 Ctrl+T 组合键调整大小和位置，如图 3-34 所示。

STEP 05 按 Ctrl+O 组合键，打开“线条”素材添加至背景文档中，如图 3-35 所示，

STEP 06 同上述方法继续给背景添加素材及 LoGo，效果如图 3-36 所示。

图 3-34 拖拽文件

图 3-35 添加素材

图 3-36 最终效果

技 巧：在拖动过程中，如果有多选或是少选的想象，可以单击工具选项栏中的“添加到选区”按钮或是“从选区减去”按钮，在相应的区域适当地拖动以进行适当调整。

027 利用“色彩范围”命令抠图

使用“色彩范围”命令快速创建选区，其选取原理是以颜色作为依据，类似于魔棒工具，但是其功能比魔棒工具更加强大。

本例主要运用“色彩范围”命令对新娘抠图，将新娘添加至背景上，与“减淡”工具相结合，制作一页相册的内页。

文件路径：素材\第 3 章\027

视频文件：MP4\第 3 章\027. mp4

STEP 01 启动 Photoshop CC 程序后执行“文件”|“打开”命令，弹出“打开”对话框，选择本书配套光盘中“第 3 章\027\027.jpg”文件，单击“打开”按钮，如图 3-37 所示。

STEP 02 执行“选择”|“色彩范围”命令，打开“色彩范围”对话框。在弹出的对话框中单击“选择”下拉列表框，选择“取样颜色”选项，按下对话框右侧的吸管工具，移动光标至图像窗口或预览框（光标会显示为吸管形状）中单击鼠标，如图 3-38 所示。

STEP 03 预览框用于预览选择的颜色范围，白色表示选择区域，黑色表示未选中区域。拖动“颜色容差”滑块可调整选取范围大小，如图 3-39 所示。

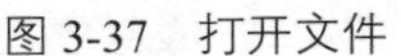
图 3-37　打开文件

图 3-38　“色彩范围”对话框

图 3-39　吸管选取

STEP 04 当需要增加选取范围或其他颜色时，按下带有“+”号的吸管，然后在图像窗口或预览框中单击以添加选取范围，如图 3-40 所示。

STEP 05 选中“反相”复选框可反选当前选择区域，相当于执行“选择”→“反相”命令，如图 3-41 所示。

STEP 06 减少选取范围，按下带有“-”号的吸管，在图像窗口或预览框中单击以减少选取范围，如图 3-42 所示的效果。

图 3-40　加选

图 3-41　反选

图 3-42　减选

STEP 07 设置完成“色彩范围”对话框后，单击“确定”按钮关闭对话框即可得到所需的选区，如图 3-43 所示。

STEP 08 打开光盘中的“背景”文件，选择“移动”工具，按 Ctrl+Alt 组合键的同时将选中的新娘拖入到该文档中，按 Ctrl+T 组合键调整大小和位置，如图 3-44 所示。

STEP 09 选择工具箱中的“减淡”工具，在工具选项栏中将“范围”设为“中间调”、“曝光度”为 50%，在人物的裙摆及脸颊上涂抹增加亮度，如图 3-45 所示。

图 3-43　所需选区

图 3-44　拖拽人物

图 3-45　“最终效果

技巧：应用“色彩范围”命令指定颜色范围时，可以调整所选区域的预览方式。通过“选区预览”选项可以设置“灰色”、“黑色杂边”、“白色杂边”和“快速蒙版”4 种预览方式。

028 利用“选取相似”命令抠图

“选取相似”命令可以根据现有的选区及包含的容差值，自动将图像中颜色相似的所有图像选中，使选区在整个图像中进行不连续的扩展。

本例主要用“选取相似”命令对新娘抠图，将新娘添加至背景上制作一幅商场宣传的广告。

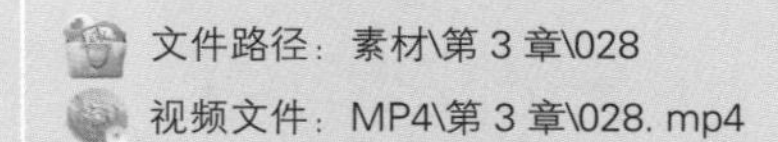

STEP 01 启动 Photoshop CC 程序后执行“文件”|“打开”命令，弹出“打开”对话框，选择本书配套光盘中“第 3 章\028\028.jpg”文件，单击“打开”按钮，如图 3-46 所示。

STEP 02 选择工具箱中的“魔棒”工具，在工具选项栏中设置“容差”为 32，在文件的背景上单击鼠标左键，如图 3-47 所示。

图 3-46 打开文件

图 3-47 创建选区

图 3-48 “选取相似”命令

STEP 03 连续执行“选择”|“选取相似”命令三次，选取相似的颜色区域，按 Ctrl+Shift+I 组合键进行反选，如图 3-48 所示。

STEP 04 打开光盘中的“花纹背景”文件，选择“移动”工具，按 Ctrl+Alt 组合键的同时将选中的女人拖入到该文档中，按Ctrl+T 组合键调整大小和位置，如图 3-49 所示。

STEP 05 打开光盘中的“文字”素材，选择“移动”工具，将文字拖入到背景文档中，按 Ctrl+T 组合键调整大小和位置，效果如图 3-50 所示。

图 3-49 拖拽人物

图 3-50 最终效果

技巧：按 Alt+S+R 组合键，也可以创建相似选区。

029. 选区的运算

有些对象的中间存在间隔或是空隙，没有办法一次完成选择，这时可以通过选区的运算来得到最终的选区。

本例主要用选区的运算将气球抠出，并将其合成到另一幅图像中。

文件路径：素材\第 3 章\029

视频文件：MP4\第 3 章\029. mp4

STEP 01 启动 Photoshop CC 程序后执行“文件”|“打开”命令，弹出“打开”对话框，选择本书配套光盘中“第 3 章\029\029.jpg”文件，单击“打开”按钮，如图 3-51 所示。

STEP 02 选择工具箱中的“磁性套索”工具，在工具选项栏中设置相关参数，如图 3-52 所示。

STEP 03 在左侧气球的边缘上单击鼠标，然后沿着气球的边缘移动光标将其选中，如图 3-53 所示。

图 3-51　打开文件

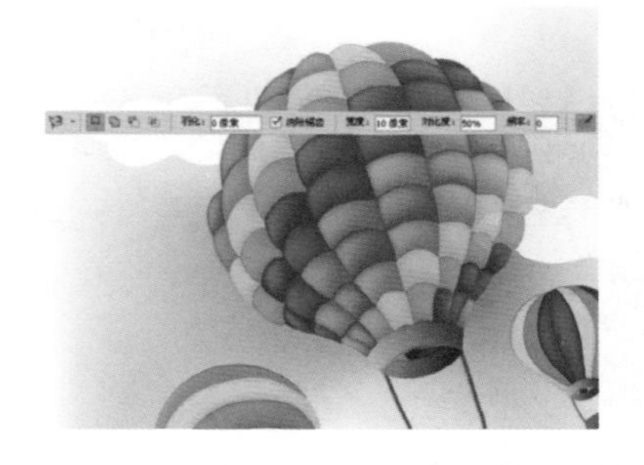
图 3-52　设置参数

图 3-53　创建选区

STEP 04 在工具选栏中按下“添加到选区”按钮，然后在中间的气球边缘上单击鼠标，沿其边缘移动光标，将其选中如图 3-54 所示。

STEP 05 同上述操作方法将右侧的气球也选中，如图 3-55 所示。

STEP 06 选择“魔棒”工具，在工具选项栏中选择“从选区减去”按钮，分别在每一个气球下方单击鼠标，减去多选的部分，如图 3-56 所示。

图 3-54　加选

图 3-55 加选选区

图 3-56　减选选区

STEP 07 执行“选择”|“修改”|“羽化”命令，在弹出的对话框中设置“羽化半径”为 1 像素，如图 3-57 所示，单击确定按钮。

STEP 08 打开光盘中的“家园”文件，选择“移动”工具，按 Ctrl+Alt 组合键的同时将选中的气球拖入到该文档中，按 Ctrl+T 组合键调整大小和位置，效果如图 3-58 所示。

图 3-57　“羽化”对话框

图 3-58　“最终效果

030 利用“调整边缘”命令抠图

在 Photoshop CC 中，“调整边缘”命令的主要作用是对已有的选区进行细化与调整，它可以对选区进行羽化、扩展、收缩与平滑处理，还提供了两个细化工具，使用它们可以快速地抠取毛发类的对象。

本例主要用“调整边缘”命令抠取狮子，并将其合成到另一幅图像中。

文件路径：素材\第 3 章\030

视频文件：MP4\第 3 章\030. mp4

STEP 01 启动 Photoshop CC 程序后执行“文件”|“打开”命令，弹出“打开”对话框，选择本书配套光盘中“第 3 章\030\030.jpg”文件，单击“打开”按钮，如图 3-59 所示。

STEP 02 执行“选择”|“色彩范围”命令，同上述操作方法对狮子进行选取，效果如图 3-60 所示。

STEP 03 选择“魔棒”工具，用工具选项栏中的 调整边缘... 按钮，打开调整边缘对话框，在“视图”的下拉列表中选择“黑底”选项,如图 3-61 所示。

图 3-59 打开文件

图 3-60 创建选区

图 3-61 “黑底”选项

STEP 04 将光标放在狮子的身体边缘，按住鼠标左键并拖动绘制出调整区域，如图 3-62 所示。

STEP 05 释放鼠标后即可对选区进行细化，使狮子边缘的毛发清晰地显示出来，如图 3-63 所示。

STEP 06 在“视图”模式下选择“黑白”选项，在“调整边缘”对话框中选择“抹除调整”工具按钮，在狮子脚下有残缺的地方进行恢复，如图 3-64 所示。

图 3-62 绘制调整区域　　图 3-63 细化毛发　　图 3-64 “黑白”选项

STEP 07 在“输出到”选项的下拉列表中选择“新建带有图层蒙版的图层”选项，单击“确定”按钮即可生成一个带有图层蒙版的图层，如图 3-65 所示。

STEP 08 打开光盘中的“马路上的女孩”文件，选择“移动”工具，按 Ctrl+Alt 组合键的同时将选中的狮子拖入到该文档中，按 Ctrl+T 组合键调整大小和位置，如图 3-66 所示。

STEP 09 选择图层面板下的“创建新的填充或调整图层”按钮，创建“色阶”调整图层，按 Ctrl+Alt+G 组合键创建剪贴蒙版，如图 3-67 所示。

图 3-65 创建蒙版图层　　图 3-66 拖拽图像　　图 3-67 “色阶”调整图层

STEP 10 创建“曲线”调整图层（第一个节点为输入 83，输出 68），按 Ctrl+Alt+G 组合键创建剪贴蒙版，给狮子增加对比度，如图 3-68 所示。

STEP 11 创建“色相/饱和度”调整图层，按 Ctrl+Alt+G 组合键创建剪贴蒙版，给狮子增加饱和度，如图 3-69 所示。

图 3-68 “曲线”调整图层　　图 3-69 “色相/饱和度”调整图层

STEP 12 按 Ctrl+Shift+N 组合键，新建图层。选择工具箱中的“多边形套索”工具，在狮子的脚下创建选区，如图 3-70 所示。

STEP 13 按 Shift+F6 组合键，羽化 10 像素。填充黑色，按 Ctrl+D 组合键取消选区，将其“不透明度”设为 65%，如图 3-71 所示。

STEP 14 按 Ctrl+Shift+[组合键将该图层移至背景图层上，给狮子添加阴影，如图 3-72 所示。

图 3-70　创建选区

图 3-71　绘制阴影

图 3-72　最终效果

技 巧：在处理边缘时，按 Ctrl++组合键或按 Ctrl+-组合键，可以放大或缩小窗口，按住空格键拖动鼠标，可以切换为抓手工具移动窗口。

3.2 智能工具的高级应用

智能工具的出现，大大节省了抠图的时间。然而，想要驾驭好智能工具绝非易事，这就要求操作者具有分析图像的能力，能够综合运用各种工具并充分发挥他们的特点。本小节将运用多种智能工具进行抠图，使读者全面掌握智能工具的使用方法。

031 彩妆设计

本例制作具有美感的彩妆设计，综合利用多种智能工具制作一幅独特的美图。

文件路径：素材\第 3 章\031

视频文件：MP4\第 3 章\031. mp4

STEP 01 启动 Photoshop CC 程序后执行“文件”|“打开”命令，弹出“打开”对话框，选择本书配套光盘中“第 3 章\031\031.jpg”文件，单击“打开”按钮，如图 3-73 所示。

STEP 02 执行“选择”|“色彩范围”命令，用吸管工具在背景上单击，创建选区如图 3-74 所示。

图 3-73 打开文件

图 3-74 创建选区

图 3-75 收缩选区

STEP 03 执行“选择”|“修改”|“收缩”命令，在弹出的对话框中，设置“收缩选区”为 2 像素，单击“确定”按钮关闭对话框，如图 3-75 所示。

STEP 04 打开光盘中的“炫彩背景”文件，选择“移动”工具，按 Ctrl+Alt 组合键的同时将选中的女人拖入到该文档中，按 Ctrl+T 组合键调整大小和位置，如图 3-76 所示。

STEP 05 打开光盘中的“盘子”文件。选择工具箱中的“椭圆选框”工具，按住 Shift 键在盘子上创建椭圆选区，如图 3-77 所示。

STEP 06 选择“移动”工具，按 Ctrl+Alt 组合键的同时将盘子拖拽至背景文档中，按 Ctrl+T 组合键调整大小，放置在人物头发上作为发饰，如图 3-78 所示。

图 3-76 拖拽人物

图 3-77 创建选区

图 3-78 拖拽盘子

STEP 07 按 Ctrl+J 组合键，复制多个盘子，按 Ctrl+T 组合键调整大小，依次放在人物的头发上，如图 3-79 所示。

STEP 08 给人物添加头发上的盘子发饰，如图 3-80 所示。

STEP 09 打开光盘中的“果子”文件。选择工具箱中的“磁性套索”工具，创建果子选区如图 3-81 所示。

STEP 10 选择“移动”工具，按 Ctrl+Alt 组合键的同时将果子拖拽至背景文档中，按 Ctrl+J 组合键复制多个，按 Ctrl+T 组合键依次调整大小和位置，与盘子相结合合并为花朵，如图 3-82 所示。

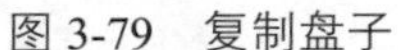

图 3-79　复制盘子　　图 3-80　添加素材　　图 3-81　创建选区

STEP 11 打开光盘中的“花纹”素材，选择“移动”工具，按 Ctrl+Alt 组合键的同时将其拖入彩妆设计文档中，按 Ctrl+T 组合键调整大小和位置，更改其混合模式为“滤色”，添加图层蒙版，用黑色的“画笔”工具擦除多余的部分，如图 3-83 所示。继续添加素材，调整大小及位置，放在相应的位置，如图 3-84 所示。

图 3-82　创建素材　　图 3-83　添加素材　　图 3-84　最终效果

032 擎天柱重生

擎天柱是我们心中的英雄，为了拯救人类而献出了自己宝贵的生命。本例运用智能工具将擎天柱抠出，通过影像合成技术把虚拟和现实结合，制作具有视觉震撼的作品。

文件路径：素材\第 3 章\032

视频文件：MP4\第 3 章\032. mp4

STEP 01 启动 Photoshop CC 程序后执行“文件”|“打开”命令，弹出“打开”对话框，选择本书配套光盘中“第 3 章\032\032.jpg”文件，单击“打开”按钮，如图 3-85 所示。

STEP 02 选择工具箱中的“魔棒”工具，单击背景创建选区。按 Ctrl+Shift+I 组合键反选，按 Q 键进入快速蒙版编辑状态，如图 3-86 所示。

STEP 03 选择“磁性套索”工具，将没有选中的区域加选起来，填充黑色，按 Ctrl+D 组合键取消选区。按 Q 键退出快速蒙版编辑状态，如图 3-87 所示。

图 3-85 打开文件

图 3-86 进入快速蒙版

图 3-87 退出快速蒙版

STEP 04 打开光盘中的“鼠标”文件，选择“移动”工具，按 Ctrl+Alt 组合键的同时将选中的擎天柱拖入到该文档中，按 Ctrl+T 组合键调整大小和位置，如图 3-88 所示。

STEP 05 按两下 Ctrl+J 组合键复制图层。选择下面两个图层的眼镜图标，将它们隐藏。按 Ctrl+T 组合键显示定界框，将图像旋转，选择图层面板下的“添加图层蒙版”按钮，使用黑色的“画笔”工具在擎天柱的腿部涂抹将其隐藏，如图 3-89 所示。

STEP 06 将该图层隐藏，显示中间的图层。按 Ctrl+T 组合键显示定界框，按住 Ctrl 键拖动控制点对图像进行变形处理，按回车键确认，如图 3-90 所示。

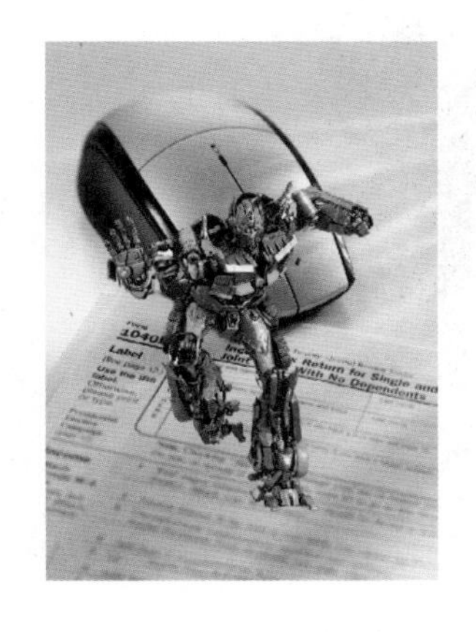

图 3-88 变形图像

图 3-89 添加蒙版

图 3-90 变形图像

STEP 07 按 D 键，恢复默认的前景色和背景色。执行“滤镜”|“素描”|“绘图笔”命令，将图像处理成铅笔素描效果，更改图层混合模式为“正片叠底”， 如图 3-91 所示。

STEP 08 选择“添加图层蒙版”按钮，添加蒙版，用画笔工具在擎天柱涂抹将其上半身隐藏。选择图层前面的眼睛图标，将该图层隐藏，显示最下面的擎天柱，对图像进行释放扭曲，如图 3-92 所示。

STEP 09 设置该图层混合模式为“正片叠底”，不透明度为 55%。选择图层面板上的“锁定透明区域”按钮，将前景色设为灰色（#271d14），按 Alt+Delete 组合键填充，如图 3-93 所示。

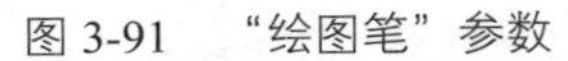

图 3-91 “绘图笔”参数　　图 3-92 添加蒙版　　图 3-93 填充

STEP 10 再次选择“锁定透明区域”按钮，解除锁定。执行“滤镜”|“模糊”|“高斯模糊”命令，制作擎天柱的投影。为该图层添加图层蒙版，用柔角“画笔”工具修改蒙版，将下半边图像隐藏，如图 3-94 所示。

STEP 11 将上面的图层都显示出来，调整图层的位置让图层都重叠在一起。选择“加深”工具，在最上面图层擎天柱的腿上涂抹加深腿部暗影，最终效果如图 3-95 所示。

图 3-94 高斯模糊

图 3-95 最终效果

033. DJ 归来

本例主要运用智能工具将人物抠取出来，然后创建调整图层及添加素材，形成一幅突出主题的宣传画。

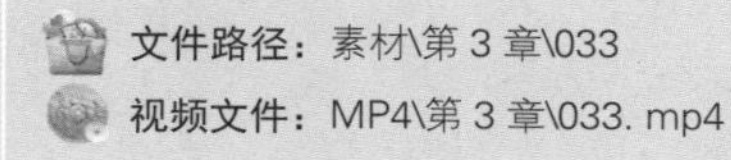

STEP 01 启动 Photoshop CC 程序后执行“文件”|“打开”命令，弹出“打开”对话框，选择本书配套光盘中“第 3 章\033\033.jpg”文件，单击“打开”按钮，如图 3-96 所示。

STEP 02 选择工具箱中的“磁性套索”工具，沿着人物创建选区，如图 3-97 所示。

STEP 03 打开光盘中的“背景”素材，选择“移动”工具，按住 Ctrl+Alt 组合键的同时将选中的人物拖入背景文档中 ，按 Ctrl+T 组合键调整大小和位置，如图 3-98 所示。

图 3-96 打开文件

图 3-97 创建选区

图 3-98 拖拽人物

STEP 04 执行“滤镜”|“模糊”|“高斯模糊”命令，为人物肌肤进行磨皮，如图 3-99 所示。

STEP 05 选择图层面板下的“创建新的填充或调整图层”按钮，创建“曲线”调整图层（RGB 通道参数为输入 140、输出 190；蓝色通道参数为输入 150、输出 167），按 Ctrl+Alt+G 组合键创建剪贴蒙版调整人物色彩，如图 3-100 所示。

图 3-99　美化肌肤

图 3-100　“曲线”调整图层

STEP 06 将素材依次拖入到文档中，更改其混合模式为“正片叠底”，添加图层蒙版，擦除多余的部分，如图 3-101 所示。

STEP 07 再次创建“曲线”调整图层，在弹出的对话框调整 RGB 通道参数，提亮整体色彩，如图 3-102 所示。

STEP 08 创建“色相/饱和度”调整图层，增加整体颜色的饱和度使画面更具有时尚感，最终效果如图 3-103 所示。

图 3-101　添加素材

图 3-102　“曲线”调整图层

图 3-103　最终效果

技 巧：使用“磁性套索”工具时，按下键盘中的 Caps Lock 键，光标会变为⊕状，图形的大小便是工具能够检测到的边缘宽度，按↑键和↓键可调整检测宽度。

- 矩形选框工具抠图
- 椭圆选框工具抠图
- 套索工具抠图
- 多边形套索工具抠图
- 羽化的使用
- 趣味照片
- 特殊贴纸
- 网店装修设计

第 4 章
涂涂抹抹——橡皮擦工具抠图

Photoshop CC 提供了多种创建选区的方式，其中比较独特的是使用“画笔”模式创建选区。这种方法具有很高的灵活性 ，运用到抠图操作上更是灵活自如。本章详细介绍以画笔涂抹方式进行抠图的工具与技巧，通过本章的学习，读者可以掌握使用画笔工具、橡皮擦工具抠图的方法及技巧。

4.1 智能工具抠图

在 Photoshop CC 中抠图，不但可以利用选区抠图，还可以利用橡皮擦工具抠图。包括 3 类橡皮擦工具，分别是橡皮擦工具、背景橡皮擦工具和魔术橡皮擦工具。这 3 类橡皮擦工具在抠图时是通过删除像素的方式进行的，方便而快捷。

034 使用“橡皮擦工具”抠图

橡皮擦工具和现实中用的橡皮擦的作用相同，用此工具在图像上涂抹时，被涂到的区域会被擦除掉。

本例主要运用橡皮擦工具进行抠图，并运用多种抠图工具及“自由变换”命令调整图像，使其成为一幅完整的画面。

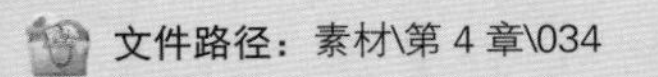
文件路径：素材\第 4 章\034

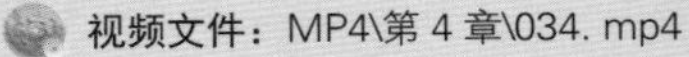
视频文件：MP4\第 4 章\034. mp4

STEP 01 启动 Photoshop CC 程序后执行“文件” | “打开”命令，弹出“打开”对话框，选择本书配套光盘中“第 4 章\034\034.jpg”文件，单击“打开”按钮，如图 4-1 所示。

STEP 02 在“背景”图层上双击鼠标，在打开的“新建图层”对话框中保存默认参数不变，然后单击“确定”按钮将“背景”图层转换为普通图层，如图 4-2 所示。

> 技巧：在背景图层上擦除时，将出现背景色而不会变为透明，达不到抠图效果，所以要将其转换为普通图层，然后擦除不需要的部分。

图 4-1　打开文件

STEP 03 选择工具箱中的“橡皮擦”工具，在工具选项栏中设置画笔的“大小”为 20 像素，“硬度”为 90%，如图 4-3 所示。

STEP 04 多次按 Ctrl++组合键将图像放大显示，以便于抠图操作。在木屋的边缘单击鼠标，这时会擦除一点图像，如图 4-4 所示。

图 4-2 转换为普通图层

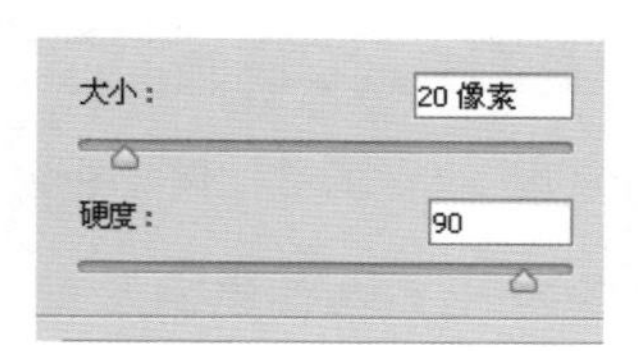

图 4-3 参数设置

图 4-4 擦除图像

STEP 05 按住 Shift 键移动光标到另外一点，单击鼠标，则两点之间的图像被擦除。在操作时，两点间的距离不要过大，并且应确保位于两点之间的小木屋边缘接近直线，如图 4-5 所示。

STEP 06 按住空格键拖动鼠标平移图像以便继续擦除。使用相同方法，继续沿着木屋的边缘进行擦除，在擦除过程中，要根据实际情况随时调整画笔大小，如图 4-6 所示。

STEP 07 选择“多边形套索”工具，沿着擦除的边缘创建选区，按 Ctrl+Shift+I 组合键进行反选，按 Delete 键删除选择的背景图像，按 Ctrl+D 组合键取消选区，如图 4-7 所示。

图 4-5 擦除直线

图 4-6 擦除边缘

图 4-7 删除选区

技 巧：使用橡皮擦工具擦除图像时，按 Alt 键可以激活“抹到历史记录”功能，使用该功能可以恢复被清除的图像。

STEP 08 打开光盘中的“田园”文件。选择“移动”工具将抠出的木屋拖拽到该文档中，按 Ctrl+T 组合键调整大小和位置，选择“橡皮擦”工具，擦除木屋附近的图像，使木屋融合到背景环境中，如图 4-8 所示。

STEP 09 选择图层面板下的“创建新的填充或调整图层”按钮，创建“曲线”调整层（第一节参数为输入 63、输出 56），设置参数如图 4-9 所示，按 Ctrl+Alt+G 组合键，创建剪贴蒙版，调整木屋的密度。

STEP 10 创建“色彩平衡”调整图层，按 Ctrl+Alt+G 组合键，更改木屋的色彩，如图 4-10 所示。

STEP 11 创建“色相/饱和度”调整图层，按 Ctrl+Alt+G 组合键，更改木屋的鲜艳度，如图 4-11 所示。

图 4-8　拖拽素材

图 4-9　“曲线”调整图层

图 4-10　“色彩平衡”调整图层

STEP 12 创建“曲线”调整图层（第一个节点参数为输入 78、输出 67），调整整体画面的对比度，让图像有一种夕阳斜照的感觉，如图 4-12 所示。

图 4-11　“色相/饱和度”调整图层

图 4-12　最终效果

035。使用“背景橡皮擦工具”取样一次抠图

单击“取样一次”按钮，在擦除前先进行颜色取样，即光标定位的位置颜色，然后按住鼠标拖动，可以在图像上擦除与取样颜色相同或相近的颜色。

本例主要运用背景橡皮擦工具的取样一次功能抠图，并结合“移动”工具将人物与背景相融合。

文件路径：素材\第 4 章\035
视频文件：MP4\第 4 章\035. mp4

STEP 01 启动 Photoshop CC 程序后执行“文件”|“打开”命令，弹出“打开”对话框，选择本书配套光盘中“第 4 章\035\035.jpg”文件，单击“打开”按钮。然后选择工具箱中的“背景橡皮擦”工具，在工具选项栏中设置画笔的“大小”为 100 像素、“容差”为 20%，单击“取样一次”按钮，如图 4-13 所示。

STEP 02 将光标移动到要擦除的颜色位置，按住鼠标左键不放，在整个图像中的背景区域拖动，擦除图像，如图 4-14 所示。

STEP 03 打开光盘中的“背景”文件。选择“移动”工具将擦出的女孩拖拽到该文档中，按 Ctrl+T 组合键调整大小和位置，选择“橡皮擦”工具，在女孩的腿部进行擦除，使女孩融合到背景环境中，如图 4-15 所示。

图 4-13　设置参数

图 4-14　擦除图像

图 4-15　最终效果

036。使用“背景橡皮擦工具”取样背景色板的应用

使用“背景色板” 在擦除前先设置好背景色，即设置好取样颜色，然后可以擦除与背景色相同或相近的颜色。

本例主要运用背景橡皮擦工具的取样背景色板功能抠图，并结合“移动”工具将人物与背景相融合。

文件路径：素材\第 4 章\036

视频文件：MP4\第 4 章\036. mp4

STEP 01 启动 Photoshop CC 程序后执行"文件"|"打开"命令，弹出"打开"对话框，选择本书配套光盘中"第 4 章\036\036.jpg"文件，单击"打开"按钮，如图 4-16 所示。

STEP 02 选择工具箱中的"吸管"工具，在画布中包包外侧的背景颜色位置单击吸取前景色，按 X 键切换前景色和背景色的位置，效果如图 4-17 所示。

STEP 03 选择工具箱中的"背景橡皮擦"工具，在选项栏中设置"大小"为 100 像素，单击"取样：背景色板"按钮，设置"容差"为 10%，在画布中拖动鼠标即可看到与背景颜色相近的颜色被擦除，如图 4-18 所示。

图 4-16　打开文件

图 4-17　吸取颜色

图 4-18　擦除图像

STEP 04 沿着包包周围擦除后，选择"套索"工具，沿空白区域拖动将包包选中，按 Ctrl+Shift+I 组合键反选，按键盘上的 Delete 键将多余部分删除，按 Ctrl+D 组合键取消选区，如图 4-19 所示。

STEP 05 同上述操作方法，将其余的包包抠出。打开光盘中的"背景"文件，选择"移动"工具将擦出的包包拖拽到该文档中，按 Ctrl+T 组合键调整大小和位置，效果如图 4-20 所示。

图 4-19　删除图像

图 4-20　最终效果

技巧：在实例操作过程中，辅助其他选区工具，往往可以起到更方便的效果。

037 使用"背景橡皮擦工具"保护前景色抠图

在使用"背景橡皮擦"工具时，工具选项栏上有一个"保护前景色"复选框，选中该复选框，在擦除图像时可以防止擦除与前景色相匹配的颜色区域。

本例主要运用"背景橡皮擦"工具的保护前景色功能进行抠图，将图像添加至背景上，形成一幅具有浪漫色彩的图像。

文件路径：素材\第 4 章\037

视频文件：MP4\第 4 章\037. mp4

STEP 01 启动 Photoshop CC 程序后执行“文件”|“打开”命令，弹出“打开”对话框，选择本书配套光盘中“第 4 章\037\037.jpg”文件，单击“打开”按钮，如图 4-21 所示

STEP 02 选择工具箱中的“吸管”工具，在红色的蒲公英上单击鼠标吸取前景色，如图 4-22 所示。

STEP 03 选择工具箱中的“背景橡皮擦”工具，设置画笔“大小”为 100 像素、“容差”为 30%，并选中“保护前景色”复选框，在红色蒲公英周围擦除背景如图 4-23 所示。

图 4-21 打开文件

图 4-22 吸取前景色

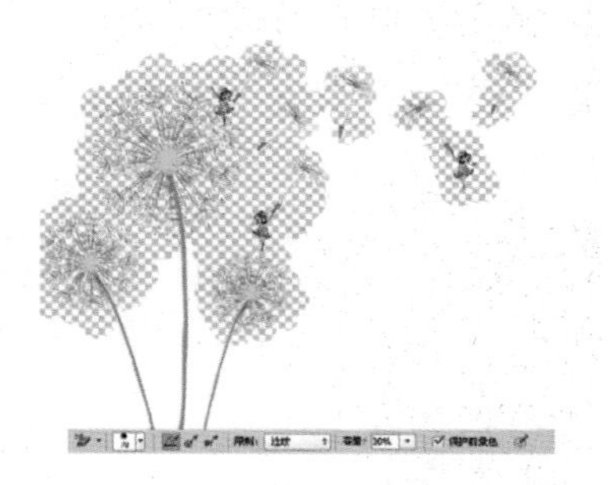

图 4-23 擦除前景色区域

STEP 04 选择工具箱中的“吸管”工具，在蒲公英的茎上单击鼠标吸取前景色。选择“背景橡皮擦”工具，继续在其他区域拖动鼠标擦除背景，在擦除的过程中会自动保护前景色，如图 4-24 所示。

STEP 05 打开光盘中的“浪漫”文件。选择“移动”工具将擦出的蒲公英拖拽到该文档中，按 Ctrl+T 组合键调整大小和位置，如图 4-25 所示。

STEP 06 选择“横排文字”工具，输入文字，效果如图 4-26 所示。

技巧：在擦除过程中随时可以释放鼠标，然后再按住鼠标擦除，不会影响到擦除效果，直到擦除完成为止。

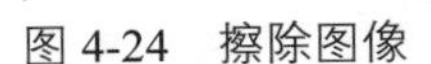

图 4-24　擦除图像

图 4-25　拖拽文件

图 4-26　最终效果

038 使用“魔术橡皮擦工具”连续功能抠图

“魔术橡皮擦” 工具的用法与“魔棒”工具相似，使用“魔术橡皮擦”工具在图像中单击，可以擦除图像中与光标单击处颜色相近的像素。如果在锁定了透明的图层中擦除图像时，被擦除的图像会变成背景色；如果在背景层或普通层中擦除图像时，被擦除的像素会显示为透明效果。

本例主要运用“魔术橡皮擦”工具的连续功能进行抠图，将图像添加至背景上，形成一幅广告。

文件路径：素材\第 4 章\038

视频文件：MP4\第 4 章\038. mp4

STEP 01 启动 Photoshop CC 程序后执行“文件”|“打开”命令，弹出“打开”对话框，选择本书配套光盘中“第 4 章\038\038.jpg”文件，单击“打开”按钮，如图 4-27 所示。

STEP 02 选择工具箱中的“魔术橡皮擦”工具，在工具选项栏中设置“容差”为 30，勾选“连续”复选框，将光标移动到图像左侧的位置，单击鼠标可以看到擦除后的效果，如图 4-28 所示。

STEP 03 单击鼠标将人物全部擦除出来，如图 4-29 所示。

图 4-27　打开文件　　图 4-28 擦除图像　　图 4-29　擦除图像

STEP 04 按住 Ctrl 键的同时单击图层，载入图像的选区。执行“选择”|“修改”|“收缩”命令，在弹出的图 4-30 所示对话框中设置“收缩量”为 2 像素，单击“确定”按钮。

STEP 05 按 Ctrl+Shift+I 组合键进行反选。按 Delete 键删除所选区域，如图 4-31 所示。

STEP 06 打开光盘中的“光晕背景”文件，选择“移动”工具将擦出的人物拖入到该文档中，按 Ctrl+T 组合键调整大小和位置，如图 4-32 所示。

图 4-30　“收缩选区”对话框

图 4-31　删除区域

图 4-32　拖拽文件

STEP 07 按 Ctrl+O 组合键，打开“化妆品”素材添加至背景文档中，按 Ctrl+T 组合键调整大小和位置，如图 4-33 所示，

STEP 08 选择“魔术橡皮擦”工具将白色的背景擦除掉，效果如图 4-34 所示。

图 4-35　添加素材

图 4-34　去除白色背景

STEP 09 按 Ctrl+J 组合键复制化妆品图层，选择“移动”工具移动位置，如图 4-35 所示。

STEP 10 添加文字素材，调整大小及位置，效果如图 4-36 所示。

图 4-35　复制图层

图 4-36　最终效果

技巧：“魔术橡皮擦”工具的工具选项栏中默认为选中“连续”复选框，即表示在擦除的过程中仅擦除与单击处相邻的相同像素或相似像素，通常多用于背景单一且相互连接的简单图像。

039. 使用“魔术橡皮擦工具”表现玻璃透明效果

“魔术橡皮擦” 工具不但可以完全擦除图像，还可以通过选项栏中的“不透明度”选项来表示图像的透明属性。100%的不透明度是完全擦除图像像素；小于 100%的不透明度，则擦除的区域将显示为半透明状态。

本例主要运用“魔术橡皮擦”工具的不透明功能进行抠图，将实底眼镜抠出。

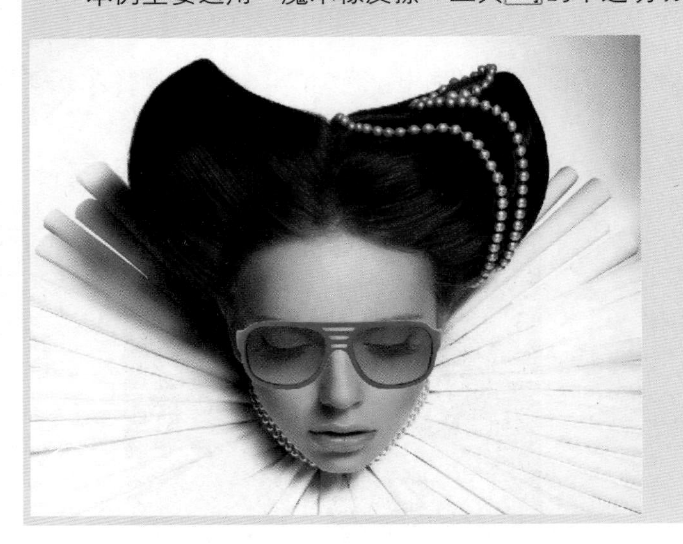

文件路径：素材\第 4 章\039

视频文件：MP4\第 4 章\039. mp4

STEP 01 启动 Photoshop CC 程序后执行“文件”|“打开”命令，弹出“打开”对话框，选择本书配套光盘中“第 4 章\039\039.jpg”文件，单击“打开”按钮，如图 4-37 所示。

STEP 02 选择工具箱中的“魔术橡皮擦”工具，将眼镜周围多余的白色背景擦除掉，如图 4-38 所示。

图 4-37　打开文件

图 4-38　去除背景

STEP 03 在工具选项中设置“容差”为 100%、“不透明度”为 30%。在眼镜的镜片上单击鼠标，将其擦出透明效果，如图 4-39 所示。

STEP 04 打开光盘中的“头饰人物”文件，选择“移动”工具将擦出的眼镜拖入到该文档中，按 Ctrl+T 组合键调整大小和位置，得到图 4-40 所示的效果。

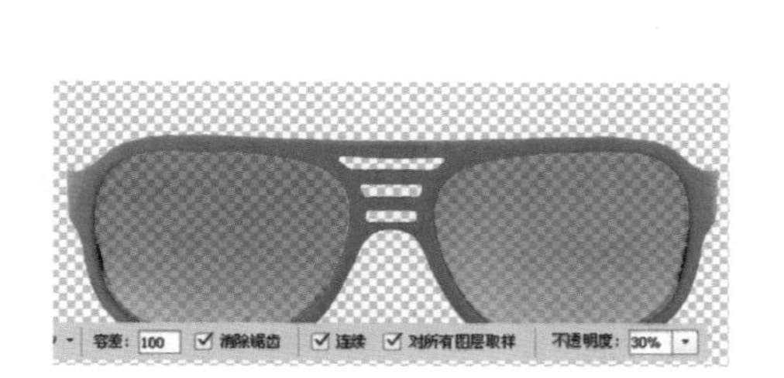

图 4-39　擦出透明效果

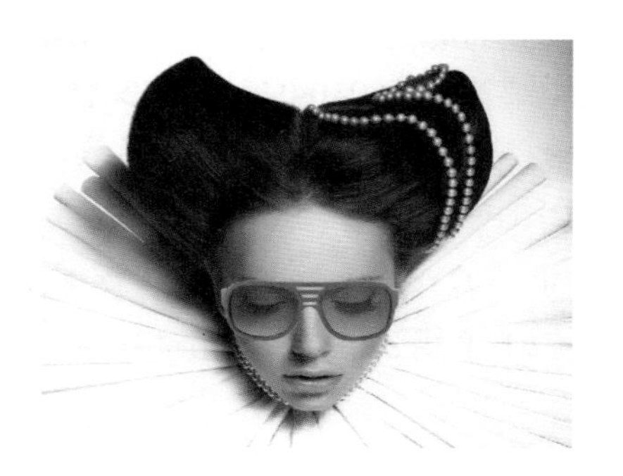

图 4-40　最终效果

技巧：魔术橡皮擦工具抠选的图像同魔棒工具抠选的图像类型一样，只是前者速度更快一些，该工具比较适合抠选背景色单一及图像边缘比较清晰的图像。

4.2 橡皮擦工具的高级应用

抠图并不单单是选区才可以，利用橡皮擦工具也可以进行抠图，读者要结合不同的图像采用不同的抠图方法，这样才能达到更快、更好地抠图效果。本小节综合讲解橡皮擦工具在抠图中的各种应用，让读者能快速地运用不同的橡皮擦工具进行抠图处理。

040。一家人

原图只是一张风景图，通过添加素材的方式，让整个画面饱和起来，形成了其乐融融的一家人。例中运用了“魔术橡皮擦”工具、“套索”工具、“多边形套索”工具等进行抠图，让抠图简单化。

文件路径：素材\第 4 章\040
视频文件：MP4\第 4 章\040. mp4

STEP 01 启动 Photoshop CC 程序后执行“文件”|“打开”命令，弹出“打开”对话框，选择本书配套光盘中“第 4 章\040\040.jpg”文件，单击“打开”按钮，如图 4-41 所示。

STEP 02 选择工具箱中的“魔术橡皮擦”工具，在白色背景上单击擦除白色的背景，如图 4-42 所示。

STEP 03 打开光盘中的“蓝天白云”文件，选择“移动”工具，将擦出的卡通人物拖入到该文档中，按 Ctrl+T 组合键调整大小和位置，如图 4-43 所示。

图 4-41 打开文件

图 4-42 擦除背景

图 4-43 拖入文件

STEP 04 按 Ctrl+J 组合键复制卡通人物。按 Ctrl 键的同时单击图层载入卡通人物的选区，填充黑色，按 Ctrl+T 进行垂直翻转，按 Ctrl+Shift+[组合键调整图层顺序，给人物添加阴影增加立体感，如图 4-44 所示。

STEP 05 打开“小路”素材，选择“套索”工具，将小路进行选取，按 Shift+F6 组合键羽化 10 像素，如图 4-45 所示。

STEP 06 选择工具箱中的“移动”工具，按 Ctrl+Alt 组合键的同时将小路拖入到蓝天白云文档中，按 Ctrl+T 组合键调整大小位置。选择“添加图层蒙版”按钮，添加图层蒙版，用黑色的“画笔”工具将多余的图像擦除掉，如图 4-46 所示。

图 4-44　制作阴影　　图 4-45　羽化　　图 4-46　添加小路

STEP 07 选择图层面板下的“创建新的填充或调整图层”按钮，创建“曲线”调整图层（GRB 通道参数为输入 132、输出 143），按 Ctrl+Alt+G 组合键创建剪贴蒙版，更改小路的颜色，如图 4-47 所示。

STEP 08 运用相同的方法，给文件添加房子和树木的素材，如图 4-48 所示。然后打开光盘中的“栅栏”素材，选择“魔术橡皮擦”工具将背景去除掉，如图 4-49 所示。

图 4-47　“曲线”调整图层　　图 4-48　添加素材　　图 4-49　去除栅栏背景

STEP 09 选择“移动”工具，将“栅栏”拖入到“蓝天白云”文档中，按 Ctrl+T 组合键调整大小和位置，如图 4-50 所示。

STEP 10 将“栅栏”所在的图层，按 Ctrl+J 组合键多复制几次，调整好位置，如图 4-51 所示。

STEP 11 运用相同的方法，给文档添加飞鸟素材，最终效果如图 4-52 所示。

图 4-50　拖拽素材　　图 4-51 复制图层　　图 4-52　最终效果

技巧：当需要擦除的背景与需要保留的对象的颜色比较接近不便于区分时，应设置较小的容差值；如果他们的颜色差异明显，则可使用较大的容差值，这样可以加快操作速度。

041 发饰宣传

本例制作的是一幅宣传饰品的广告，通过“背景橡皮擦”工具将人物擦除出来，再添加饰品及相关的文字让此广告的目的更加明确。

文件路径：素材\第 4 章\041
视频文件：MP4\第 4 章\041. mp4

STEP 01 启动 Photoshop CC 程序后执行“文件”|“打开”命令，弹出“打开”对话框，选择本书配套光盘中“第 4 章\041\041.jpg”文件，单击“打开”按钮，如图 4-53 所示。

STEP 02 选择工具箱中的“吸管”工具，吸取人物花朵上的色彩。选择“背景橡皮擦”工具，在工具选项栏中设置相关参数，如图 4-54 所示。

STEP 03 移动鼠标至图像编辑窗口，在图像的花朵旁拖动鼠标，擦除花朵附近的区域，如图 4-55 所示。

图 4-53 打开文件

图 4-54 设置参数

图 4-55 擦除背景

STEP 04 继续拖动鼠标擦除多余的白色背景，如图 4-56 所示。

STEP 05 打开光盘中的“背景”文件，选择“移动”工具将擦出的人物拖入到该文档中，按 Ctrl+T 组合键调整大小和位置，如图 4-57 所示。

STEP 06 采用相同的方法将“首饰”抠取出来，放在背景文档的合适位置，如图 4-58 所示。

技巧：在选择使用“取样：背景色板”方式擦除背景图像时，需要在工具箱中指定背景色板的颜色。在使用橡皮擦工具擦除背景时，样本颜色的取样是以橡皮擦工具光标中心位置的十字为基准的。

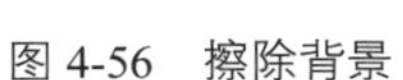
图 4-56 擦除背景　　图 4-57 拖拽文件　　图 4-58 添加素材

STEP 07 按 Ctrl+O 组合键打开“头饰”素材。选择“磁性套索”工具将“头饰”选取出来，如图 4-59 所示。

STEP 08 选择“移动”工具，按 Ctrl+Alt 组合键的同时将抠出的头饰拖入到该文档中，按 Ctrl+T 组合键调整大小和位置，效果如图 4-60 所示。

STEP 09 打开“文字”素材依次添加到文档中,制作出头饰宣传广告，如图 4-61 所示。

图 4-59 创建选区　　图 4-60 添加素材　　图 4-61 最终效果

042 夕阳下的城堡

本例制作的是一幅夕阳景，通过将天空抠出然后添加素材的方法改变原有的蓝天，再结合调整图层的利用使其意境更加深远。

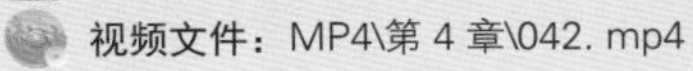
文件路径：素材\第 4 章\042

视频文件：MP4\第 4 章\042. mp4

STEP 01 启动 Photoshop CC 程序后执行“文件”|“打开”命令，弹出“打开”对话框，选择本书配套光盘中“第 4 章\042\042.jpg”文件，单击“打开”按钮，如图 4-62 所示。

STEP 02 选择工具箱中的“背景橡皮擦”工具，按下“连续”按钮，设置“容差”为 25%。在背景图像上单击并拖动鼠标将背景擦除，如图 4-63 所示。应注意光标中心的十字线不要碰触到城堡。

图 4-62　打开文件

图 4-63　擦除天空

STEP 03 选择图层面板下的“创建新图层”按钮，在“图层 0”下方新建图层，按 Alt+Delete 组合键填充黑色，如图 4-64 所示。

STEP 04 单击“图层 0”，选择该图层。观察黑色背景上的图像，发现有多余的内容就将其擦除干净，如图 4-65 所示。

图 4-64　填充黑色

图 4-65　擦除多余部分

STEP 05 打开“天空”素材，将它拖入到城堡文档中生成“图层 2”。按 Ctrl+[组合键将该图层调整到城堡的下方，如图 4-66 所示。

STEP 06 单击“图层 0”，然后选择图层面板下的“创建新的填充或调整图层”按钮，创建“色相/饱和度”调整图层，按 Ctrl+Alt+G 组合键创建剪贴蒙版，使调整图层只影响下方的城堡而不会影响到天空图层，如图 4-67 所示。

图 4-66 调整图层

图 4-67 “色相/饱和度”调整图层

STEP 07 创建“渐变映射”调整图层。单击渐变颜色条，打开“渐变编辑器”调整颜色，如图 4-68 所示。

STEP 08 按 Ctrl+Alt+G 组合键，将该调整图层也加入到剪贴蒙版中，如图 4-69 所示。

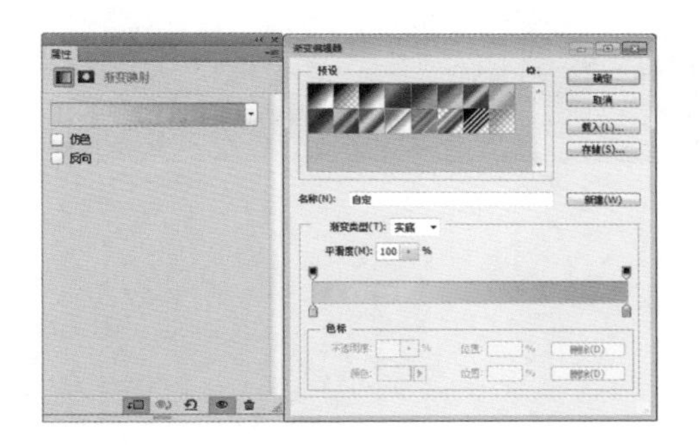

图 4-68 “渐变映射”调整图层

图 4-69 创建剪贴蒙版

STEP 09 设置该图层的混合模式为“颜色加深”，如图 4-70 所示。

STEP 10 选择工具箱中的“渐变”工具，在工具选项栏中按下“线性渐变”按钮。按住 Shift 键在画面底部单击，向上拖动鼠标在蒙版中填充黑白渐变，使“渐变映射”调整图层只对画面底部的水面产生效果，如图 4-71 所示。

图 4-70 更改图像混合模式

图 4-71 最终效果

技 巧：填充渐变颜色时，按住 Shift 键拖动鼠标，可创建水平、垂直或 45 度角为增量渐变。

- ▶绘制曲线抠图
- ▶路径的编辑
- ▶磁性钢笔工具抠图
- ▶使用路径抠取低色差图像
- ▶绘制矩形路径抠图
- ▶新增功能——绘制圆角矩形路径抠图
- ▶绘制椭圆路径抠图
- ▶绘制自定义形状路径抠图
- ▶创意设计
- ▶新增功能——汽车广告

第 5 章 自由控制——路径抠图

在 Photoshop 中钢笔工具是最为准确的抠图工具，它具有良好的可控性，能够按照描绘的范围创建平滑的路径，边界清楚、明确，非常适合选区边缘光滑的对象，在抠图操作中占有举足轻重的地位。本章通过一些有针对性的实例，详细介绍如何用钢笔工具抠图。通过本章学习，读者可以掌握钢笔工具的基本使用和路径抠图的方法，正确判断什么样的图像适合路径抠图。

5.1 钢笔工具抠图

路径是用钢笔工具绘制处理的一系列点、直线和曲线的几何，作为一种矢量绘图工具，它的绘图方式不同于工具箱中其他绘图工具。路径不能够打印输出，只能存放于“路径”面板中。路径在图像处理过程中的应用是非常广泛的，具有强大的编辑功能。

043 绘制直线抠图

使用“钢笔”工具可以绘制多种路径，包括直线路径、曲线路径，还可以绘制直线和曲线相结合的混合路径。

本例主要介绍用钢笔工具绘制直线路径，然后将路径转换成选区抠取图像出来。

文件路径：素材\第 5 章\043

视频文件：MP4\第 5 章\043. mp4

STEP 01 启动 Photoshop CC 程序后，执行“文件”|“打开”命令，弹出“打开”对话框，选择本书配套光盘中“第 5 章\043\043.jpg”文件，单击“打开”按钮，如图 5-1 所示。

图 5-1 打开文件

图 5-2 确定锚点

STEP 02 选择工具箱中的“钢笔”工具，在工具选项栏中选择“路径”选项。在图像窗口中左侧的纸盒人角上单击鼠标左键确定第一个锚点，如图 5-2 所示，此时在“路径”面板中将产生一个工作路径。

STEP 03 移动鼠标至右上角处，单击鼠标左键确定第二个锚点，如图 5-3 所示。

STEP 04 继续单击鼠标确定其他锚点，至起始位置单击即可封闭路径，如图 5-4 所示。

STEP 05 按 Ctrl+Enter 组合键将路径转换为选区，如图 5-5 所示。

图 5-3　确定锚点

图 5-4　绘制路径

图 5-5　转换为选区

技 巧：一定要先设置绘图模式，在“钢笔”工具选项栏中，只有选择“路径”选项 路径 后才能创建路径，按下“形状”选项 形状，则创建的是包含矢量蒙版的形状图层。

STEP 06 打开光盘中的“背景”文件。选择“移动”工具，按 Ctrl+Alt 组合键的同时将选中的纸盒人拖拽到该文档中，按 Ctrl+T 组合键调整大小和位置，如图 5-6 所示。

STEP 07 打开文字素材拖拽至背景文件中，更改其混合模式为“滤色”，为图像添加文字，如图 5-7 所示。

图 5-6　拖拽文件

图 5-7　最终效果

技 巧：如果创建的是闭合路径，需要将光标指向起始锚点处单击鼠标（此时光标旁边将出现一个小圈）；如果创建的是开放路径，则需要按住 Ctrl 键在路径以外区域单击鼠标。

044. 绘制曲线抠图

创建曲线路径的方法与直线路径不同，选择“钢笔”工具以后，首先要在图像窗口中按住鼠标左键拖动鼠标，这时将出现一个方向线，它的长度决定了下一段曲线路径的形状，当光标移动到适当的位置时释放鼠标，然后在另一个位置按住鼠标左键拖动鼠标，就可以创建曲线。

本例主要介绍用钢笔工具绘制曲线路径，然后将路径转换成选区，将图像抠取出来。

STEP 01 启动 Photoshop CC 程序后执行“文件”|“打开”命令，弹出“打开”对话框，选择本书配套光盘中“第 5 章\044\044.jpg”文件，单击“打开”按钮，如图 5-8 所示。

STEP 02 选择工具箱中的“钢笔”工具，在工具选项栏中选择“路径”选项。多次按 Ctrl++组合键将图像放大，在图像窗口中的荷叶边缘上，按住鼠标左键拖动鼠标，绘制第一个点，如图 5-9 所示。

STEP 03 移动光标到合适的位置，按住鼠标拖动绘制第二个曲线锚点，此时可以看到在两点之间产生了一条曲线，如图 5-10 所示。

图 5-8 打开文件

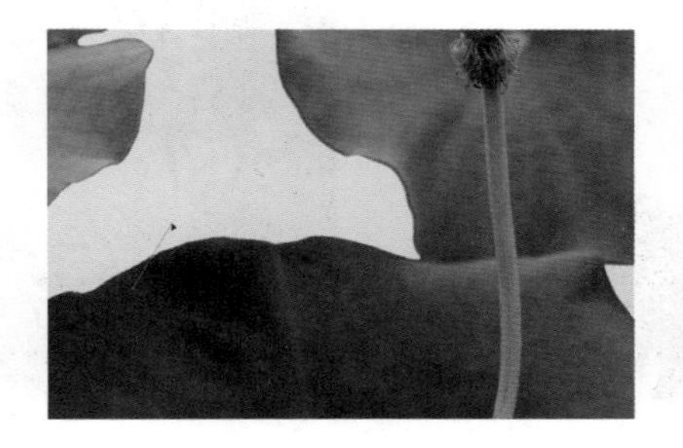

图 5-9 创建锚点

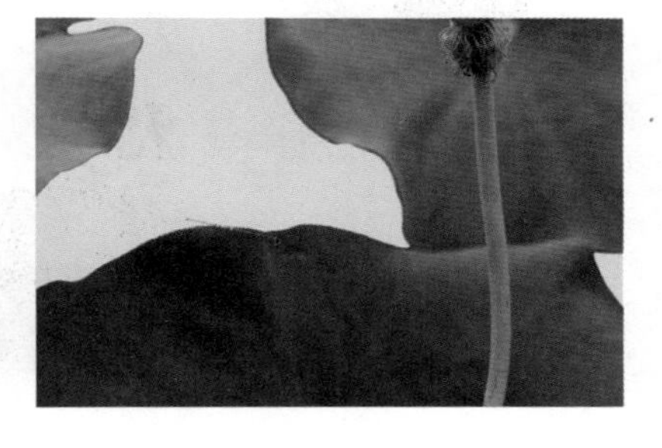

图 5-10 创建锚点

STEP 04 用同样的方法继续绘制其他锚点，这样就形成了一条曲线路径，如图 5-11 所示。

STEP 05 继续沿着荷叶边缘创建锚点，直线段的地方单击鼠标添加锚点，曲线段的地方拖动鼠标创建锚点，如图 5-12 所示。

图 5-11 绘制曲线路径

图 5-12 创建锚点

STEP 06 当绘制到起始锚点时，光标右下角将显示出一个小圆圈，此时单击鼠标，即可将路径封闭，如图 5-13 所示。

STEP 07 按 Ctrl+Enter 组合键将路径转换为选区，如图 5-14 所示。

STEP 08 打开光盘中的“棕节广告”文件。选择“移动”工具，按 Ctrl+Alt 组合键的同时将抠取的荷叶拖拽到该文档中，按 Ctrl+T 组合键调整大小和位置，如图 5-15 所示。

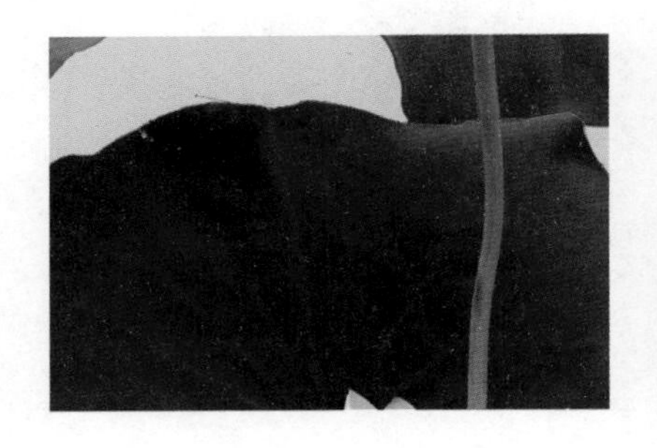

图 5-13　封闭路径

图 5-14　转换为选区

图 5-15　拖拽文件

STEP 09 创建“曲线”和“色相/饱和度”调整图层，按 Ctrl+Alt+G 组合键创建剪贴蒙版，改变荷叶的色彩，如图 5-16 所示。

STEP 10 同上述操作方法将荷花素材也添加至文件中，效果如图 5-17 所示。

图 5-16 更改荷叶色彩

图 5-17　最终效果

技 巧：从形态上来分，路径分为直线路径与曲线路径。创建直线路径时需要单击鼠标完成；创建曲线路径时需要拖动鼠标完成。绘制曲线路径时，如果想要在后面绘制一段直线路径，可以按 Alt 键单击最后一个锚点将其转换为角点，然后在其他位置单击鼠标。

045. 路径的编辑

路径最大的优点就是调整方便。创建路径后，如果不能满足设计要求，可以对路径进行随意调整直至满足设计要求。Photoshop CC 提供了很多路径编辑工具，使用它们可以添加或删除锚点、移动锚点、改变锚点类型，从而有效地控制路径的形状。

本例主要介绍用路径的编辑功能，通过添加或删除锚点等工具将图像抠取出来。

STEP 01 启动 Photoshop CC 程序后执行“文件”|“打开”命令，弹出“打开”对话框，选择本书配套光盘中“第 5 章\045\045.jpg”文件，单击“打开”按钮，如图 5-18 所示。

STEP 02 按 Ctrl++组合键将图像适当放大。选择工具箱中的“钢笔”工具，参照前面的方法，沿着玉镯的边缘依次单击鼠标创建一个大致的封闭路径，如图 5-19 所示。

STEP 03 选择“删除锚点”工具，移动光标到左侧的一个锚点上，此时光标的右下角显示一个“-”号，单击鼠标即可删除该锚点，如图 5-20 所示。

图 5-18　打开文件

图 5-19　创建大致封闭路径

图 5-20　删除锚点

STEP 04 选择“添加锚点”工具，移动光标到路径上，此时光标显示一个“+”号，单击鼠标即可添加一个锚点，如图 5-21 所示。

STEP 05 选择“直接选择”工具，将光标指向左上角的锚点，单击鼠标可以选择该锚点，被选中的锚点以实心方块显示，拖动选择的锚点可以移动锚点，如图 5-22 所示。

图 5-21　添加锚点

图 5-22　选择锚点

STEP 06 选择“转换点”工具，将光标指向左下角的锚点并拖动鼠标，可以将角点转换为平滑点，如图 5-23 所示。

STEP 07 使用“转换点”工具将所有的角点都转换为平滑点，如图 5-24 所示。

STEP 08 按 Ctrl 键的同时单击图像的任意一处，可隐藏该路径的锚点，如图 5-25 所示。

图 5-23　将角点转换为平滑点

图 5-24　将角点转换为平滑点

图 5-25　隐藏路径

技巧：使用“钢笔”工具绘制路径时，按 Ctrl 键可以临时切换为“直接选择”工具对锚点进行移动；而按 Alt 键可以临时切换为“转换点”工具改变锚点的类型，从而快速地调整路径的形状。

STEP 09 运用同样方法，在玉镯内的区域绘制，如图 5-26 所示。

STEP 10 按 Ctrl+Enter 组合键将路径转换成选区。打开光盘中的“宣传页”文件，选择“移动”工具将抠取的玉镯拖拽到该文档中，按 Ctrl+T 组合键调整大小和位置，效果如图 5-27 所示。

STEP 11 按 Ctrl+J 组合键复制玉镯图层。按 Ctrl+[组合键将图层移至到下个图层，更改其“不透明度”为 15%，为玉镯制作倒影如图 5-28 所示。

图 5-26　创建路径

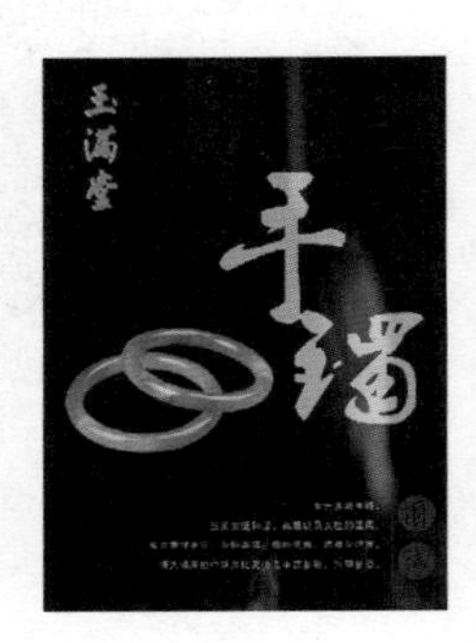

图 5-27　拖拽文件

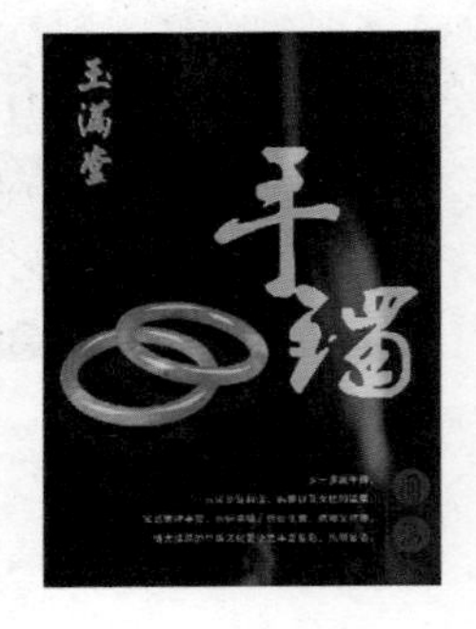

图 5-28　最终效果

技巧：使用“直接选择”工具单击锚点可以选择该锚点；按 Shift 键的同时单击要选择的锚点，可以选择多个锚点；按 Alt 键的同时单击路径上的任意锚点，可以选择路径上所有的锚点。

046 磁性钢笔工具抠图

“钢笔”工具需要经过大量的练习才能熟练掌握。不过 Photoshop CC 还准备了两种相对

简单的钢笔，即自由钢笔和磁性钢笔，可以作为过渡阶段的工具来使用，

本例主要介绍用磁性钢笔工具抠图，只要在对象的边缘单击，放开鼠标后沿着对象边缘拖动，Photoshop CC 就会自动沿着边缘生成路径，将图像抠取出来。

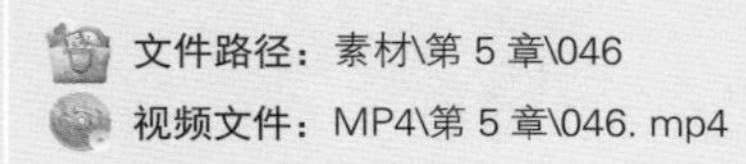

STEP 01 启动 Photoshop CC 程序后执行“文件”|“打开”命令，弹出“打开”对话框，选择本书配套光盘中“第 5 章\046\046.jpg”文件，单击“打开”按钮，如图 5-29 所示。

STEP 02 选择工具箱中的“自由钢笔”工具，在工具选项栏中选择“路径”选项，并勾选“磁性的”复选框，按此按钮打开下拉列表，设置参数如图 5-30 所示。

STEP 03 将光标放在人物边缘，如图 5-31 所示，单击鼠标设置锚点，然后放开鼠标，沿着人物拖动，生成轮廓，如图 5-32 所示。

图 5-29 打开文件

图 5-30 设置参数

图 5-31 确定锚点位置

STEP 04 按 Ctrl+Enter 组合键将路径转换为选区，如图 5-33 所示，

STEP 05 打开光盘中的“背景”文件，选择“移动”工具将选区内的人物拖入到该文档中，按 Ctrl+T 组合键调整大小和位置，效果如图 5-34 所示。

技 巧：使用磁性钢笔工具时，单击鼠标可设置锚点；按 Delete 键可删除前一个锚点；按 Alt 键单击并拖动鼠标，可绘制自由钢笔效果的手绘路径；按 Shift 键单击鼠标可绘制直线路径，按下回车键可结束开放式路径的绘制。

图 5-32　创建路径

图 5-33 转换为选区

图 5-34　最终效果

047。使用路径抠取低色差图像

路径抠图比较适合抠取边缘流畅、背景杂乱而轮廓清楚的对象。另外，与背景色十分接近的对象也适合使用路径抠图。

本例使用“钢笔”工具创建人物的轮廓，同时结合“调整边缘”命令对人进行细化，从而将人物抠取出来。

文件路径：素材\第 5 章\047

视频文件：MP4\第 5 章\047 mp4

STEP 01 启动 Photoshop CC 程序后执行“文件”|“打开”命令，弹出“打开”对话框，选择本书配套光盘中“第 5 章\047\047.jpg”文件，单击“打开”按钮，如图 5-35 所示。

STEP 02 选择工具箱中的“钢笔”工具，在工具选项栏中选择“路径”选项。参照前面介绍的方法，沿着人物的外轮廓绘制路径，如图 5-36 所示。

STEP 03 按 Ctrl+Enter 组合键将路径转换为选区。选择“矩形选框”工具，在工具选项栏中单击“调整边缘”按钮，如图 5-37 所示。

图 5-35　打开文件

图 5-36 创建路径

图 5-37 选择“调整边缘”对话框

STEP 04 在“视图”下拉列表中选择“黑底”选项，勾选“净化颜色”选项并设置“数量”为50%；在“调整边缘”对话框中选择“调整半径”工具，沿着发丝边缘拖动鼠标，则发丝清晰地显示出来，如图 5-38 所示。

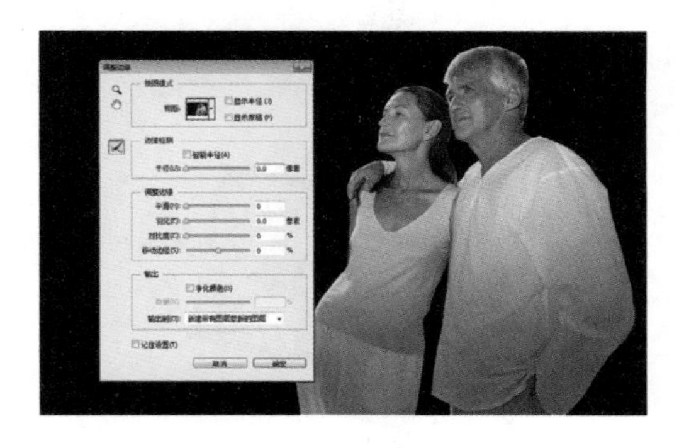

图 5-38 设置参数

STEP 05 单击“确定”按钮。按 Ctrl+A 组合键全选图像，然后执行“编辑”|“合并拷贝”命令，如图 5-39 所示。

STEP 06 打开光盘中的“海边”文件，按 Ctrl+V 组合键将复制的图像粘贴，效果如图 5-40 所示。

图 5-39 合并图像

图 5-40 最终效果

技巧：创建选区后，选择任意一个选择工具，都可以在工具选项栏中单击“调整边缘”按钮，也可以执行菜单栏中的“选择”|“调整边缘”命令。

5.2 形状工具抠图

用户不仅可以使用工具箱中的钢笔工具绘制路径，还可以使用工具箱中的矢量图形工具绘制不同形状的路径。在默认情况下，工具箱中的矢量工具组显示为矩形工具。

048. 绘制矩形路径抠图

运用“矩形”工具[图标]可以绘制出矩形的路径或形状。用户可以通过设置矩形工具的选项栏绘制正方形，还可以设置矩形的尺寸或固定宽、高比例等。

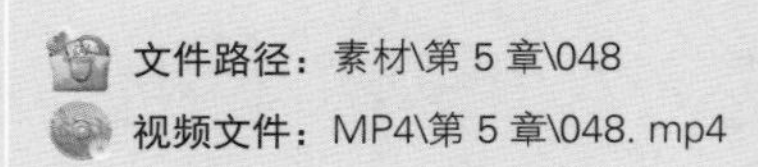

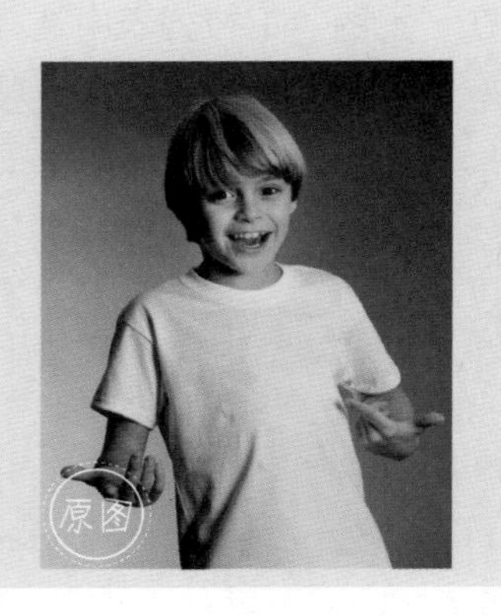

STEP 01 启动 Photoshop CC 程序后执行“文件”|“打开”命令，弹出“打开”对话框，选择本书配套光盘中“第 5 章\048\048.jpg”文件，单击“打开”按钮，如图 5-41 所示。

STEP 02 选择工具箱中的“矩形”工具[图标]，在工具选项栏中选择“路径”选项[路径]，在卡通背景的左上角单击鼠标并向右下方拖拽创建一个矩形路径，如图 5-42 所示。

图 5-41 打开文件

图 5-42 创建矩形路径

技巧：在 Photoshop CC 中，可以在绘制圆角矩形图形后，对其角半径进行修改；可单独调整每个圆角，并可以同时对多个图层上的矩形进行调整，也可以调整矩形的大小和位置。

STEP 03 按 Ctrl+Enter 组合键将路径转换为选区，如图 5-43 所示。

STEP 04 按 Ctrl+C 组合键复制图层。打开“小孩”素材，按 Ctrl+V 组合键粘贴所复制的图层，按 Ctrl+T 组合键调整大小和位置，如图 5-44 所示。

STEP 05 更改其图层混合模式为“正片叠底”让图像更加自然，如图 5-45 所示。

图 5-43 转换为选区

图 5-44 粘贴选区

图 5-45 最终效果

技巧：直线的绘制比较简单，在操作时只能单击不要拖到鼠标，否则将创建曲线路径；如果要绘制水平、垂直或以 45 度为增量的直线可以按住 Shift 键操作。

049 新增功能——绘制圆角矩形路径抠图

“圆角矩形”工具用来绘制圆角矩形，但往往在抠图时并不了解圆角矩形的角度，从而要在“半径”选项中不断地设置参数，大大减缓了工作效率。而 Photoshop CC 中新增的“属性”面板就能解决这样的难题，大大提升了工作效率。

文件路径：素材\第 5 章\049

视频文件：MP4\第 5 章\049. mp4

STEP 01 启动 Photoshop CC 程序后执行“文件”|“打开”命令，弹出“打开”对话框，选择本书配套光盘中“第 5 章\049\049.jpg”文件，单击“打开”按钮，如图 5-46 所示。

STEP 02 选择工具箱中的“圆角矩形”工具，在工具选项栏中选择“路径”选项，在地球背景的左上角单击鼠标并向右下方拖拽，创建一个圆角矩形路径，在绘制路径的同时弹出其属性面板，如图 5-47 所示。

STEP 03 选择“属性”面板中的“将角半径值链接到一起”按钮，将该链接取消。这时拖到其中的一个圆角半径数值就只有该圆角半径变化，其他圆角半径数值保持不变，如图 5-48 所示。

图 5-46　打开文件

图 5-47　属性面板

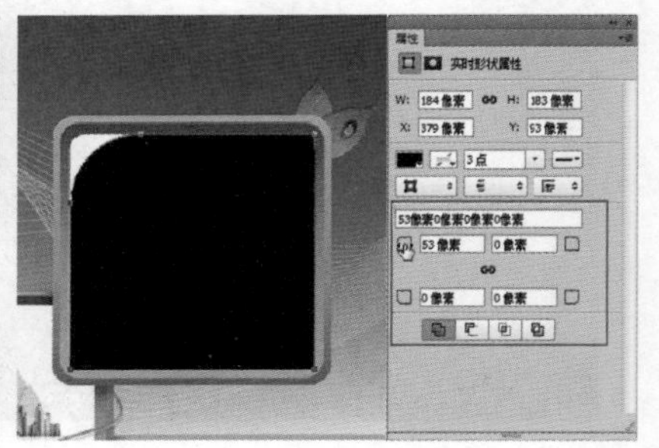

图 5-48　更改圆角半径数值

STEP 04 选择“属性”面板中的“将角半径值链接到一起”按钮，将四个圆角恢复链接，则拖到一个圆角半径值调整该圆角矩形时其他几个圆角半径值也随之改变，如图 5-49 所示。

STEP 05 按 Ctrl+O 组合键，打开“城市”素材。选择工具箱中的“移动”工具将素材拖到编辑的文档中，按 Ctrl+T 组合键显示定界框，调整图像的高度，按 Ctrl+Alt+G 组合键创建剪贴蒙版，将图像剪贴到圆角矩形中，如图 5-50 所示。

STEP 06 同上述操作方法将另一图像也添加到编辑的文档中，效果如图 5-51 所示。

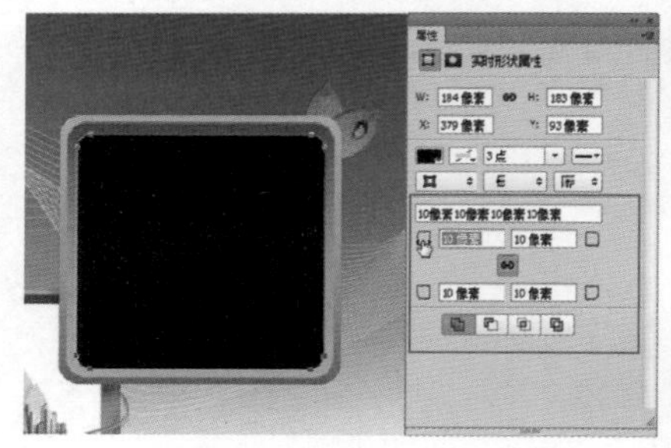

图 5-49　更改圆角半径数值

图 5-50　剪贴图像

图 5-51　最终效果

技巧：在使用圆角矩形工具绘制路径时，按 Shift 键的同时在图像编辑窗口中按下鼠标左键并拖拽，可绘制一个正圆角矩形。

050 绘制椭圆路径抠图

使用“椭圆”工具可以绘制椭圆和正圆路径，再转换为选区进行抠图，其使用方法与矩形工具一样，不同之处是几何选项略有不同。

STEP 01 启动 Photoshop CS6 程序后执行“文件”|“打开”命令，弹出“打开”对话框，选择本书配套光盘中“第 5 章\050\050.jpg”文件，单击“打开”按钮，如图 5-52 所示。

STEP 02 选择工具箱中的“椭圆”工具，在工具选项栏中选择“路径”选项，在相应的位置创建一个椭圆路径，如图 5-53 所示。

STEP 03 选择“添加锚点”工具，在需要添加锚点的位置添加锚点，如图 5-54 所示。

STEP 04 选择“直接选择”工具，编辑路径，如图 5-55 所示。

图 5-52 打开文件

图 5-53 创建椭圆路径

图 5-54 添加锚点

图 5-55 编辑路径

STEP 05 按 Ctrl+Enter 组合键将路径转换为选区，如图 5-56 所示。

STEP 06 按 Ctrl+C 组合键复制图层。打开“海岸”素材，按 Ctrl+V 组合键粘贴所复制的图层，按 Ctrl+T 组合键调整大小和位置，如图 5-57 所示。

STEP 07 选择图层面板下的“创建新图层”按钮，在鱼缸底部创建图层。选择“椭圆”工具，在该鱼缸下绘制路径，按 Ctrl+Enter 组合键将路径转换为选区，如图 5-58 所示。

STEP 08 填充黑色并更改其“不透明度”为 50%，效果如图 5-59 所示。

图 5-56　转换为选区

图 5-57　拖拽文件

图 5-58　创建选区

图 5-59　最终效果

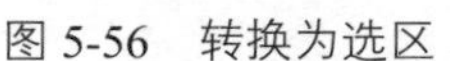

技巧：要移动绘制的椭圆路径时可以选取工具箱中的“路径选择”工具。

051 绘制多边形路径抠图

使用“多边形”工具绘制路径形状时，会始终以鼠标单击位置为中心点，并且随着鼠标移动而改变多边形的大小。

文件路径：素材\第 5 章\051

视频文件：MP4\第 5 章\051. mp4

STEP 01 启动 Photoshop CS6 程序后执行“文件”|“打开”命令，弹出“打开”对话框，选择本书配套光盘中“第 5 章\051\051.jpg”文件，单击“打开”按钮。然后选择工具箱中的“多边形”工具，在弹出的工具选项中单击“几何选项”下拉按钮，在弹出的“多边形选项”面板中，依次选中 3 个复选框，如图 5-60 所示。

STEP 02 依次在相应位置单击并拖动鼠标创建多个多边形路径，如图 5-61 所示。

STEP 03 按 Ctrl+Enter 组合键将路径转换为选区，按 Ctrl+C 组合键复制图层。打开“卡通背景”素材，按 Ctrl+V 组合键粘贴所复制的图层，按 Ctrl+T 组合键调整大小和位置，效果如图 5-62 所示。

图 5-60 设置参数

图 5-61 创建多边形路径

图 5-62 最终效果

技 巧：设置不同的多边形选项参数可以绘制不同的多边形效果，用户可以自行选择。

052 绘制自定义形状路径抠图

使用“自定义形状”工具可以绘制各种预设的形状，如箭头、音乐符、闪电、蝴蝶、太阳等丰富多彩的路径形状，从而抠出形状各异的图像。

文件路径：素材\第 5 章\052

视频文件：MP4\第 5 章\052. mp4

STEP 01 启动 Photoshop CS6 程序后执行“文件”|“打开”命令，弹出“打开”对话框，选择本书配套光盘中“第 5 章\052\052.jpg”文件，单击“打开”按钮，如图 5-63 所示。

STEP 02 选择工具箱中的“自定形状”工具，在工具选项栏中单击“点按或打开自定义拾色器”按钮，在弹出的下拉列表中选择“红心形卡”选择，如图 5-64 所示。

STEP 03 在相应位置绘制自定形状路径，如图 5-65 所示。

STEP 04 选择“直接选择”工具，对形状路径进行编辑，如图 5-66 所示。

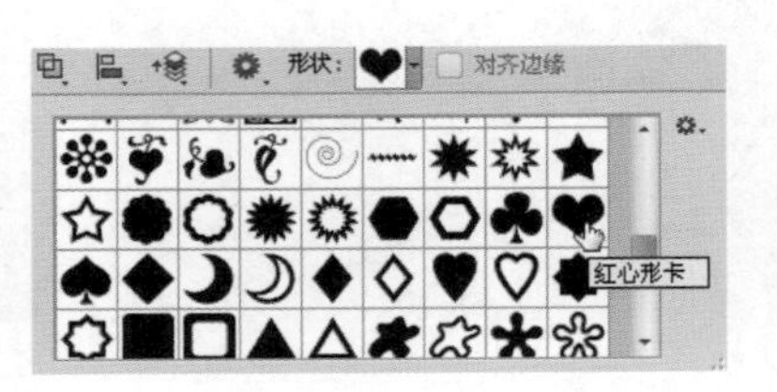

图 5-63　打开文件　　图 5-64　选择路径　　图 5-65　创建路径

STEP 05 按 Ctrl+H 组合键隐藏路径。打开“亲吻”素材，选择“移动”工具将素材拖拽至心文档中调整大小和位置，如图 5-67 所示。

STEP 06 再次按 Ctrl+H 组合键显示其路径。按 Ctrl+Enter 组合键将路径转换为选区，按 Ctrl+Shift+I 组合键进行反选，按 Delete 键删除多余部分，按 Ctrl+D 组合键取消选区，效果如图 5-68 所示。

图 5-66　编辑路径　　图 5-67　拖拽素材　　图 5-68　最终效果

5.3 路径工具的高级应用

路径工具尤其是钢笔工具一般适合抠取能看到轮廓造型的图像，如杯子的边缘、车子的流线造型等。与一般的选区工具相比，使用路径工具绘制的路径可以随时修改，可重复编辑性很强。而一些图像比较复杂，单独使用路径工具不一定能完成，这时就要结合其他抠图工具一起完成。

053 佛学宣传画

自 500 年多前释迦牟尼创建了佛教，佛学就在很多人的心中根深蒂固了，佛学文化也广为人们宣传。

本例制作的一幅佛学宣传画，通过钢笔工具绘制路径将图像抠取出来，再与素材合成为整体。

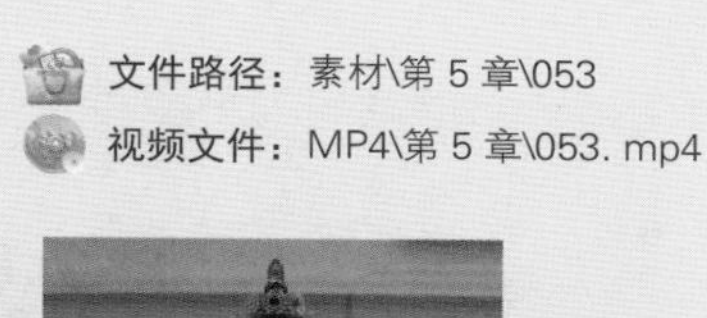

STEP 01 启动 Photoshop CC 程序后执行“文件”|“打开”命令，弹出“打开”对话框，选择本书配套光盘中“第 5 章\053\053.jpg”文件，单击“打开”按钮，如图 5-69 所示。

STEP 02 打开“纹理”素材。选择工具箱中的“移动”工具，将素材拖拽至背景中，按 Ctrl+T 组合键调整大小和位置，并更改图层混合模式为“正片叠底”，如图 5-70 所示。

STEP 03 打开“扇形文字”素材。选择 “移动”工具，将素材拖拽至背景中，按 Ctrl+T 组合键调整大小和位置，并更改图层混合模式为“正片叠底”，如图 5-71 所示。

图 5-69 打开素材

图 5-70 更改混合模式

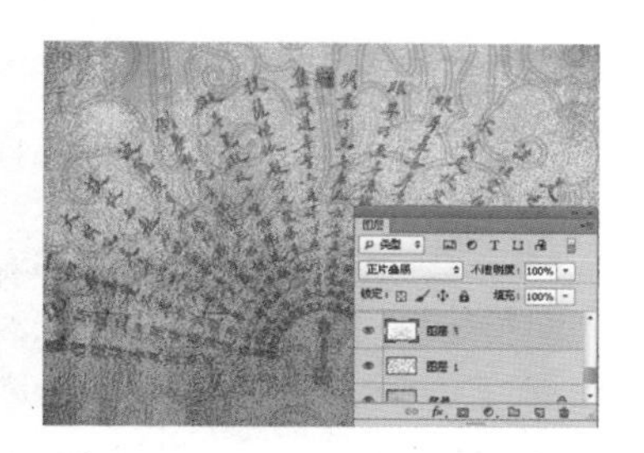

图 5-71 更改混合模式

STEP 04 打开“佛像”素材。选择工具箱中的“钢笔”工具，在佛像上创建大致的路径，选择“转换点”工具，将路径进行平滑处理，再按 Ctrl+Enter 组合键将路径转换为选区，如图 5-72 所示。

STEP 05 按 Ctrl+C 组合键复制图层。切换至之前做好的文档中，按 Ctrl+V 组合键进行粘贴。按 Ctrl+T 组合键调整大小和位置，如图 5-73 所示。

图 5-72 将路径转换为选区

STEP 06 选择图层面板下的“创建新的填充或调整图层”按钮，在弹出的快捷菜单中选择“曲线”调整图层，按 Ctrl+Alt+G 组合键创建剪贴蒙版，更改佛像的密度，如图 5-74 所示。

图 5-73　拖拽素材

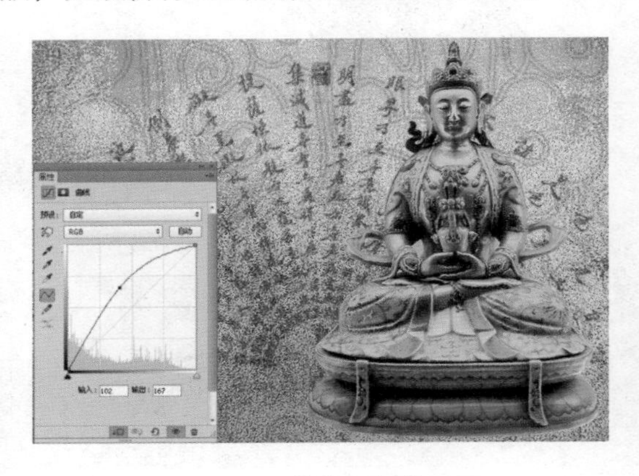

图 5-74　“曲线”调整图层

STEP 07 按住 Ctrl 键的同时选择“创建新图层”按钮，在佛像图像下新建图层。选择“画笔”工具，用黑色的画笔在佛像底座绘制阴影，更改“不透明度”为 60%，添加图层蒙版，用黑色的画笔工具擦除多余的阴影，如图 5-75 所示。

STEP 08 为文件添加素材。创建“曲线”调整图层，在弹出的对话框中调整 RGB 通道参数，更改整体色彩如图 5-76 所示。

图 5-75　创建阴影

图 5-76　最终效果

技巧：路径是矢量对象，不包含像素，没有填充或者描边处理是不能打印出来的。使用 PSD、TIFF、JPEG、PDF 等格式存储文件可以保存路径。

054 创意设计

马是人类忠实的朋友，看到马在草原上驰骋飞奔，有种超脱世俗的感觉，但是如何将奔跑中的马抠取出来呢?

本例通过钢笔路径与“调整边缘”命令的相结合，将在奔跑中的马抠取出来，再通过图层蒙版的运用，制作一幅马从美女身体中飞奔而出的画面。

STEP 01 启动 Photoshop CC 程序后执行“文件”|“打开”命令，弹出“打开”对话框，选择本书配套光盘中“第 5 章\054\054.jpg”文件，单击“打开”按钮。然后按 D 键将前景色与背景色恢复为默认数值。选择工具箱中的“钢笔”工具，描绘出马匹的身体轮廓如图 5-77 所示。

图 5-77　绘制路径

图 5-78　反选

STEP 02 选择“套索”工具，按住 Shift 键在马的鬃毛和尾巴处创建如图 5-78 所示的选区。

STEP 03 选择工具选项栏中的“调整边缘”按钮，打开“调整边缘”对话框，如图 5-79 所示，将“视图”模式设为“叠加”。

技巧：选区应适当向马的脖子内部扩展些，以防止鬃毛选区与身体选区合并时出现漏选区域。

图 5-79　“调整边缘”对话框

STEP 04 选择“调整边缘”对话框中的“调整半径”工具，在鬃毛和马尾处进行调整，如图

5-80 所示。单击“确定”按钮关闭对话框，此时选区效果如图 5-81 所示。

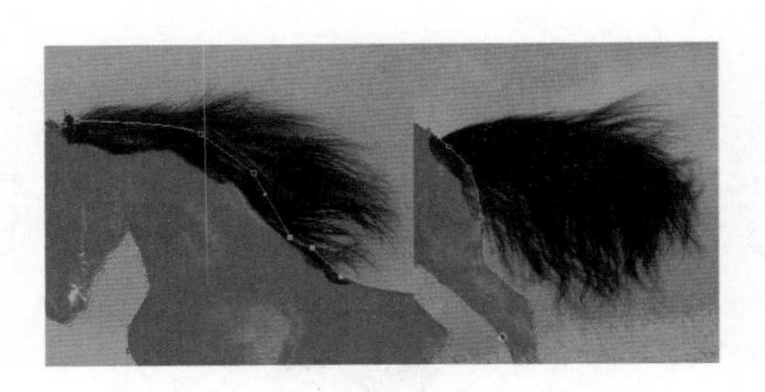

图 5-80　“调整半径”调整选区

图 5-81　反选

STEP 05 按住 Ctrl+Shift 键单击“路径”面板中的马的轮廓路径，将路径中的选区添加到现有的选区中，这样整个马匹都被选中了，如图 5-82 所示。

STEP 06 打开“性感美女”文件，选择“移动”工具，将抠取出来的马拖拽到此文件中，按 Ctrl+T 组合键调整大小和位置，如图 5-83 所示。

STEP 07 选择图层面板下的“创建图层蒙版”按钮，为马图层添加蒙版。选择“画笔”工具，用黑色的画笔将多余的马擦除掉，如图 5-84 所示。

图 5-82　添加选区

图 5-83　拖拽文件

图 5-84　添加蒙版

STEP 08 创建“曲线”调整图层（红通道参数为输入 138、输出 150；蓝通道参数为输入 154、输出 147），按 Ctrl+Alt+G 组合键创建剪贴蒙版，更改马的色彩，如图 5-85 所示。

STEP 09 按 Ctrl+Shift+N 组合键，新建图层。更改前景色为深棕色（#462604），按 Alt+Delete 组合键填充前景色，设置该图层混合模式为“正片叠底”、不透明度为 50%，如图 5-86 所示。

图 5-85　“曲线”调整图层

图 5-86　新建图层

STEP 10 选择“添加图层蒙版”按钮，添加蒙版将中间人物擦出来，如图 5-87 所示。

STEP 11 创建“曲线”调整图层，在弹出的对话框中调整 RGB 通道参数（GRB 通道第一个节点参数为输入 87、输出 74），如图 5-88 所示。

图 5-87 添加蒙版

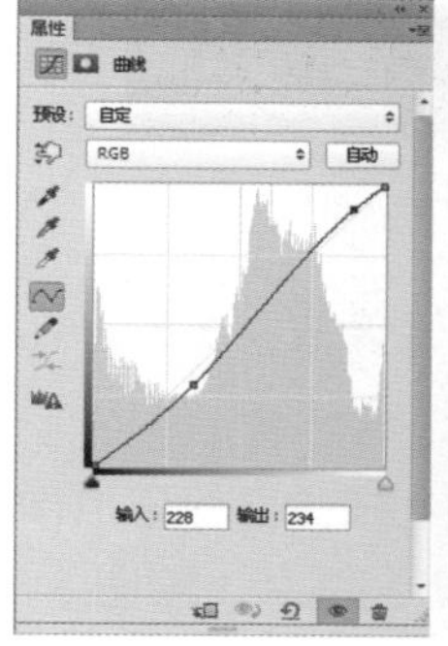

图 5-88 “曲线”调整图层及最终效果

055 新增功能——汽车广告

Photoshop CC 新增功能中不用一个一个的选择路径面板上的路径了，可以在同一图层或跨不同图层选择多个路径，让操作变得更加的便捷。

本例主要是使用“钢笔”工具进行抠图练习，在抠图练习中体验 Photoshop CC 新增功能的奇妙之处。

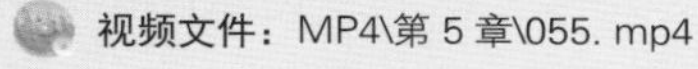

文件路径：素材\第 5 章\055

视频文件：MP4\第 5 章\055. mp4

STEP 01 启动 Photoshop CC 程序后执行“文件”|“打开”命令，弹出“打开”对话框，选择本书配套光盘中“第 5 章\055\055.jpg”文件，单击“打开”按钮，如图 5-89 所示。

STEP 02 选择工具箱中的“钢笔”工具，在工具选项栏中选择“路径”选项 路径，如图 5-90 所示。

图 5-89　打开文件

图 5-90　设置参数

STEP 03 按 Ctrl++组合键将图像放大显示。在后轮与地面交界处单击鼠标建立第 1 个锚点，如图 5-91 所示。

STEP 04 在车轮与车身相交处按住鼠标不放向右上方拖动鼠标，使产生的路径与车轮的边缘重合，此时释放鼠标可以看到第 2 个锚点，如图 5-92 所示。

STEP 05 按 Alt 键将光标指向上面的方向线，则光标显示为“转换点”工具，此时表示工具临时切换为“转换点”工具，向左边拖动鼠标改变锚点类型，控制下一段路径的形态，如图 5-93 所示。

图 5-91　确定第 1 个锚点

图 5-92　确定第 2 个锚点

图 5-93　控制路径

STEP 06 用同样的方法，继续沿着汽车的边缘创建路径。按住 Alt 键可以调整锚点上的方向线，按住 Ctrl 键可以调整锚点的位置，这样可以快速地沿着汽车的轮廓创建路径，如图 5-94 所示。

STEP 07 当光标移动至第 1 个锚点时，可以看到钢笔光标右下角多了一个小圆圈，单击鼠标即可封闭路径，如图 5-95 所示。

STEP 08 切换至路径面板，在“汽车”路径面板下新建路径面板，用“钢笔”工具在汽车旁边绘制不同的路径，此时路径面板如图 5-96 所示。

图 5-94　创建路径

图 5-95　封闭路径

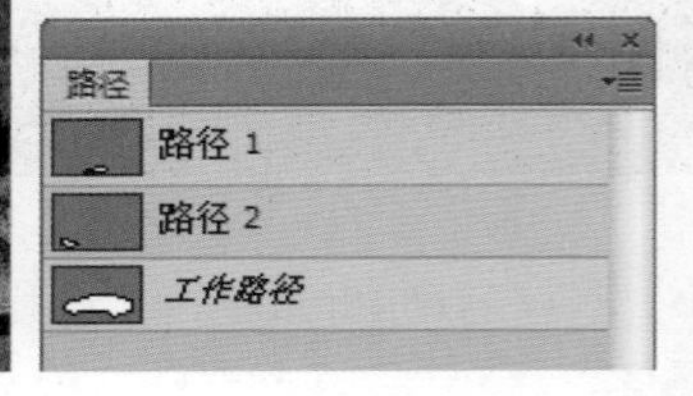

图 5-96　路径面板

STEP 09 按住 Shift 键的同时，可以选择路径面板中所有路径图层，效果如图 5-97 所示。

STEP 10 选择工具箱中的“直接选择”工具或者“路径选择”工具，都可以在路径段上拖到，或是按住 Shift 键单击路径快速选择指定的路径，如图 5-98 所示。

STEP 11 按 Delete 键可以同时删除所选的路径，如图 5-99 所示。

图 5-97　选中所有面板

图 5-98　选择指定路径

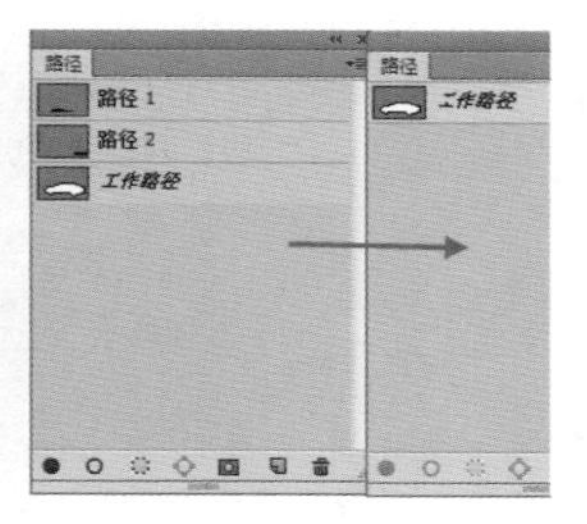

图 5-99 删除路径

STEP 12 执行“编辑”|“还原清除路径集”命令，或按 Ctrl+Z 组合键撤销上次操作。按 Ctrl+Enter 组合键将路径转换为选区，按 Ctrl+C 复制图层。打开“日晖”文件，按 Ctrl+V 组合键将汽车粘贴到文件中，按 Ctrl+T 调整大小和位置，如图 5-100 所示。

STEP 13 选择汽车图层。执行“图像”|“调整”|“色彩平衡”命令，或按 Ctrl+B 组合键打开“色彩平衡”对话框，在“中间值”选项中输入数值更改汽车的色彩， 效果如图 5-101 所示。

图 5-100　粘贴图像

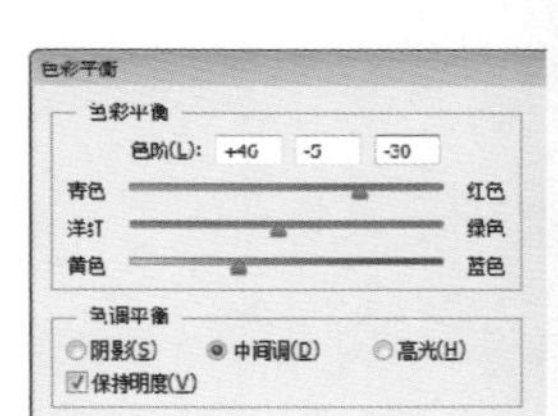

图 5-101　最终效果

技 巧: 在 Photoshop CC 中，任何一个文件中都只能存在一个工作路径，如果原来的工作路径没有保存就继续绘制新路径，那么原来的工作路径就会被新路径取代。为了避免造成不必要的损失，建议大家养成随时保存路径的好习惯。

- 图层蒙版抠图
- 快速蒙版抠图
- 量蒙版抠图
- 剪贴蒙版抠图
- 抠烟雾
- 用设定的通道抠像
- 舞者
- 蒙版抠图——插画

第 6 章 高手必修——蒙版抠图

抠图的概念包括两层含义，一是运用 Photoshop CC 的各种工具、命令和编辑方法选中对象，二是将所选对象从背景中分离出来。也就是说，一般情况下抠图要经历从选择到抠出这两个过程，前面几章介绍了用选框工具、套索、“色彩范围”、钢笔等都符合这一特征。本章主要学习可以保留背景的抠图工具——蒙版。

6.1 非破坏性抠图工具——蒙版

蒙版就是框选的外部（选框的内部就是选区）。蒙版可以分为快速蒙版、矢量蒙版、图层蒙版和剪贴蒙版 4 种。蒙版抠图的特点在于可以很好地保护图像，在操作过程中不会对原图像造成任何影响，所以它在 Photoshop CC 中也是非常实用的抠图工具之一。

056 图层蒙版抠图

图层蒙版是以一个独立的图层存在，而且可以控制图层或图层组中不同区域的操作。图层蒙版是最重要的蒙版抠图工具。

文件路径：素材\第 6 章\056

视频文件：MP4\第 6 章\056. mp4

STEP 01 启动 Photoshop CC 程序后执行“文件”|“打开”命令，弹出“打开”对话框，选择本书配套光盘中“第 6 章\056\056.jpg”文件，单击“打开”按钮，如图 6-1 所示。

STEP 02 选择工具箱中的“魔棒”工具，在背景上单击，选中白色的背景，按 Ctrl+Shift+I 组合键进行反选，如图 6-2 所示。

图 6-1　打开文件

图 6-2　创建选区

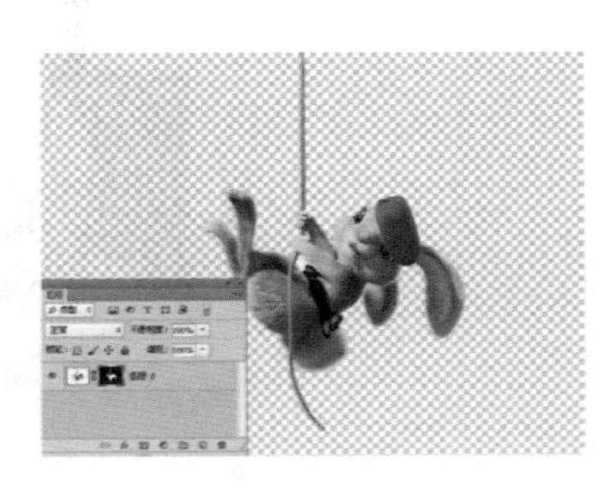

图 6-3　添加蒙版

STEP 03 选择图层面板下的“添加图层蒙版”按钮，从选区中生成蒙版，选区内的图像是可见的，选区外的图像会被蒙版遮盖，如图 6-3 所示。

STEP 04 打开光盘中的“木偶”文件。选择“移动”工具将选中的卡通拖拽到该文档中，按Ctrl+T组合键调整大小和位置，如图6-4所示。

STEP 05 选择图层面板下的“创建新图层”按钮，新建图层。选择“椭圆选框”工具，绘制椭圆选区，按Shift+F6组合键羽化3像素，如图6-5所示。

STEP 06 设置前景色为黑色，按Alt+Delete组合键，填充黑色，更改其“不透明度”为60%，效果如图6-6所示。

图6-4 拖拽文件

图6-5 创建选区

图6-6 最终效果

技巧：图层蒙版是在当前图层上创建一个蒙版层，该蒙版层与创建蒙版的图层只是链接关系，所以无论如何修改蒙版都不会对该图层上的图像造成任何影响。

057 快速蒙版抠图

一般使用“快速蒙版”模式都是从选区开始的，然后从中添加或者减去选区建立蒙版。使用快速蒙版可以用过绘图工具进行调整，以便创建复杂的选区。

文件路径：素材\第6章\057

视频文件：MP4\第6章\057. mp4

STEP 01 启动Photoshop CC程序后执行“文件”|“打开”命令，弹出“打开”对话框，选择本书配套光盘中“第6章\057\057 .”文件，单击“打开”按钮，如图6-7所示。

STEP 02 选择工具箱中的“自由钢笔”工具，在人物上创建路径，按 Ctrl+Enter 组合键，将路径转换为选区，如图 6-8 所示。

图 6-7 打开文件　　图 6-8 转换为选区　　图 6-9 启用快速蒙版

STEP 03 在工具箱底部选择“以快速蒙版模式编辑”按钮，启用快速蒙版，如图 6-9 所示。

STEP 04 按 Ctrl++组合键放大图像，可以看到红色的保护区域有多选的区域，如图 6-10 所示。

STEP 05 选择工具箱中的“画笔”工具，设置画笔“大小”为 15 像素、“硬度”为 100%，前景色为白色，在多选的区域拖拽鼠标进行适当的擦除，如图 6-11 所示。

STEP 06 在工具箱底部选择“以标准模式编辑”按钮，退出快速蒙版编辑模式，按 Ctrl+C 组合键进行复制，如图 6-12 所示。

图 6-10 放大图像　　图 6-11 擦除图像　　图 6-12 退出快速蒙版模式

STEP 07 打开光盘中的“手提电脑”文件。按 Ctrl+V 组合键粘贴选区内的内容，按 Ctrl+T 组合键调整大小和位置，如图 6-13 所示。

图 6-13 拖拽文件

图 6-14 最终效果

STEP 08 按 Ctrl+J 组合键拷贝图层，按 Ctrl+T 组合键进行垂直翻转，填充黑色，更改其不透明度。选择“橡皮擦”工具，将多余的阴影擦除掉，效果如图 6-14 所示。

技巧：按Q键可以快速启用或退出快速蒙版编辑模式。在进入快速蒙版编辑模式后，当运用黑色绘图工具进行作图时，将在图像中得到红色的区域，即非选区区域；当运用白色绘图工具进行作图时，可以去除红色区域；用灰色绘图工具进行作图时，则生成的选区将会带有一定的羽化。

058 矢量蒙版抠图

矢量蒙版是由钢笔工具、自定形状等矢量工具创建的蒙版。矢量蒙版主要借助路径来创建，利用路径选择图像后，通过矢量蒙版可以快速进行图像的抠图。

本实例主要介绍矢量蒙版抠图，结合图层样式制作大头贴的效果。

文件路径：素材\第 6 章\058

视频文件：MP4\第 6 章\058. mp4

STEP 01 启动 Photoshop CC 程序后执行"文件"|"打开"命令，弹出"打开"对话框，选择本书配套光盘中"第 6 章\058\058、背景.jpg"文件，单击"打开"按钮，如图 6-15 所示。

STEP 02 选择工具箱中的"移动"工具，将女孩拖拽到背景文档中，按 Ctrl+T 组合键调整大小和位置，如图 6-16 所示。

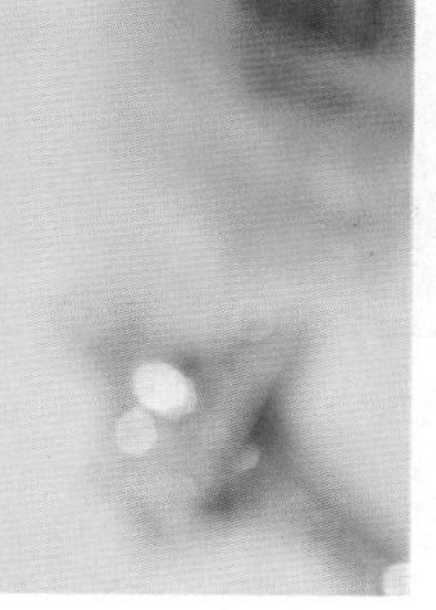

图 6-15　打开文件

图 6-16　拖拽文件

STEP 03 选择“自定形状”工具，在工具选项栏中选择“路径”选项，再打开“形状”下拉面板，执行菜单中的“全部”命令，载入 Photoshop 提供的所有形状，如图 6-17 所示。

STEP 04 在形状中选择“花 6”形状，在画面中绘制该图形，如图 6-18 所示

STEP 05 执行“图层”|“矢量蒙版”|“当前路径”命令，基于路径创建矢量蒙版，将路径区域以外的图像隐藏，如图 6-19 所示。

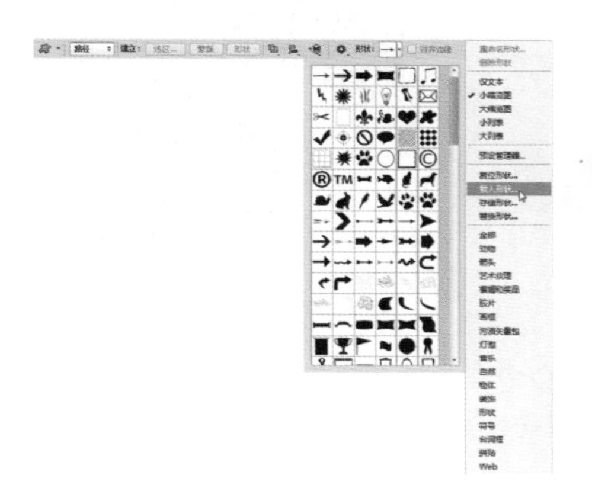

图 6-17　设置画笔参数

图 6-18　绘制图形

图 6-19　创建矢量蒙版

STEP 06 双击图层 1 打开“图层样式”对话框，添加“描边”效果如图 6-20 所示。

STEP 07 添加素材，最终效果如图 6-21 所示。

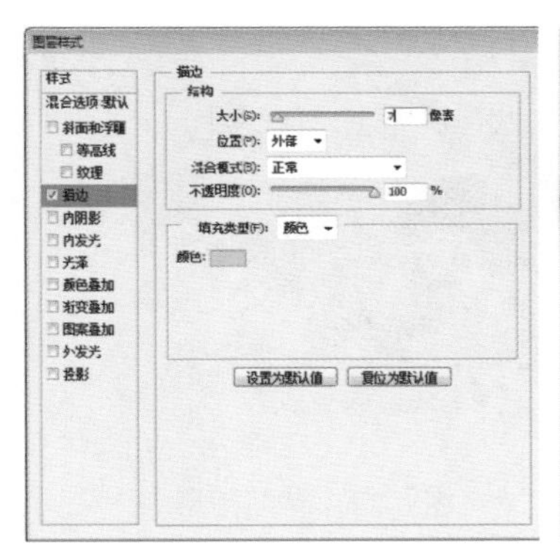

图 6-20　描边效果

图 6-21　最终效果

技 巧：矢量蒙版只能用于锚点编辑工具和钢笔工具来编辑，如要用绘画工具或是滤镜修改蒙版，可选择蒙版后执行“图层”|“栅格化”|“矢量蒙版”命令，将矢量蒙版栅格化，使它转换成图层蒙版。

059. 剪贴蒙版抠图

剪贴蒙版可以将一个图层中的图像剪贴至另一个图像的轮廓中而不会影响图像的源数据，创建剪贴蒙版后还可以拖动被剪贴的图像调整位置。

文件路径：素材\第 6 章\059

视频文件：MP4\第 6 章\059. mp4

STEP 01 启动 Photoshop CC 程序后执行“文件”|“打开”命令，弹出“打开”对话框，选择本书配套光盘中“第 6 章\059\059.jpg”文件，单击“打开”按钮，如图 6-22 所示。

STEP 02 选择工具箱中的“椭圆选框”工具，在白色的圆形中拖动鼠标创建选区，按 Ctrl+J 组合键复制到新图层，设置参数如图 6-23 所示。

STEP 03 按 Ctrl+O 组合键，打开“两小无猜”素材。按 Ctrl+A 组合键，全选图像，按 Ctrl+C 组合键复制图像，再切换到之前的素材图像中，按 Ctrl+V 组合键粘贴图层，按 Ctrl+T 组合键适当调整图像大小和位置，如图 6-24 所示。

图 6-22　打开文件

图 6-23　设置参数

图 6-24　粘贴图层

STEP 04 执行“图层”|“创建剪贴蒙版”命令，即可将人物图像剪贴到素材轮廓图像上，适当调整其位置如图 6-25 所示。打开光盘中的“文字”文件，选择“移动”工具将选区内的人物拖入到该文档中，按 Ctrl+T 组合键调整大小和位置，最

图 6-25　创建剪贴蒙版

图 6-26　最终效果

终如图 6-26 所示。

技 巧：矢量蒙版和图层蒙版都只能应用于一个图层，而剪贴蒙版则可以控制多个图层。也就是说在剪贴蒙版中，一个基底图层可以控制其上方多个图层的显示范围，不过有一个前提条件，就是这些图层必须是上下相邻的。

060 用曲线调修蒙版

“曲线”是 Photoshop CC 中最强大的影调调整工具，非常适合调修图像蒙版，只要在对角线上单击就可以添加控制点，拖动控制点就可以改变曲线的形状。

文件路径：素材\第 6 章\060

视频文件：MP4\第 6 章\060. mp4

STEP 01 启动 Photoshop CC 程序后执行“文件”|“打开”命令，弹出“打开”对话框，选择本书配套光盘中“第 6 章\060\060.jpg”文件，单击“打开”按钮，如图 6-27 所示。

STEP 02 按 Ctrl+O 组合键，打开“飞机”素材。选择工具箱中的“移动”工具，将飞机拖动到“麦田”文档中，按 Ctrl+T 组合键调整大小和位置。选择图层面板下的“添加图层蒙版”按钮，为飞机图层添加蒙版如图 6-28 所示。

图 6-27 打开文件

图 6-28 添加蒙版

STEP 03 选择“渐变”工具，在工具选项栏中按下“线性渐变”按钮，在画面底部单击并按住 Shift 键向上拖动鼠标在蒙版中填充默认的黑白渐变，生成一幅简单的图像合成效果，如图 6-29 所示。

STEP 04 按 Ctrl+M 组合键，打开“曲线”对话框。在曲线上单击添加一个控制点，向上拖动该点将蒙版的色调调亮，经过调整后，当前图层就会显示更多的内容，如图 6-30 所示。

图 6-29　填充渐变

图 6-30　“曲线”参数

STEP 05 如果向下拖动控制点，则蒙版的色调会变暗，蒙版就会遮盖住更多的内容，如图 6-31 所示。

STEP 06 将曲线调整为“S”形，可以增强色调的对比度，是蒙版中的灰色过渡区域收窄，如图 6-32 所示。

图 6-31　“曲线”参数

图 6-32　“曲线”参数

STEP 07 如果将曲线调整为反向的“S”形，则会扩展蒙版中的灰色过渡区域，从而增加图像的半透明区域，如图 6-33 所示。

STEP 08 如果将曲线左下角的控制垂直向上移动，蒙版中的黑色就会被调为灰色，从而增强了图像的显示程度，如图 6-34 所示。

图 6-33　“曲线”参数

图 6-34　“曲线”参数

STEP 09 如果将曲线右上角的控制点垂直向下移动，则会将蒙版中的白色调为灰色，从而降低了图像的显示程度，如图 6-35 所示。

STEP 10 如果将左下角的控制点拖动到顶部，将右上角的控制点拖动到底部，则会将蒙版反相，如图 6-36 所示。

图 6-35 “曲线”参数

图 6-36 “曲线”参数

技 巧：单击曲线上的一个控制点即可将其选择，按住 Shift 键单击可以选择多个控制点。选择控制点后，按 Delete 键可将其删除。

6.2 高级蒙版——混合颜色带

混合颜色带是一种非常特殊的蒙版，它的独特之处体现在既可以隐藏当前图层中的图像，也可以让下面层中的图像穿透当前层显示出来，或者同时隐藏当前图层和下面层中的部分图像，这是其他任何一种蒙版都无法做到的。

061 抠闪电

矢量蒙版、图层蒙版、剪贴蒙版都是在“图层”面板中设定，而混合颜色带则隐藏在“图层样式”对话框中。本例主要运用混合颜色带对图像进行抠图 。

完成

文件路径：素材\第 6 章\061

视频文件：MP4\第 6 章\061. mp4

原图

STEP 01 启动 Photoshop CC 程序后执行“文件”|“打开”命令，弹出“打开”对话框，选择本书配套光盘中“第 6 章\061\061.jpg”文件，单击“打开”按钮，如图 6-37 所示。

STEP 02 选择工具箱中的“移动”工具，将闪电拖入到另一个文档中，如图 6-38 所示。

图 6-37 打开文件

图 6-38 拖拽文件

STEP 03 双击闪电图层打开“图层样式”对话框。按住 Alt 键单击“本图层”中的黑色滑块将它分开，将右半边滑块向右拖至靠近白色滑块处，使闪电周围的灰色能够很好地融合到背景图像中，如图 6-39 所示。

STEP 04 按 Ctrl++组合键放大图像。选择图层面板下的“添加图层蒙版”按钮，为闪电图层添加蒙版，如图 6-40 所示。

STEP 05 选择“渐变”工具，按住 Shift 键在交界处单击并向上拖动鼠标，填充黑白线性渐变，如图 6-41 所示。

图 6-39 混合颜色带参数

图 6-40 添加蒙版

图 6-41 最终效果

技巧：混合颜色带适合抠取背景简单、没有繁琐内容且对象与背景之间的色调差异大的图像，如果对所选取对象的精度要求不高，或者只是想看图像合成的草图时，用混合颜色带进行抠图是比较不错的选择。

062. 抠烟花

烟花是璀璨的，烟花也是即逝的。想要留住好看的烟花吗？本例利用混合颜色带抠烟花，然后利用图层蒙版修饰细节抠出好看的烟花。

文件路径：素材\第 6 章\062

视频文件：MP4\第 6 章\062. mp4

STEP 01 启动 Photoshop CC 程序后执行“文件”|“打开”命令，弹出“打开”对话框，选择本书配套光盘中“第 6 章\062\062.jpg”文件，单击“打开”按钮，如图 6-42 所示。

STEP 02 按 Ctrl+O 组合键，打开“烟花”素材。选择工具箱中的“移动”工具，将素材拖入到铁塔文档中，调整大小和位置，如图 6-43 所示。

STEP 03 双击该烟花图层打开“图层样式”对话框。按 Alt 键拖动本图层中的黑色滑块，将滑块分开，如图 6-44 所示。

STEP 04 将另一烟花素材拖入到文档中生成“图层 2”，如图 6-45 所示。

图 6-42 打开文件

图 6-43 拖拽素材

图 6-44 混合颜色带

图 6-45 拖拽文件

STEP 05 打开“图层样式”对话框，按 Alt 键拖动本图层中的黑色滑块将其分开来调整，如图 6-46 所示。

STEP 06 按住 Alt 键在“背景”图层的眼睛图标 上单击一下，只显示该图层，隐藏其他图层。选择“快速选择”工具，在工具选项栏中勾选“对所有图层取样”选项，然后在选中铁塔的上半部分，效果如图 6-47 所示。

STEP 07 显示“图层 2”。按 Alt 键同时选择图层面板下的“添加图层蒙版”按钮，创建一个反相的蒙版，将选中的图像隐藏，如图 6-48 所示。

STEP 08 在“图层 1”眼睛图标 处单击，将该图层显示出来，效果如图 6-49 所示。

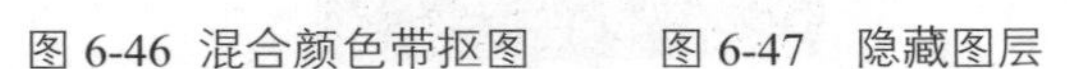

图 6-46 混合颜色带抠图

图 6-47 隐藏图层

图 6-48 反相蒙版

图 6-49 最终效果

063. 抠烟雾

烟雾一般是虚无缥缈的，留不住也抓不着。本例就介绍如何留住烟雾，并通过调整图层做好绚丽的色彩。

文件路径： 素材\第 6 章\063

视频文件： MP4\第 6 章\063. mp4

STEP 01 启动 Photoshop CC 程序后执行“文件”|“打开”命令，弹出“打开”对话框，选择本书配套光盘中“第 6 章\063\063.jpg”文件，单击“打开”按钮，如图 6-50 所示。

STEP 02 按 Ctrl+O 组合键，打开“烟雾”素材。选择工具箱中的“移动”工具，将素材拖入到街道文档中，调整大小和位置，如图 6-51 所示。

图 6-50　打开文件

图 6-51　拖拽文件

图 6-52　混合颜色带抠图

STEP 03 双击烟雾图层打开“图层样式”对话框。按 Alt 键拖动本图层中的黑色滑块将它分开调整，如图 6-52 所示。

STEP 04 选择图层面板下的“添加图层蒙版”按钮，为烟雾图层添加蒙版。选择“渐变”工具，填充黑色线性渐变将与人物衔接处的烟雾隐藏，如图 6-53 所示。

STEP 05 选择图层面板下的“创建新的填充或调整图层”按钮，创建“色相/饱和度”调整图层，按 Alt+Ctrl+G 组合键创建剪贴蒙版，使调整图层只更改烟雾的色彩，如图 6-54 所示。

图 6-53　填充渐变

图 6-54　“色相/饱和度”参数

STEP 06 同上述方法将其他的烟雾素材添加到文档中，并更改其色彩，如图 6-55 所示。

STEP 07 按 Ctrl+O 组合键，打开“光束”素材。选择“移动”工具，将素材添加至之前的文档中，并更改其混合模式为“滤色”，如图 6-56 所示。

STEP 08 同样添加另一条光束如图 6-57 所示。

图 6-55　抠取烟雾

图 6-56　添加光束

图 6-57　最终效果

064. 抠火焰

羡慕哪吒的风火轮吗？本例就介绍如何将火焰抠取出来制作威风凛凛的风火轮。

文件路径：素材\第 6 章\064
视频文件：MP4\第 6 章\064. mp4

STEP 01 启动 Photoshop CC 程序后执行“文件”|“打开”命令，弹出“打开”对话框，选择本书配套光盘中“第 6 章\064\064.jpg”文件，单击“打开”按钮，如图 6-58 所示。

STEP 02 按 Ctrl+O 组合键，打开“火焰”素材。选择工具箱中的“移动”工具，将素材拖入到功夫熊猫文档中，调整大小和位置，如图 6-59 所示。

STEP 03 双击火焰图层打开“图层样式”对话。按 Alt 键拖动本图层中的黑色滑块，将黑色滑块分开并向右拖动，将火焰中的黑色像素隐藏，如图 6-60 所示。

STEP 04 同方法将其他火焰抠出，效果如图 6-61 所示。

图 6-58 打开文件

图 6-59 拖拽文件

图 6-60 混合颜色带抠图

图 6-61 最终效果

技巧：混合颜色带是一种非破坏性的编辑工具，它只是隐藏了背景，如果要真正地清除背景，可以通过新建图层并盖印的方法得到。

065 用设定的通道抠像

在“混合颜色带”选项下拉列表中有几个通道选项，利用它们也可以进行图像的抠取。本例就利用混合颜色带中的通道来抠取图像。

文件路径：素材\第 6 章\065

视频文件：MP4\第 6 章\065. mp4

STEP 01 启动 Photoshop CC 程序后执行“文件”|“打开”命令，弹出“打开”对话框，选择本书配套光盘中“第 6 章\065\065.jpg”文件，单击“打开”按钮，如图 6-62 所示。

STEP 02 双击图层将它转换为普通图层，如图 6-63 所示。

STEP 03 双击该图层，打开“图层样式”对话。在混合颜色带下拉列表中选择“蓝”通道，然后按 Alt 键拖动本图层中的白色滑块，将它分为两半并将左半部向左侧拖动，如图 6-64 所示。

图 6-62　打开文件

图 6-63　更改图层

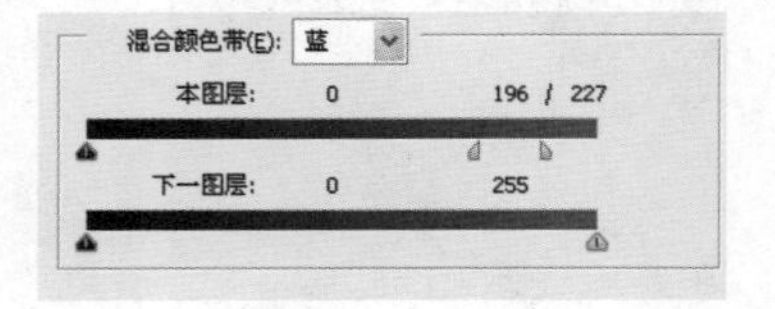

图 6-64　指定通道抠图

STEP 04 单击“确定”按钮，通过设定固定的通道将人物抠取出来，如图 6-65 所示。

STEP 05 按 Ctrl+O 组合键，打开“背景”素材。选择工具箱中的“移动”工具，将人物拖入到背景文档中，调整大小和位置，如图 6-66 所示。

STEP 06 按 Ctrl+J 组合键复制图层。按 Ctrl+T 组合键垂直翻转，更改其不透明度为 60%，制作水面上的倒影，效果如图 6-67 所示。

图 6-65　抠取图像效果

图 6-66　拖拽文件

图 6-67　最终效果

6.3 蒙版的高级应用

“蒙版”一词源于摄影，是指用来控制照片不同区域曝光的传统暗房技术。Photoshop CC 中的蒙版与曝光无关，但它借鉴了区域处理这一概念。在 Photoshop CC 中，蒙版是一种用于遮盖图像的工具，可以用它将部分图像遮住从而控制画面的显示内容。本小节综合的介绍利用蒙版进行抠取处理，让学习抠图的同时也慢慢的了解到蒙版在合成中的重要性。

066 梦幻

本例主要利用混合颜色带进行抠图，然后结合画笔面板来制作梦幻般的星光，让整幅图像变得美妙美幻充满幻想。

文件路径：素材\第 6 章\066

视频文件：MP4\第 6 章\066. mp4

STEP 01 启动 Photoshop CC 程序后执行“文件”|“打开”命令，弹出“打开”对话框，选择本书配套光盘中“第 6 章\066\066.jpg”文件，单击“打开”按钮。再按 Ctrl+J 组合键复制图层，并更改图层混合模式为“滤色”，使整个画面的更加干净通透，再将不透明度设置为 40%， 如图 6-68 所示。

STEP 02 按 Ctrl+Shift+Alt+E 组合键，盖印图层。执行“图像”|“调整”|“阴影/高光”命令，使用默认的参数恢复暗部细节，如图 6-69 所示。

图 6-68　更改混合模式

图 6-69　“阴影/高光”对话框

STEP 03 设置该图层的不透明度为 50%。按 Ctrl+O 组合键，打开另一个素材，选择“移动”工具将它拖入到照片文档中，如图 6-70 所示。

STEP 04 双击该图层打开“图层样式”对话框，按住 Alt 键拖动“本图层”中的白色滑块将滑块分开调整，隐藏当前图层中的白色像素，如图 6-71 所示。

STEP 05 选择图层面板下的“添加图层蒙版”按钮，创建蒙版。选择“画笔”工具，用黑色的画笔在多余的花瓣上涂抹将其隐藏，如图 6-72 所示。

图 6-70　拖拽素材

图 6-71　混合颜色带抠图

图 6-72　擦除图像

STEP 06 选择“画笔”工具，按 F5 键打开“画笔”面板，设置“大小”为 50 像素、“间距”为 240%；在“形状动态”选项中设置“大小抖动”为 65%，使笔触大小有多变化；在“散布”选项中勾选“两轴”选项，并调整参数如图 6-73 所示。

STEP 07 按 Ctrl+Shift+N 组合键，新建图层。将前景色设为白色，在画面中拖动鼠标绘制白色星星，如图 6-74 所示。

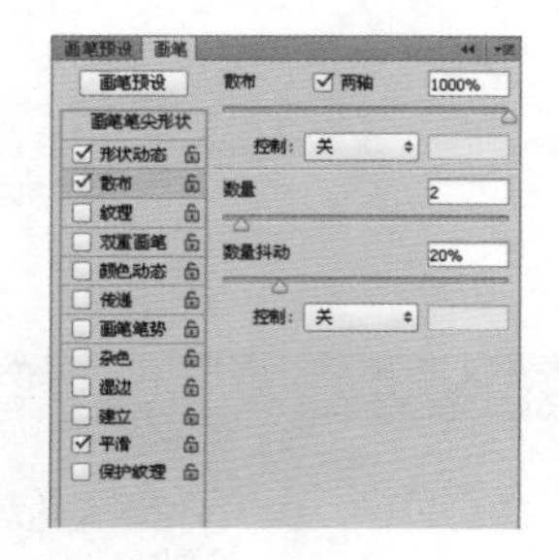

图 6-73　“画笔”面板对话框

图 6-74　绘制星星

STEP 08 再新建图层，在画面下方填充滤色（#d5f39b）到透明的渐变，图层混合模式改为“柔光”，不透明度为 50%，如图 6-75 所示。

STEP 09 打开文字素材，运用颜色混合带，隐藏字体背景如图 6-76 所示。

图 6-75　更改混合模式

图 6-76　最终效果

技 巧：“形状动态”选项决定了描边中画面的笔迹如何变化，它可以使画笔的大小、圆度等产生随机变化效果。“散布”选项决定了描边中笔迹的数目和位置，使笔迹沿绘制的线条扩散开来。

067。舞者

本例利用图层蒙版将人物抠取出来，用画笔精细抠图，让读着了解图层与画笔工具的相容性，再加上“图层样式”及“调整图层”的应用，制作出一幅超脱现实的舞者画面。

文件路径：素材\第 6 章\067

视频文件：MP4\第 6 章\067. mp4

STEP 01 启动 Photoshop CC 程序后执行“文件”|“打开”命令，弹出“打开”对话框，选择本书配套光盘中“第 6 章\067\067.jpg”文件，单击“打开”按钮，如图 6-77 所示。

STEP 02 选择工具箱中的“魔棒”工具，按住 Shift 键单击背景，选中背景，按 Ctrl+Shift+I 组合键反选，如图 6-78 所示。

STEP 03 选择工具箱中的“添加图层蒙版”按钮，从选区中生成蒙版，选区内的图像是可见的，选区外的图像会被蒙版遮盖。如图 6-79 所示。

STEP 04 按 Ctrl 键选择“创建新层”按钮，在当前图层下方创建一个图层。将前景色设为绿色，按 Alt+Delete 组合键填充绿色，如图 6-80 所示。

图 6-77 打开文件

图 6-78 反选

图 6-79 添加蒙版

图 6-80 填充颜色

STEP 05 单击蒙版缩览图，选择蒙版。按 D 键，恢复为默认的前景色和背景色。选择“画笔”工具，擦除多余的部分，如图 6-81 所示，选择填充的绿色图层，按 Delete 将其删除。

STEP 06 按 Ctrl+O 组合键打开“背景”素材。选择“移动”工具 将抠好的舞者拖入背景文档中，按 Ctrl+T 组合键调整大小和位置，如图 6-82 所示。

STEP 07 将前景色设为土黄色（# ffb92d）。新建图层，选择“画笔”工具 在舞者的身上进行涂抹，更改其图层混合模式为“叠加”，如图 6-83 所示。

STEP 08 按 Ctrl+O 组合键打开“星球”素材，选择“移动”工具 将它拖入到背景文档中，调整大小和位置，如图 6-84 所示。

图 6-81 擦除图像

图 6-82 拖拽文件

图 6-83 更改混合模式

图 6-84 拖拽文件

STEP 09 设置图层混合模式为“变亮”。选择图层面板下的“添加图层蒙版”按钮 ，添加蒙版，用黑色的画笔工具将多余的部分擦除掉，如图 6-85 所示。

STEP 10 复制星球图层，将其放至左右手中，如图 6-86 所示。

STEP 11 参照之前的方法设置画笔面板参数，在星球之间绘制光点如图 6-87 所示。

图 6-85 更改混合模式

图 6-86 复制图层

图 6-87 绘制星光径

STEP 12 复制光点图层，为添加图层样式，如图 6-88 所示。

STEP 13 按 Ctrl+Shift+Alt+E 组合键，盖印图层。选择图层面板下的“创建新的填充或调整图层”按钮 ，创建“色彩平衡”调整图层参数如图 6-89 所示。

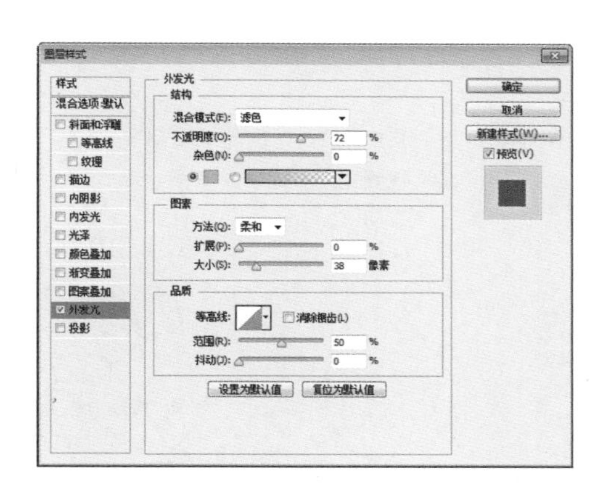

图 6-88 “图层样式”对话框

图 6-89 “色相/饱和度”参数

STEP 14 再次创建“曲线”调整图层（红通道参数为输入 134，输出 119；蓝通道参数为输入 172，输出 165），提亮整体色彩如图 6-90 所示。

STEP 15 添加文字素材。双击文字图层，打开“图层样式”对话框，在“本图层”中移动滑块，如图 6-91 所示。

STEP 16 单击“确定”按钮，整个舞者实例完成如图 6-92 所示。

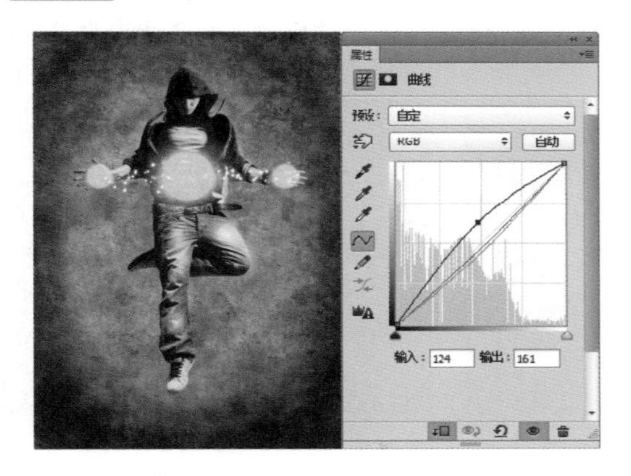

图 6-90 提高色彩

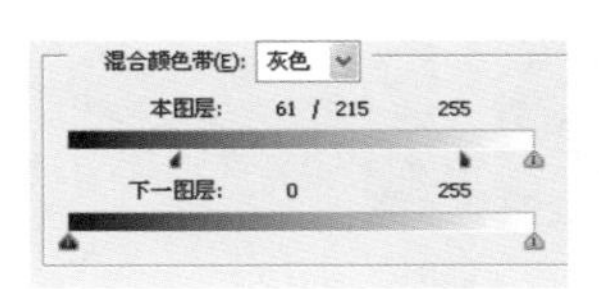

图 6-91 混合颜色带抠图

图 6-92 最终效果

技 巧：按 F5 键可以隐藏或显示“画笔”面板；按 F6 键可以隐藏或显示“颜色”面板；按 F7 键可以隐藏或显示“图层”面板；按 F8 键可以隐藏或显示“信息”面板；按 F9 键可以隐藏或显示“动作”面板。

068. 蒙版抠图——插画

本例制作的是一幅唯美风格的插画设计。在制作过程中运用了大量不同风格元素的素材，结合图层蒙版、快速蒙版、矢量蒙版和剪贴蒙版来合成编辑图像，使素材形成一个丰富统一的整体。

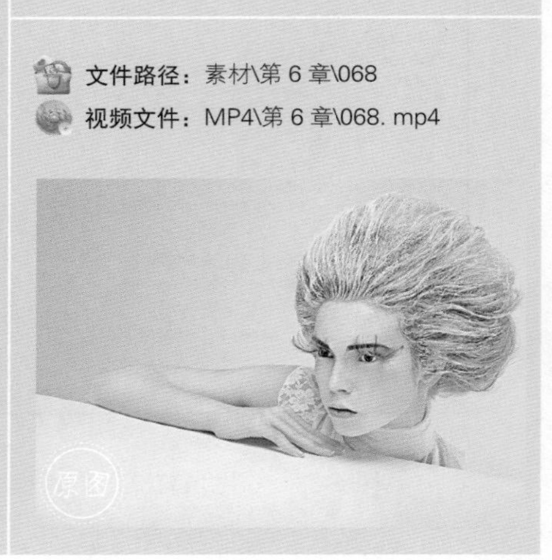

STEP 01 启动 Photoshop CC 程序后，执行“文件”|“打开”命令，弹出“打开”对话框，选择本书配套光盘中“第 6 章\068\068.jpg”文件，单击“打开”按钮，如图 6-93 所示。

STEP 02 按 Ctrl+O 组合键，打开“人物”素材，选择“移动”工具将它拖入到背景文档中，调整大小和位置，如图 6-94 所示。

STEP 03 选择工具箱中的“魔棒”工具，在人物周围创建选区。按 Q 键，进入快速蒙版编辑状态，如图 6-95 所示。

图 6-93　打开文件

图 6-94　拖拽文件

图 6-95　快速蒙版状态

STEP 04 选择工具箱中的“画笔”工具，设置前景色为白色，在多余的白色区域涂抹显示人物图像，如图 6-96 所示。按 Q 键，退出快速蒙版编辑状态，按 Ctrl+Shift+I 组合键反选。选择图层面板下的“添加图层蒙版”按钮，添加图层蒙版，如图 6-97 所示。

图 6-96　编辑快速蒙版

图 6-97　添加图层蒙版

STEP 05 按 Ctrl+O 组合键，打开“底纹”素材。选择“移动”工具将底纹拖入到背景文档中，添加大小及图层顺序，更改红色底纹的混合模式为“正片叠底”，如图 6-98 所示。

STEP 06 选择工具箱中的“渐变”工具，打开工具选项栏中的“渐变编辑器”对话框，如图 6-99 所示，在框中设置渐变色。

图 6-98 添加素材

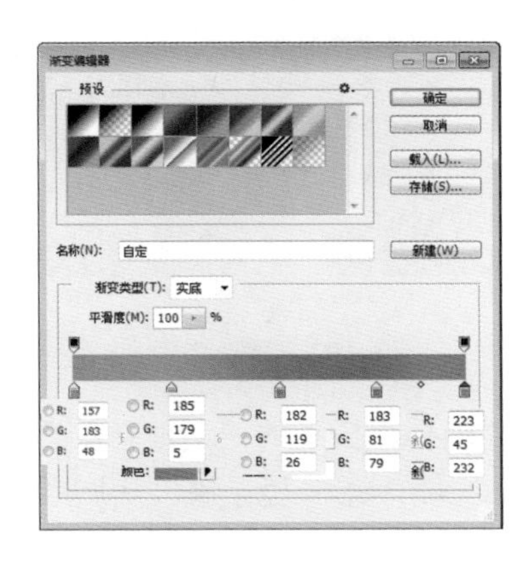

图 6-99 “渐变编辑器”对话框

STEP 07 选择“径向渐变”按钮。新建图层，在画面中从左上角往右下角拉出径向渐变，按 Ctrl+Alt+G 组合键创建剪贴蒙版，更改红色底纹色彩，如图 6-100 所示。

图 6-100 创建剪贴蒙版

图 6-101 添加素材

STEP 08 打开“翅膀”素材，添加素材并调整好位置及大小，如图 6-101 所示。

STEP 09 在背景图层上方新建图层，更改混合模式为“柔光”，用不用颜色的画笔进行涂抹，使整体画面颜色更加丰富，如图 6-102 所示。

STEP 10 继续给文件添加“文字”和“花纹装饰”，如图 6-103 所示。

技巧：在编辑快速蒙版时，可以使用黑、白或者灰色等颜色来编辑蒙版选区效果。一般常用的修改蒙版的工具为画笔工具和橡皮擦工具。使用橡皮擦工具修改蒙版时，前景色与背景色的设置与画笔工具正好相反。

图 6-102　添加色彩

图 6-103　添加素材

STEP 11 选择图层面板下的“创建新的填充或调整图层”按钮，新建“曲线”调整图层（RGB 第一个节点参数为输入 45，输出 0）增加画面的对比度，如图 6-104 所示。

STEP 12 继续创建“色相/饱和度”调整图层，在弹出的对话框中调整“饱和度”数值增加图像整体艳丽度，如图 6-105 所示。

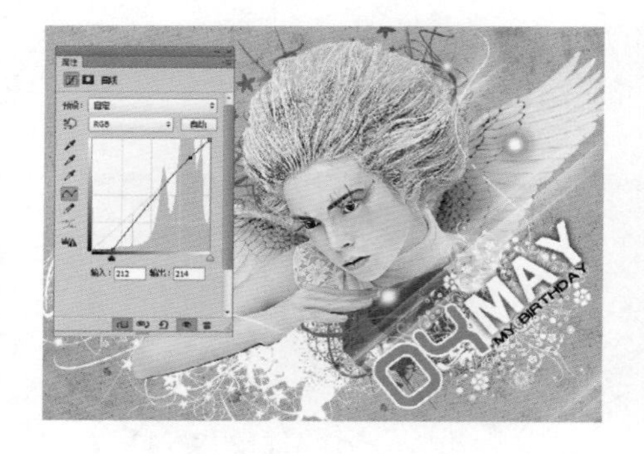

图 6-104　“曲线”参数

图 6-105　最终效果

- 利用通道的对比进行抠图
- 钢笔工具配合通道进行抠图
- “应用图像”命令抠图
- “计算”命令抠图
- 利用“调整边缘”命令抠图
- 曲线调整配合通道抠图
- 渐变映射配合通道抠图
- 通道混合器——抠复杂树枝
- 用通道综合工具抠取人物发丝
- 彩妆设计

第7章 高级技法——通道抠图

Photoshop CC 中的通道与选区有密不可分的关系，而且通道是一个比较难理解的概念，因此，通道抠图也被看作是最不好掌握的抠图技术。本章力求深入浅出地介绍通道抠图的技巧，既有原理上的分析，也有实例案例的佐证。内容各种抠图的原理及技巧，另外，还介绍了“应用图像”命令和“计算”命令在抠图中的应用。通过本章的学习，能够正确的了解通道，并熟练的掌握通道抠图的技术。

7.1 使用通道快速抠图

通道就是选区的一个载体，它将选取转换成为可见的黑白图像，从而更易于编辑，可以得到多种多样的选区状态。在众多的抠图方法中，通道抠图是比较万能的抠图方法，常用于较为复杂的图像抠图中。

069 利用通道的对比进行抠图

在进行抠图时，有些图像与背景过于相近，从而使抠图不是那么方便，此时可以利用“通道”面板，结合其他命令对图像进行抠取。

文件路径：素材\第 7 章\069

视频文件：MP4\第 7 章\069. mp4

STEP 01 启动 Photoshop CC 程序后，执行“文件”|“打开”命令，弹出“打开”对话框，选择本书配套光盘中“第 7 章\069\069.jpg”文件，单击“打开”按钮，如图 7-1 所示。

STEP 02 打开“通道”面板，分别单击各通道来查看显示效果，拖动“蓝”通道至面板底部的“创建新通道”按钮上，复制一个通道，如图 7-2 所示。

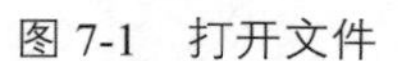
图 7-1　打开文件

图 7-2　复制图层

图 7-3　增强对比

STEP 03 执行“图像”|“调整”|“亮度/对比度”命令，在弹出的对话框中设置相关数值，增强其对比度，如图 7-3 所示。

技 巧： 在“通道”面板中，单击各个通道进行查看，要注意查看哪个通道的图像边缘更加清晰，以便于抠图。除了运用上述方法复制通道外，还可以选中某个通道后，单击鼠标右键，在弹出的快捷菜单中选择“复制通道”选项。

STEP 04 选择工具箱中的“磁性套索”工具，在工具选项栏中选择“添加至选区”按钮，在母子上创建选区，如图 7-4 所示。

STEP 05 在通道面板中单击 RGB 通道，退出通道模式，返回 RGB 模式，如图 7-5 所示。

STEP 06 打开光盘中的“家园”文件。选择“移动”工具，按 Ctrl+Alt 组合键的同时，将选区内的图像拖拽到打开的素材中，按 Ctrl+T 组合键调整大小和位置，如图 7-6 所示。

图 7-4 创建选区

图 7-5 返回 RGB 模式

图 7-6 拖拽文件

STEP 07 选择“自定形状”工具，在工具选项栏中选择“会话 3”形状，设置“描边”为绿色，在图中绘制图形，如图 7-7 所示。

STEP 08 选择工具箱中“横排文字”工具，输入文字并给人物制作阴影，如图 7-8 所示。

图 7-7 绘制图形

图 7-8 最终效果

技 巧： 按 Ctrl+数字键，可以快速选择通道，以 RGB 模式的图像为例，按 Ctrl+3 组合键、Ctrl+4 组合键、Ctrl+5 组合键分别可以选择红、绿、蓝通道，如果要返回到 RGB 复合通道查看彩色图像，可以按 Ctrl+2 组合键。

070 利用通道的差异性进行抠图

有些图像在通道中的不同颜色模式下显示的颜色深浅会有所不同，利用通道的差异性可以快速的选择图像进行抠取。

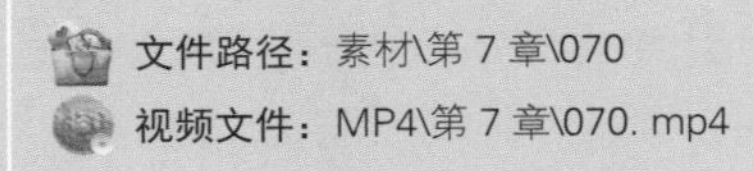

STEP 01 启动 Photoshop CC 程序后，执行“文件”|“打开”命令，弹出“打开”对话框，选择本书配套光盘中“第 7 章\070\070.jpg”文件，单击“打开”按钮，如图 7-9 所示。

STEP 02 单击“红”通道面板。选择工具箱中的“快速选择”工具，在工具选项栏中选择“添加到选区”按钮，在深色的玩具上单击，如图 7-10 所示。

STEP 03 切换至“绿”通道，同样地在深色部位单击，选中深色的玩具，如图 7-11 所示。

图 7-9　打开文件

图 7-10　在红通道创建选区

图 7-11　在绿通道创建选区

STEP 04 同理，在“蓝”通道中选择深色玩具，如图 7-12 所示。

STEP 05 在通道面板中单击 RGB 通道，退出通道模式，返回 RGB 模式，如图 7-13 所示。

STEP 06 按 Ctrl+O 组合键，打开“小孩”文件。选择“移动”工具，按 Ctrl+Alt 组合键的同时将选区内的内容拖拽到该文档中，按 Ctrl+T 组合键调整大小和位置，如图 7-14 所示。

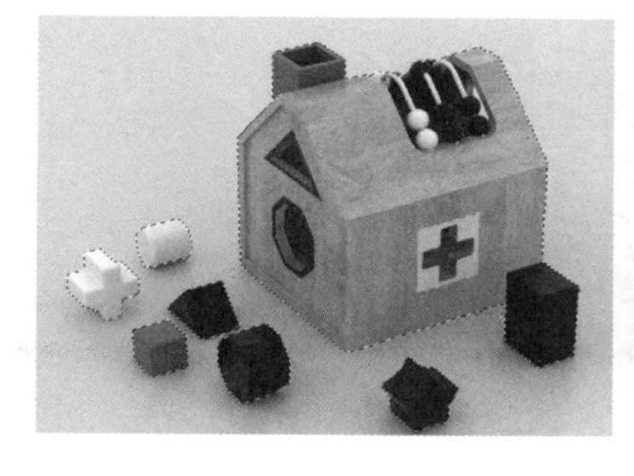
图 7-12　在蓝通道创建选区

图 7-13　退出 RGB 模式

图 7-14　拖拽文件

STEP 07 双击玩具图层，打开“图层样式”对话框，选择“投影”选项，如图 7-15 所示。

STEP 08 选择图层面板下“创建新的填充或调整图层”按钮，创建“曲线”调整图层，在弹出的对话框中调整 RGB 通道参数，增加玩具的对比度，如图 7-16 所示，

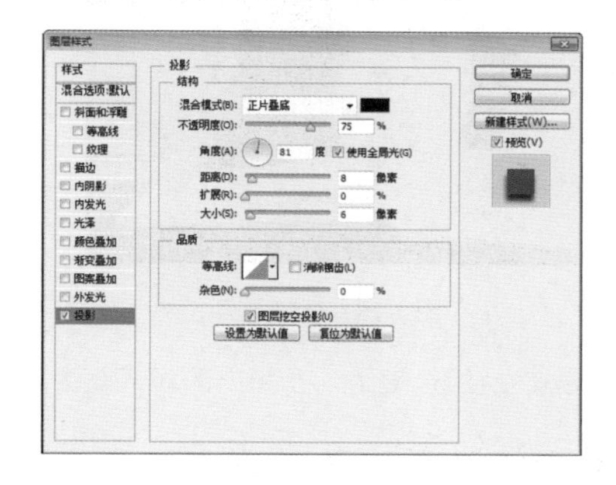

图 7-15　“投影”参数

图 7-16　最终效果

技巧：在 Photoshop CC 中，图层、通道与路径都可以转换为选区，方法是按住 Ctrl 键同时的图层缩览图（背景图层除外）、通道缩览图或路径缩览图，不需要选择相应的图像、通道或路径。

071 色阶调整配合通道抠图

“色阶”命令是一个很有用的功能，用来设置图像的白场和黑场，利用该功能配合通道可以快速指定颜色的选区。

STEP 01 启动 Photoshop CC 程序后，执行“文件”|“打开”命令，弹出“打开”对话框，选择本书配套光盘中“第 7 章\071\071.jpg”文件，单击“打开”按钮，如图 7-17 所示。

STEP 02 打开“通道”面板，通过观察可以看出蓝色通道的黑色更分明，拖动“蓝”通道至面板底部的“创建新通道”按钮 上，复制“蓝”通道，如图 7-18 所示。

图 7-17　打开文件

图 7-18　复制图层

STEP 03 执行“图像”|“调整”|“色阶”命令（或按 Ctrl+L 组合键），在弹出的对话框中选择“在图像中取样以设置白场”按钮 ，如图 7-19 所示

STEP 04 在图像中单击猫咪身上的灰色部分，设置白场如图 7-20 所示。

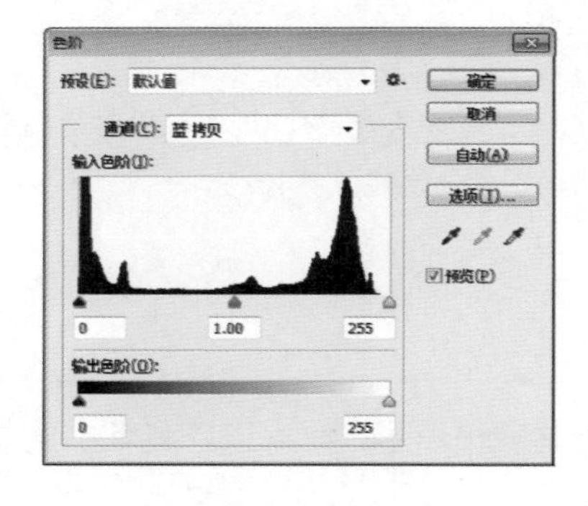

图 7-19　选择白场

图 7-20　“色阶”参数

STEP 05 选择“在图像中取样以设置黑场”按钮，在背景上灰色区域单击鼠标，设置黑场范围，如图 7-21 所示。

STEP 06 单击“确定”按钮。选择工具箱中的“画笔”工具，设置前景色为白色，将猫咪的面部及书本部分涂抹成白色，如图 7-22 所示。

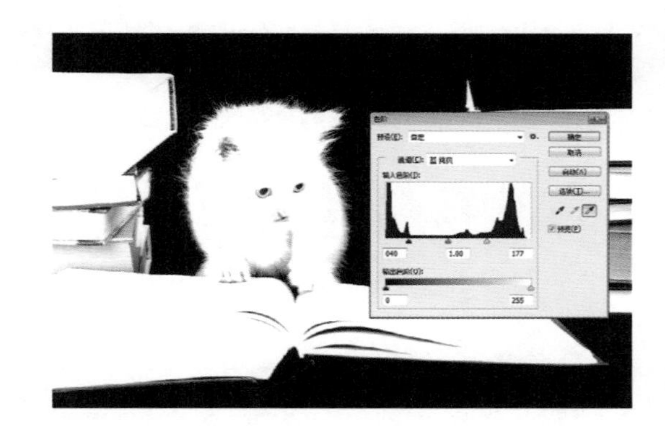

图 7-21 设置黑场

图 7-22 涂抹白色

STEP 07 单击“通道”面板底部的“将通道作为选区载入”按钮，载入选区，如图 7-23 所示。

STEP 08 退出通道模式。按 Ctrl+J 组合键复制图层，隐藏“背景”图层，效果如图 7-24 所示。

STEP 09 在“通道”面板中选择“红”通道，按 Ctrl+A 组合键全选，按 Ctrl+C 组合键，复制图像，按 Ctrl+V 组合键粘贴到“图层”面板中，调整位置，如图 7-25 所示。

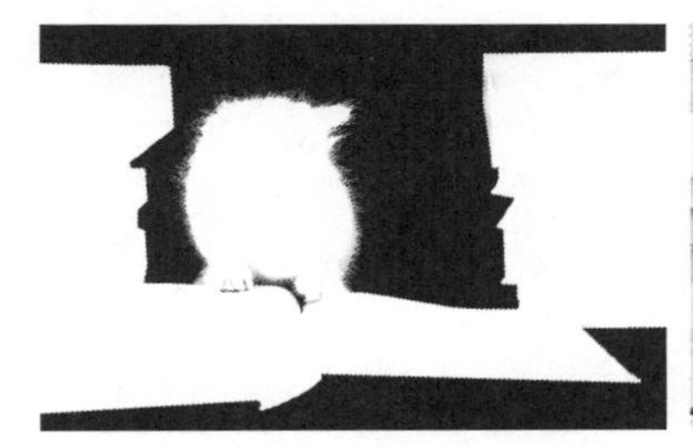

图 7-23 载入选区

图 7-24 复制图层

图 7-25 粘贴“红”通道

技 巧：矢量蒙版只能用于锚点编辑工具和钢笔工具来编辑，如要用绘画工具或是滤镜修改蒙版，可选择蒙版，然后执行“图层”|“栅格化”|“矢量蒙版”命令，将矢量蒙版栅格化，使它转换成图层蒙版。

STEP 10 选择“图层 1”图层。选择“橡皮擦”工具，设置“大小”为 30 像素，“硬度”为 50%，沿猫咪边缘进行擦除，如图 7-26 所示。

STEP 11 选择“图层 2”图层，选择图层面板下的“添加图层蒙版”按钮，添加图层蒙版。选择“画笔”工具，在工具选项栏中设置画笔“大小”为 60 像素、“不透明度”为 80%、前景色为黑色，将其面部及书本涂抹出来，如图 7-27 所示。

STEP 12 按 Ctrl+O 组合键，打开“窗台”文件。选择“移动”工具将猫咪拖拽到该文档中，按 Ctrl+T 组合键调整大小和位置，如图 7-28 所示。

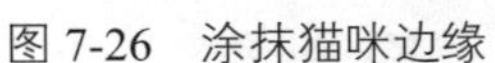

图 7-26　涂抹猫咪边缘　　图 7-27　涂抹猫咪　　图 7-28　最终效果

技巧： 在擦除猫咪边缘时，设置的画笔大小不能太大，否则将擦除需要的图像部分。

072 钢笔工具配合通道抠图

要抠取半透明对象，使用通道抠图法也是非常有效的，在通道中，白色代表选择、黑色代表不选择、灰色代表不透明程度。本实例主要讲解利用钢笔工具配合通道将不透明的婚纱抠取出来。

STEP 01 启动 Photoshop CC 程序后，执行“文件”|“打开”命令，弹出“打开”对话框，选择本书配套光盘中“第 7 章\072\072.jpg”文件，单击“打开”按钮，如图 7-29 所示。

STEP 02 选择工具箱中的“钢笔”工具，在工具选项栏中选择“路径”选项，沿着人物的外轮廓绘制一个封闭路径，如图 7-30 所示。

STEP 03 按 Ctrl+Enter 组合键，将路径转换为选区。按 Shift+F6 组合键，羽化 2 像素，单击“确定”按钮，如图 7-31 所示。

STEP 04 按 Ctrl+J 组合键复制图层，将“背景”图层隐藏，如图 7-32 所示。

STEP 05 打开“通道”面板，查看每一个颜色通道，发现“蓝”通道反差较大。将“蓝”通道拖到面板底部的“创建新通道”按钮上，复制该通道，如图 7-33 所示。

STEP 05 选择“在图像中取样以设置黑场”按钮，在背景上灰色区域单击鼠标，设置黑场范围，如图 7-21 所示。

STEP 06 单击“确定”按钮。选择工具箱中的“画笔”工具，设置前景色为白色，将猫咪的面部及书本部分涂抹成白色，如图 7-22 所示。

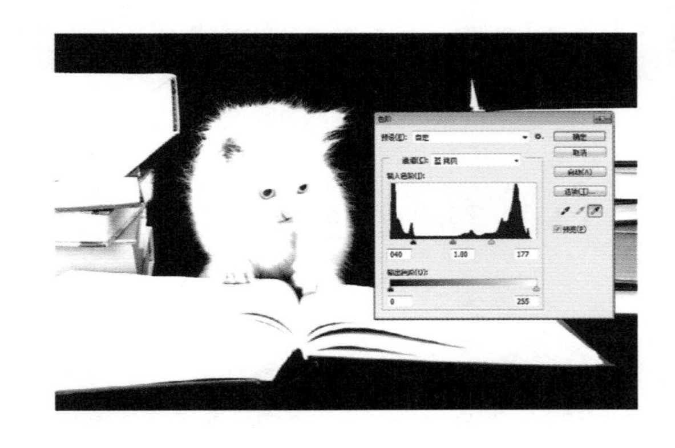

图 7-21 设置黑场

图 7-22 涂抹白色

STEP 07 单击“通道”面板底部的“将通道作为选区载入”按钮，载入选区，如图 7-23 所示。

STEP 08 退出通道模式。按 Ctrl+J 组合键复制图层，隐藏“背景”图层，效果如图 7-24 所示。

STEP 09 在“通道”面板中选择“红”通道，按 Ctrl+A 组合键全选，按 Ctrl+C 组合键，复制图像，按 Ctrl+V 组合键粘贴到“图层”面板中，调整位置，如图 7-25 所示。

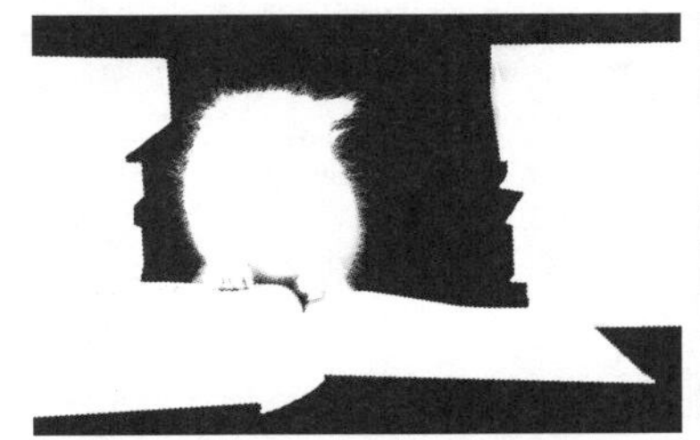

图 7-23 载入选区

图 7-24 复制图层

图 7-25 粘贴“红”通道

技巧：矢量蒙版只能用于锚点编辑工具和钢笔工具来编辑，如要用绘画工具或是滤镜修改蒙版，可选择蒙版，然后执行“图层”|“栅格化”|“矢量蒙版”命令，将矢量蒙版栅格化，使它转换成图层蒙版。

STEP 10 选择“图层 1”图层。选择“橡皮擦”工具，设置“大小”为 30 像素，“硬度”为 50%，沿猫咪边缘进行擦除，如图 7-26 所示。

STEP 11 选择“图层 2”图层，选择图层面板下的“添加图层蒙版”按钮，添加图层蒙版。选择“画笔”工具，在工具选项栏中设置画笔“大小”为 60 像素、“不透明度”为 80%、前景色为黑色，将其面部及书本涂抹出来，如图 7-27 所示。

STEP 12 按 Ctrl+O 组合键，打开“窗台”文件。选择“移动”工具将猫咪拖拽到该文档中，按 Ctrl+T 组合键调整大小和位置，如图 7-28 所示。

图 7-26　涂抹猫咪边缘

图 7-27　涂抹猫咪

图 7-28　最终效果

技巧：在擦除猫咪边缘时，设置的画笔大小不能太大，否则将擦除需要的图像部分。

072 钢笔工具配合通道抠图

要抠取半透明对象，使用通道抠图法也是非常有效的，在通道中，白色代表选择、黑色代表不选择、灰色代表不透明程度。本实例主要讲解利用钢笔工具配合通道将不透明的婚纱抠取出来。

STEP 01 启动 Photoshop CC 程序后，执行“文件”|“打开”命令，弹出“打开”对话框，选择本书配套光盘中“第 7 章\072\072.jpg”文件，单击“打开”按钮，如图 7-29 所示。

STEP 02 选择工具箱中的“钢笔”工具，在工具选项栏中选择“路径”选项，沿着人物的外轮廓绘制一个封闭路径，如图 7-30 所示。

STEP 03 按 Ctrl+Enter 组合键，将路径转换为选区。按 Shift+F6 组合键，羽化 2 像素，单击“确定”按钮，如图 7-31 所示。

STEP 04 按 Ctrl+J 组合键复制图层，将“背景”图层隐藏，如图 7-32 所示。

STEP 05 打开“通道”面板，查看每一个颜色通道，发现“蓝”通道反差较大。将“蓝”通道拖到面板底部的“创建新通道”按钮上，复制该通道，如图 7-33 所示。

图 7-29 打开文件

图 7-30 创建路径

图 7-31 转换路径

图 7-32 隐藏图层

STEP 06 按 Ctrl+I 组合键进行反相。按 Ctrl+L 组合键，打开“色阶”对话框，如图 7-34 所示。

STEP 07 选择“画笔”工具，设置画笔“大小”为35像素、“硬度”为0%，将前景色设为白色，将人物不透明的部分涂抹成白色，如图 7-35 所示。

图 7-33 复制图层

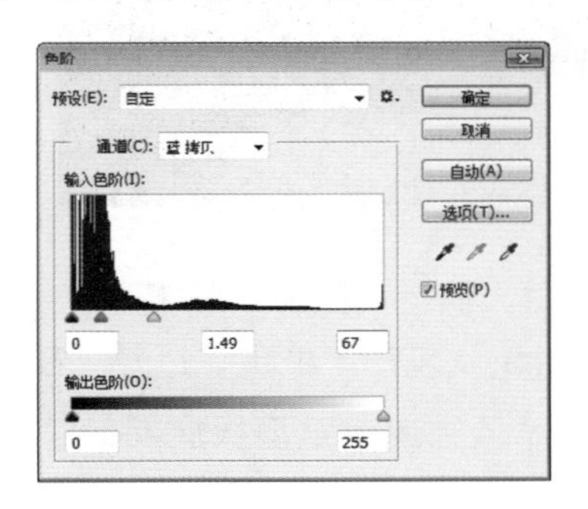

图 7-34 “色阶”参数

图 7-35 涂抹白色

STEP 08 按 Ctrl 键同时单击“蓝”通道副本，载入选区，切换至图层面板中，如图 7-36 所示。

STEP 09 按 Ctrl+J 组合键复制图层、隐藏“图层 1”，如图 7-37 所示。

STEP 10 按 Ctrl+O 组合键，打开“背景”文件。选择“移动”工具将婚纱人物拖拽到该文档中，按 Ctrl+T 组合键调整大小和位置并添加文字，如图 7-38 所示。

图 7-36 载入选区

图 7-37 隐藏图层

图 7-38 最终选区

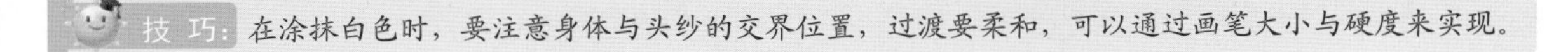

技 巧：在涂抹白色时，要注意身体与头纱的交界位置，过渡要柔和，可以通过画笔大小与硬度来实现。

073 曲线调整配合通道抠图

“曲线”命令是使用非常频繁的色调控制命令，用曲线调整明暗度，不但可以调整图像整体的色调，还可以精确地控制多个色调区域的明暗度。

STEP 01 启动 Photoshop CC 程序后，执行“文件”|“打开”命令，弹出“打开”对话框，选择本书配套光盘中“第 7 章\073\073.jpg”文件，单击“打开”按钮，如图 7-39 所示。

STEP 02 打开“通道”面板，拖动“蓝”通道至面板底部的“创建新通道”按钮上，复制新的通道，如图 7-40 所示。

STEP 03 执行“图像”|“调整”|“曲线”命令（或按 Ctrl+M 组合键），打开“曲线”对话框，调整树叶，如图 7-41 所示。

图 7-39　打开文件

图 7-40　复制图层

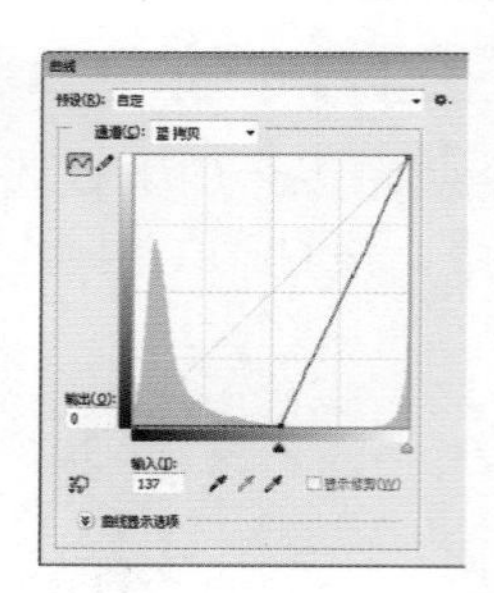

图 7-41　“曲线”参数

STEP 04 单击“确定”按钮，使灰色加深变为黑色。选择“将通道作为选区载入”按钮，载入树叶选区，如图 7-42 所示。

技巧：“曲线”对话框是独一无二的，因为它能根据取向的色调范围精确地定位图像中的任何区域，当将鼠标定位于图像的某部分上，并单击鼠标左键后，曲线上会出现一个圆，它显示了图像像素标定的位置。调整白色圆圈的点，就可以编辑与曲线上的点对应的所有图像区域。

STEP 05 单击 RGB 通道，退出通道模式。按 Ctrl+Shift+I 组合键进行反选，如图 7-43 所示。

STEP 06 按 Ctrl+C 组合键复制图层。按 Ctrl+O 组合键，打开“城市”文件，按 Ctrl+V 组合键，粘贴图像并调整其大小和位置，如图 7-44 所示。

图 7-42　载入选区

图 7-43　反选

图 7-44 最终效果

技 巧：若要使曲线网格显示的更精细，按 Alt 键的同时用鼠标单击网格，默认的 4x4 网格变为了 10x10 网格，再次按 Alt 键即可恢复至默认状态。

074 渐变映射配合通道抠图

“渐变映射”命令可以将相等的图像灰度范围映射到指定的渐变填充色，利用其特性，配合通道可以进行比较细致的抠图。

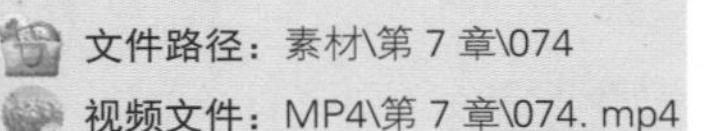

文件路径：素材\第 7 章\074

视频文件：MP4\第 7 章\074. mp4

STEP 01 启动 Photoshop CC 程序后，执行“文件”|“打开”命令，弹出“打开”对话框，选择本书配套光盘中“第 7 章\074\074.jpg”文件，单击“打开”按钮，如图 7-45 所示。

STEP 02 选择图层面板下的“创建新的填充或调整图层”按钮，在弹出的快捷菜单中选择“渐变映射”选项，单击“点按可编辑渐变”按钮，打开“渐变编辑器”对话框，设置红色到黑色的渐变，如图 7-46 所示。

STEP 03 单击“确定”按钮，即可设置渐变映射效果。打开“通道”面板，拖动“红”通道至面板底部“创建新通道”按钮上，复制通道，如图 7-47 所示。

图 7-45　打开文件

图 7-46　“渐变映射”参数

图 7-47　复制通道

STEP 04 按 Ctrl+L 组合键，打开“色阶”对话框，设置相关参数，如图 7-48 所示。

STEP 05 按 Ctrl+I 组合键，进行反相。选择工具箱中的“画笔”工具，将前景色设为白色，将人物的头发及面部涂抹白色，如图 7-49 所示。

STEP 06 选择“将通道作为选区载入”按钮，载入人物选区，如图 7-50 所示。

图 7-48　“色阶”参数

图 7-49　画笔涂抹

图 7-50　载入选区

STEP 07 单击 RGB 通道，退出通道模式。选择“背景”图层，按 Ctrl+J 组合键，复制图层，隐藏“背景”图层与“渐变映射”调整图层，如图 7-51 所示。

STEP 08 按 Ctrl+O 组合键，打开“灯火辉煌”文件。选择“移动”工具将人物拖拽到该文档中，按 Ctrl+T 组合键调整大小和位置并添加文字，如图 7-52 所示。

图 7-51　复制图层

图 7-52　最终效果

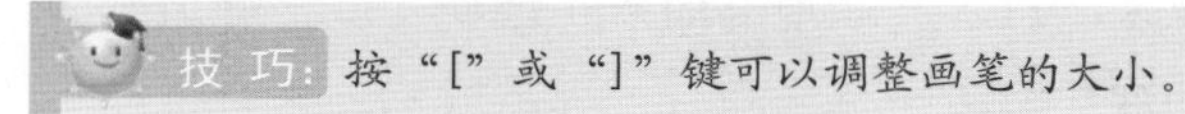

技 巧：按“[”或“]”键可以调整画笔的大小。

075 利用通道抠取透明图像

抠图既要讲究精确、细致，也应兼顾效率。本实例抠取的是水晶球，其特点是边缘清晰、内部透明，对于球体轮廓，用椭圆选框工具选取，内部的内容就交给通道来处理。

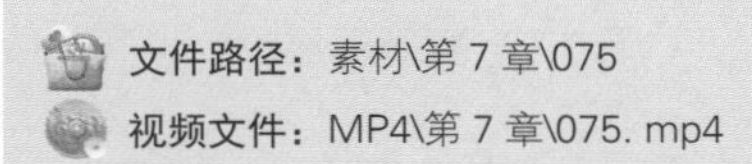

STEP 01 启动 Photoshop CC 程序后，执行“文件”|“打开”命令，弹出“打开”对话框，选择本书配套光盘中“第 7 章\075\075.jpg”文件，单击“打开”按钮，如图 7-53 所示。

STEP 02 选择“椭圆选框”工具，绘制椭圆。单击鼠标右键，在弹出的快捷菜单中选择“存储选区”选项，将选取存储，如图 7-54 所示。

STEP 03 按 Ctrl+D 组合键，取消选区。选择“磁性套索”工具，选择水晶球的底座，单击鼠标右键，在弹出的快捷菜单中选择“存储选区”命令。切换到通道面板，可以看到存储的选区，如图 7-55 所示。

图 7-53　打开文件

图 7-54　存储选区

图 7-55　存储选区

STEP 04 按 Ctrl+D 组合键，取消选区。选择“蓝”通道拖至“创建新通道”按钮，复制得到“蓝副本”通道，如图 7-56 所示。

STEP 05 选择工具箱中“减淡”工具，在工具选项栏中设置“范围”为“中间调”，“曝光度”为 50%，在水晶球的轮廓处涂抹，如图 7-57 所示。

STEP 06 选择工具箱中“减淡”工具，在工具选项栏中设置“范围”为高光，在城市身体上涂抹。选择“画笔”工具，将前景色设为白色，将城市的身体涂白，如图 7-58 所示。

图 7-56 复制图层

图 7-57 涂抹水晶球

图 7-58 涂抹水晶

技 巧：用选框工具绘图时，可按空格键移动选区。

STEP 07 选择工具箱中的“加深”工具，在工具选项栏中设置“范围”为“阴影”，“曝光度”为 50%，在雪花上涂抹，让背景色调变深，如图 7-59 所示。

STEP 08 按 Ctrl 键的同时单击“蓝副本”通道缩览图，载入该通道中的选区，如图 7-60 所示。

STEP 09 按 Shift+Ctrl+Alt 组合键单击 Alpha 1 通道，让“蓝副本”通道与该通道进行交叉运算，如图 7-61 所示。

图 7-59 加深水晶

图 7-60 载入选区

图 7-61 交叉运算

STEP 10 按 Shift+Ctrl 组合键单击 Alpha 2 通道，加入底座选区，如图 7-62 所示。

STEP 11 单击鼠标右键，在弹出的快捷菜单中选择“存储选区”选项，切换到通道面板，可以看到存储的选区。按 Ctrl+2 组合键，返回到 RGB 复合通道显示彩色图像，如图 7-63 所示。

STEP 12 按 Alt 键的同时单击“背景”图层，使“背景”图层变成普通图层。选择“图层”面板下的“添加图层蒙版”按钮，添加蒙版，如图 7-64 所示。

图 7-62 相加运算

图 7-63 新通道

图 7-64 添加蒙版

STEP 13 按 Ctrl+O 组合键，打开“雪人”文件。选择“移动”工具将人物拖拽到该文档中，按 Ctrl+T 组合键调整大小和位置，如图 7-65 所示。

STEP 14 调整图像的色彩，并制作水晶球的阴影。最终效果如图 7-66 所示。

图 7-65 拖拽文件

图 7-66 最终效果

技 巧：按 Ctrl 键可以载入新选区；按 Ctrl+Shift 组合键可以添加到现有选区；按 Ctrl+Alt 组合键可以从当前选区减去载入的选区；按 Ctrl+Shift+Alt 组合键可以进行当前选区的交叉操作。

076 “应用图像”命令抠图

使用“应用图像”命令可以实现图形本身与某个通道的混合，也可以指定一个通道与自身或其他通道的混合。通过不同方式的混合，可以使通道中的灰度图对比加强或是减弱，甚至得到特殊的效果。对于抠图而言，使用“应用图像”命令的目的就是加强通道中的黑白对比。

文件路径：素材\第 7 章\076

视频文件：MP4\第 7 章\076. mp4

STEP 01 启动 Photoshop CC 程序后，执行“文件”|“打开”命令，弹出“打开”对话框，选择本书配套光盘中“第 7 章\076\076.jpg”文件，单击“打开”按钮，如图 7-67 所示。

STEP 02 打开“通道”面板，拖动“蓝”通道至面板底部的“创建新通道”按钮上，复制“蓝”通道，如图 7-68 所示。

STEP 03 执行“图像”|“应用图像”命令，在弹出的对话框中设置相关参数，如图 7-69 所示。

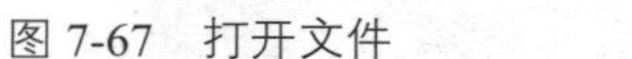

图 7-67　打开文件

图 7-68　复制通道

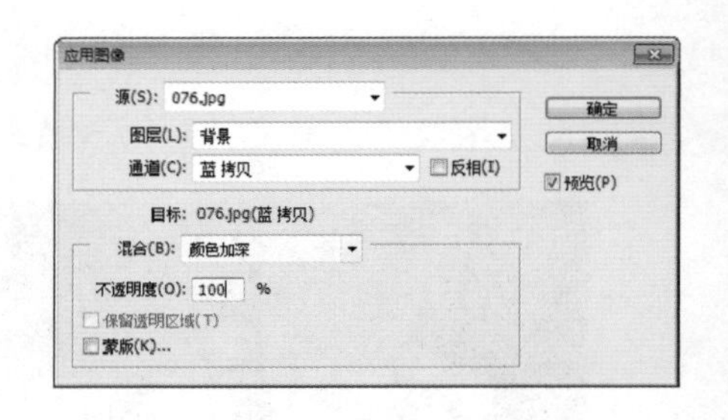

图 7-69　“应用图像”参数

STEP 04 单击“确定”按钮关闭对话框。执行“图像”|“调整”|“色阶”命令(或按 Ctrl+L 组合键)，在弹出的对话框中选择“在图像中取样以设置白场”按钮，在图像合适位置中单击鼠标，设置白场，如图 7-70 所示。

STEP 05 按 Ctrl 键同时，单击“蓝副本”通道，载入选区。按 Ctrl+Shift+I 组合键，进行反选，单击 RGB 通道，退出通道模式。按 Ctrl+J 组合键复制图层，并隐藏“背景”图层，查看抠图效果，如图 7-71 所示。

STEP 06 隐藏“图层 1”，并显示“背景”图层。选择工具箱中的“魔棒”工具，选择工具选项栏中的“添加至选区”按钮，在背景上单击鼠标，选中背景， 如图 7-72 所示。

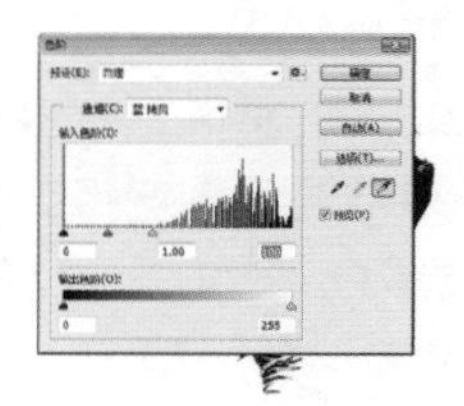

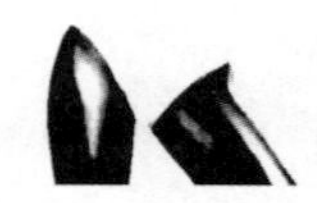

图 7-70　“色阶”参数

图 7-71　复制图层

图 7-72　选中背景

STEP 07 按 Ctrl+Shift+I 组合键，进行反选。按 Ctrl+J 组合键复制图层，如图 7-73 所示。

STEP 08 按 Ctrl+O 组合键，打开“夏日海边”文件。选择“移动”工具将抠取出来的人物图层拖拽到该文档中，按 Ctrl+T 组合键调整大小和位置，如图 7-74 所示。

图 7-73　复制图层

图 7-74　最终效果

技 巧："应用图像"命令可以对指定的通道使用混合模式，并产生新通道，所以使用该命令前要复制图像或通道。

077 "计算"命令抠图

应用"计算"命令，将两个尺寸相同的不同图像或同一图像中两个不同的通道进行混合，并将混合后所得的结果应用到新图像或新通道以及当前选区中。

STEP 01 启动 Photoshop CC 程序后，执行"文件"|"打开"命令，弹出"打开"对话框，选择本书配套光盘中"第 7 章\077\077.jpg"文件，单击"打开"按钮，如图 7-75 所示。

STEP 02 单击"通道"面板中的"蓝"通道，在窗口中显示该通道中的灰度图像。选择工具箱中的"钢笔"工具，绘制天鹅的路径，按 Ctrl+Enter 组合键，将路径转换为选区，如图 7-76 所示。

STEP 03 执行"图像"|"计算"命令，打开"计算"对话框，设置相关参数，如图 7-77 所示。

图 7-75 打开文件

图 7-76 创建选区

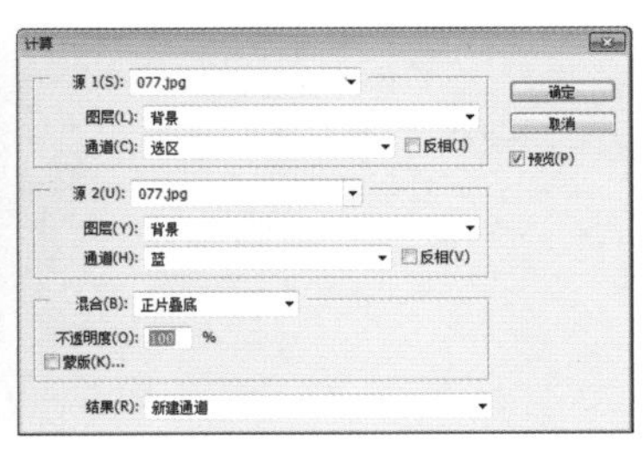

图 7-77 "计算"参数

STEP 04 单击"确定"按钮，关闭对话框。按 Ctrl+D 组合键，取消选区，生成一个新通道，如图 7-78 所示。

STEP 05 按住 Ctrl 键单击新通道，载入选区，如图 7-79 所示。

STEP 06 双击“背景”图层，将它转换为普通图层。选择图层面板下的“添加图层蒙版”按钮，用蒙版遮盖背景图像，如图 7-80 所示。

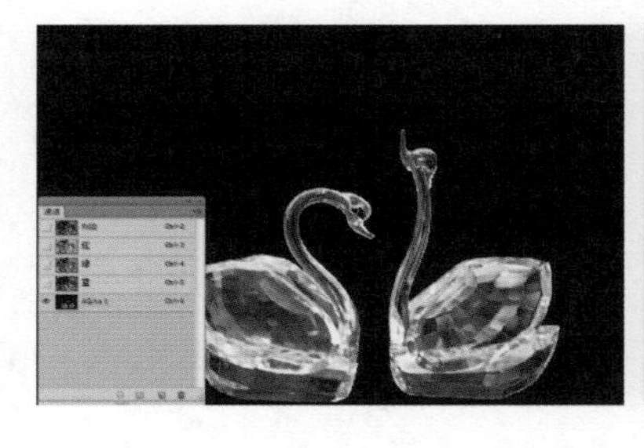

图 7-78　创建新通道

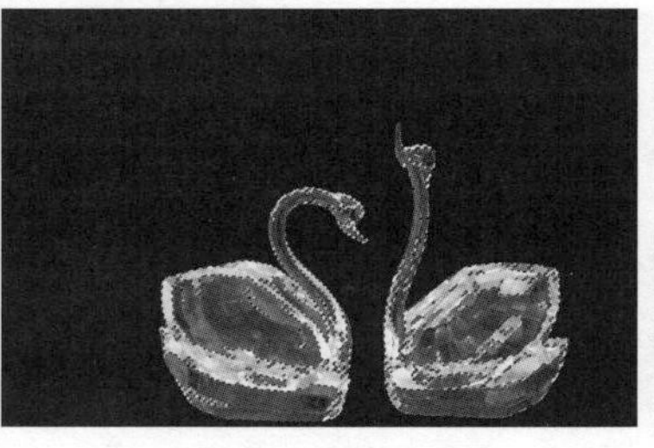

图 7-79　载入选区

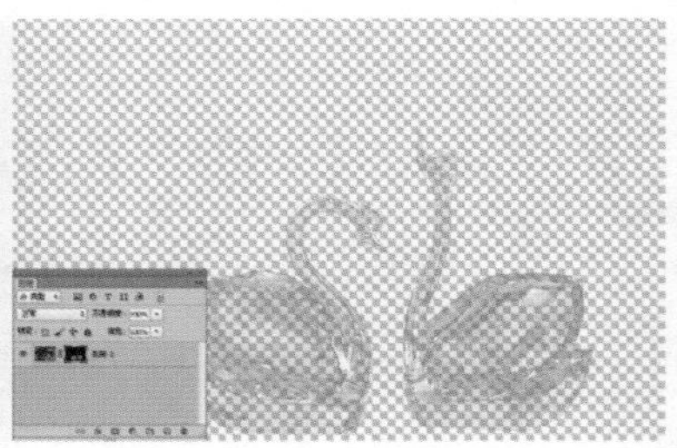

图 7-80　添加蒙版

STEP 07 按 Ctrl+O 组合键，打开“企鹅”文件。选择“移动”工具将抠取出来的天鹅图层拖拽到该文档中，按 Ctrl+T 组合键调整大小和位置，如图 7-81 所示。

STEP 08 创建“曲线”调整图层，按 Ctrl+Alt+G 组合键创建剪贴蒙版，加深天鹅的密度，如图 7-82 所示。

STEP 09 按 Ctrl+Shift+N 组合键，新建图层。设置前景色为蓝色（# 0f86ff），按 Alt+Delete 组合键，填充蓝色，更改其图层混合模式为“颜色”，如图 7-83 所示。

图 7-81　拖拽文件

图 7-82　“曲线”参数

图 7-83　最终效果

技巧：使用通道抠图时，不管使用什么样的命令和工具（如色阶、曲线、应用图像、计算等），目的只有一个，就是加强黑白对比，将要抠取部分处理为白色，其他部分为黑色。

7.2 通道的高级应用

图层、通道和蒙版是 Photoshop 的三大核心功能。这其中 ，通道是最难理解的，但很多高级图像处理技巧、调色方法以及抠图技术，都要借助通道才能实现。本小节，主要通过实例将通道、蒙版及图层结合起来，快速的了解通道的原理及各种运用通道抠图的方法。

078 抠透明酒杯

本实例是抠取一个透明的杯子，选取杯子并不困难，但需要一些方法。可以先用钢笔工具选取其轮廓，再在通道中制作透明的区域，这样就最大可能地保留到杯子的细节。

文件路径：素材\第 7 章\078

视频文件：MP4\第 7 章\078. mp4

STEP 01 启动 Photoshop CC 程序后，执行“文件”|“打开”命令，弹出“打开”对话框，选择本书配套光盘中“第 7 章\078\078.jpg”文件，单击“打开”按钮，如图 7-84 所示。

STEP 02 选择工具箱中的“钢笔”工具，绘制出杯子的路径，如图 7-85 所示。

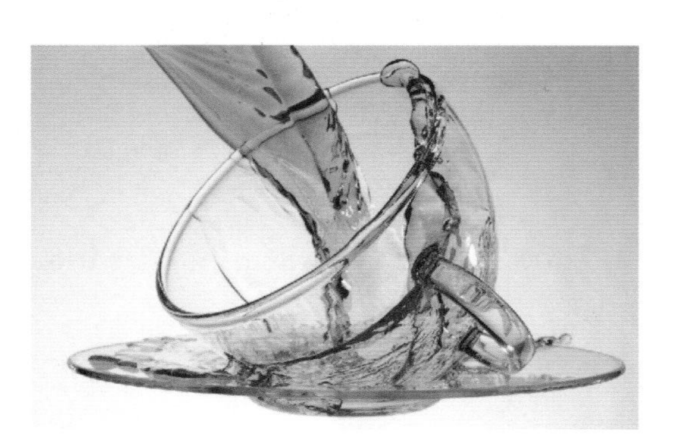

图 7-84 打开文件

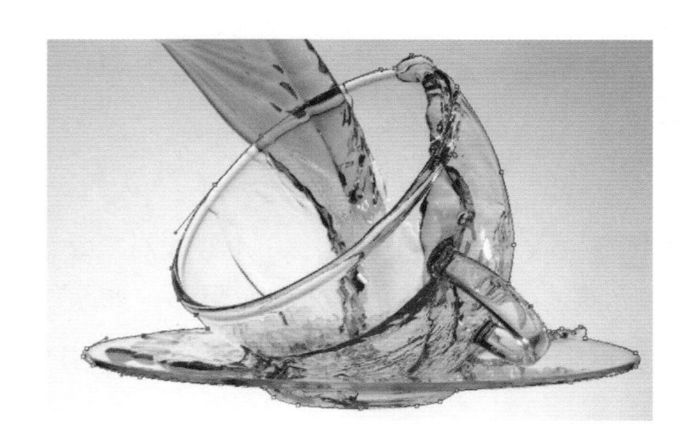

图 7-85 绘制路径

STEP 03 单击“通道”面板，将“蓝”通道拖至通道底部“创建新通道”按钮上，复制通道。执行“图层”|“应用图像”命令，增加图像的对比度，如图 7-86 所示。

STEP 04 按 Ctrl+M 组合键，打开“曲线”对话框。分别选择白场吸管工具和黑场吸管工具，在背景色和杯子上单击，得到想要的区域，如图 7-87 所示。

技巧：“应用图像”命令简单概括起来就是：我们选择一个通道，然后通过该命令，让另一个通道与它混合，这个通道也可以是其他文档的通道。

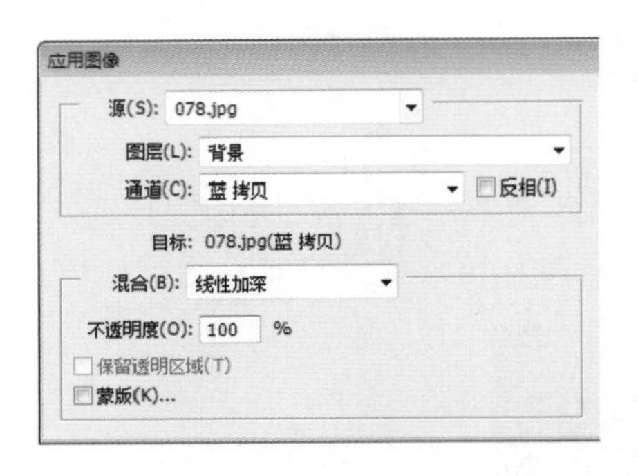

图 7-86 “应用图像”参数

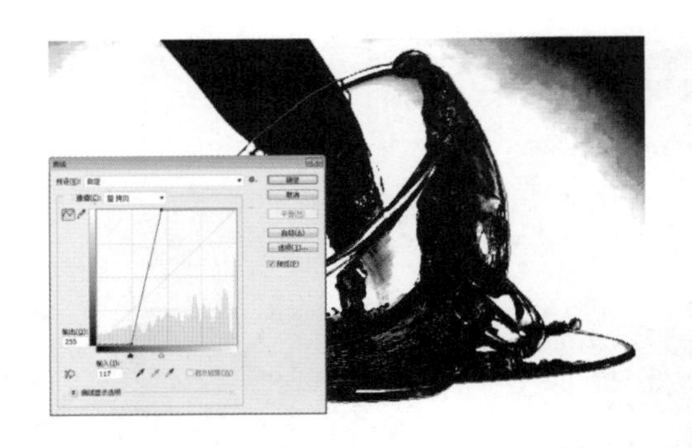

图 7-87 设置白场和黑场

STEP 05 按 Ctrl+Enter 组合键，将之前的路径转换为选区，按 Ctrl+Shift+I 组合键进行反选。选择工具箱中的“画笔”工具，将背景上多余的黑色涂抹成白色，按 Ctrl+D 取消选区，如图 7-88 所示。

STEP 06 按 Ctrl 键同时单击“蓝副本”图层，载入选区。按 Ctrl+2 组合键返回到 RGB 模式。按 Ctrl+J 组合键复制图层，如图 7-89 所示。

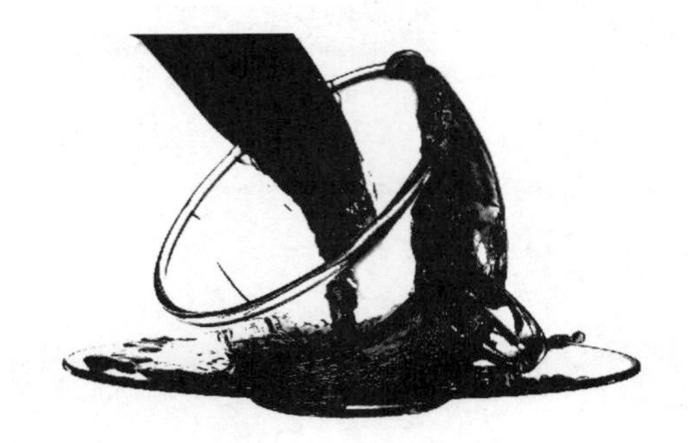

图 7-88 画笔涂抹

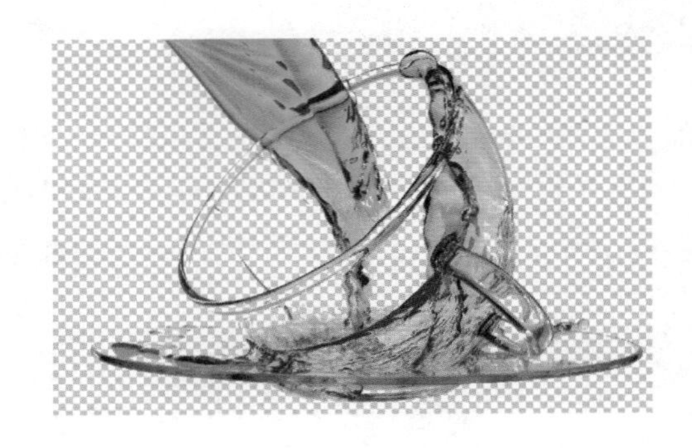

图 7-89 复制图层

STEP 07 按 Ctrl+O 组合键，打开“湖面”文件。选择“移动”工具将抠取出来的杯子图层拖拽到该文档中，调整大小并制作阴影，如图 7-90 所示。

STEP 08 最后给图像添加人物及泳圈素材，并制作阴影，如图 7-91 所示。

图 7-90 拖拽文件

图 7-91 最终效果

079. 通道混合器——抠复杂树枝

本实例制作的是给树枝换背景，为画面营造一种神秘的氛围。但是观察图像发现，树枝的枝干非常的复杂，颜色也没有太大的变化，用之前学过的方法都不好抠取。下面讲解一种选择类似图像的方法，通过“色相”、“通道混合器”等调整图层来增强对象与背景之间的差异，从而将图像选取。

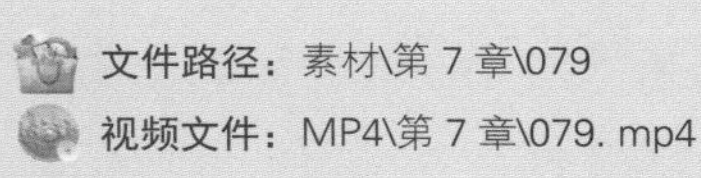

STEP 01 启动 Photoshop CC 程序后，执行“文件”|“打开”命令，弹出“打开”对话框，选择本书配套光盘中“第 7 章\079\079.jpg”文件，单击“打开”按钮，如图 7-92 所示。

STEP 02 单击“调整”面板中的“反相”按钮，将图像反相，如图 7-93 所示。

图 7-92　打开文件

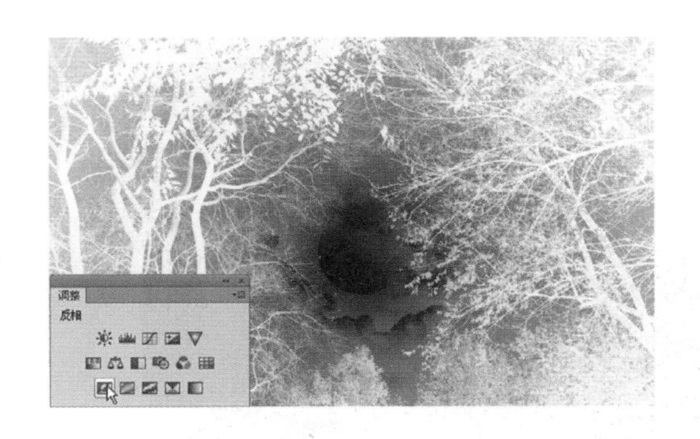

图 7-93　“反相”参数

STEP 03 选择图层面板下的“创建新的填充或调整图层”按钮，创建“通道混合器”调整图层，勾选“单色”选项，得到黑白图层，如图 7-94 所示。

STEP 04 创建“色阶”调整图层，将阴影和高光滑块向中间移动，增强对比度，将图像中的深色变为黑色、浅色变白色，如图 7-95 所示。

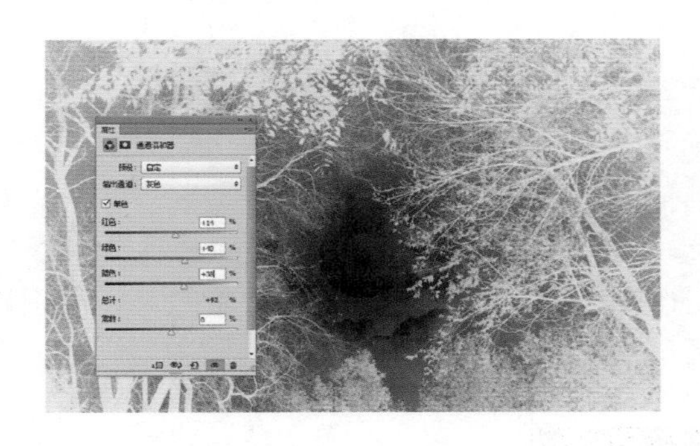

图 7-94　“通道混合器”参数

图 7-95　“色阶”参数

STEP 05 按 Ctrl 键的同时单击 RGB 通道载入选区，将树枝选取，如图 7-96 所示。

STEP 06 双击“背景”图层，将它转换为普通图层。选择“添加图层蒙版”按钮，将背景隐藏。如图 7-97 所示。

STEP 07 按 Ctrl+O 组合键，打开“城堡”文件。选择“移动”工具将城堡文件拖拽到抠选出的树枝图层中，按 Ctrl+[组合键，移动到最底层，如图 7-98 所示。

图 7-96　载入选区

图 7-97　添加蒙版

图 7-98　拖拽文件

STEP 08 在树枝图层上创建“色彩平衡”调整图层。按 Ctrl+Alt+G 组合键创建剪贴蒙版，使色彩只影响到树枝图层，如图 7-99 所示。

STEP 09 创建“曲线”调整图层(第 1 个节点参数为输入 74、输出 70)，增加整体图层的对比度，如图 7-100 所示。

图 7-99　“色彩平衡”参数

图 7-100　最终效果

技 巧：通道混合器可以通过调整图层来应用。调整图层的优点是不会破坏图像信息，可以随时删除。

080. 用通道综合工具抠取人物发丝

纤细的发丝是最难抠取对象之一，本实例就来解决这样的难题。在素材中，人物的发丝清晰但环境色对头发有所影响，这种情况下可以先创建选区，然后将头发抠取出来，通过“计算”命令，将不同的通道相加来抠取人物纤细的发丝。

文件路径：素材\第 7 章\080

视频文件：MP4\第 7 章\080. mp4

STEP 01 启动 Photoshop CC 程序后，执行“文件” | “打开”命令，弹出“打开”对话框，选择本书配套光盘中“第 7 章\080\080.jpg”文件，单击“打开”按钮。选择“快速选择”工具，选中人物身体及红色丝带，如图 7-101 所示。

STEP 02 单击鼠标右键，在弹出的快捷菜单中选择“存储选区”命令。切换到通道面板，可以看到存储的选区。将“蓝”通道拖至通道底部的“创建新通道”按钮上，复制通道，如图 7-102 所示。

STEP 03 按 Ctrl+I 组合键将通道反相。按 Ctrl+M 组合键，打开“曲线”对话框，分别选择白场吸管工具和黑场吸管工具，分别吸取头发与背景色，如图 7-103 所示。

图 7-101 创建选区

图 7-102 复制图层

图 7-103 设置白场和黑场

STEP 04 选择“画笔”工具，将笔尖的硬度设为 80%，前景色设为白色，在人物面部涂抹，如图 7-104 所示。

STEP 05 按 X 键将前景色切换成黑色，按 0 键将画笔的“不透明度”设置为 100%，将剩余的背景涂黑，如图 7-105 所示。

STEP 06 选择“图像”|“计算”命令，让保存人物身体和头部选区的两个通道进行相加运算，得到一个新的通道，如图 7-106 所示。

图 7-104　涂抹人物

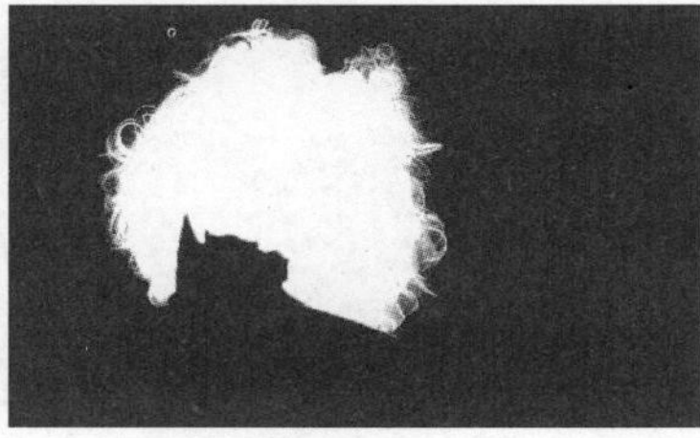

图 7-105　涂抹人物

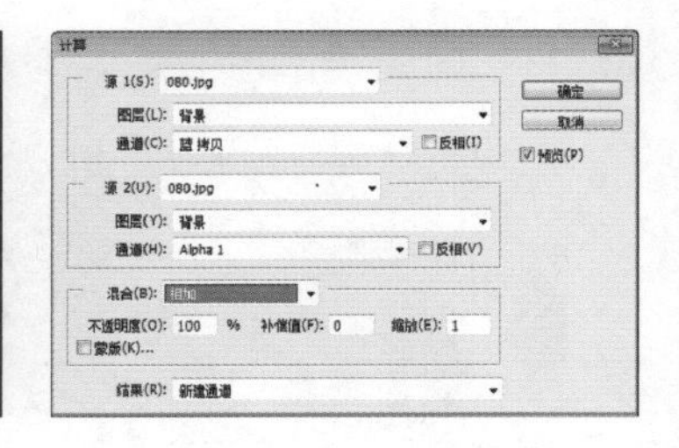

图 7-106　“计算”参数

STEP 07 单击“通道”面板下的“将通道作为选区载入”按钮，载入制作好的选区，如图 7-107 所示。

STEP 08 按 Alt 键双击“背景”图层，转换成普通图层。选择“图层”面板下的“添加图层蒙版”按钮，将背景隐藏，如图 7-108 所示。

STEP 09 按 Ctrl+O 组合键，打开“背景”文件。选择“移动”工具，将抠取出来的人物拖至到背景文档中，如图 7-109 所示。

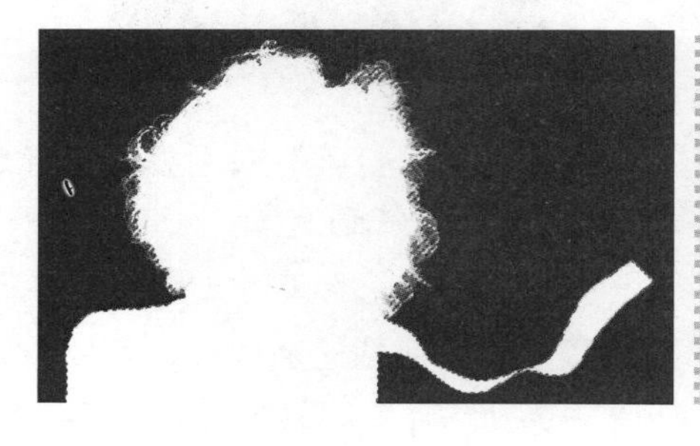

图 7-107　新通道

图 7-108　添加蒙版

图 7-109　最终效果

技 巧：“计算”命令可以将一个通道与目标通道混合，根据需要，将混合结果创建为一个新的文档、通道或者选区，而不会破坏原有的任何通道。

- ▶“滤色”模式抠图
- ▶“颜色加深”模式抠图
- ▶“正片叠底”模式抠图
- ▶抠取透明灯泡
- ▶抠取透明婚纱
- ▶抠取透明液态水
- ▶抠取人物

第8章 魔幻技法——图层抠图

抠图的最终目的是为了合成图像。而合成图像的过程中，有时需要精细抠图，有时需要粗略抠图；有时需要真正地把图像抠出才能进行合成，有时不抠图也能合成。本章主要介绍图层抠图，旨在向大家传授一种抠图理念——有时抠图并不一定非要真正抠出，而是要学会“偷懒”，这也是提高工作效率的重要方法，通过本章的学习，读者可以建立“巧”抠图的思想，掌握一些灵活的抠图方法，使抠图变得更容易、更有技术含量。

8.1 常用图层混合模式抠图

图层的混合模式是 Photoshop CC 中最为精妙的功能之一，常用于改变图像颜色、进行图像合成等，可以实现一些特殊的艺术效果，但是其原理也比较复杂。不过，设计师完全不必去追究其变化原理，通常在使用混合模式时可逐一实验，哪个效果好就使用哪个，当然，掌握其变化规律会更有利于设计工作。

081 “滤色”模式抠图

“滤色”模式通常会显示一种图像被漂白的效果。在“滤色”模式下，使用白色绘画会使图像变为白色，使用黑色则不会发生任何变化。根据“滤色”的特点，注意需要保留的颜色最好为白色，或者亮度较高的颜色；而要清除的颜色最好是纯黑色或深色。

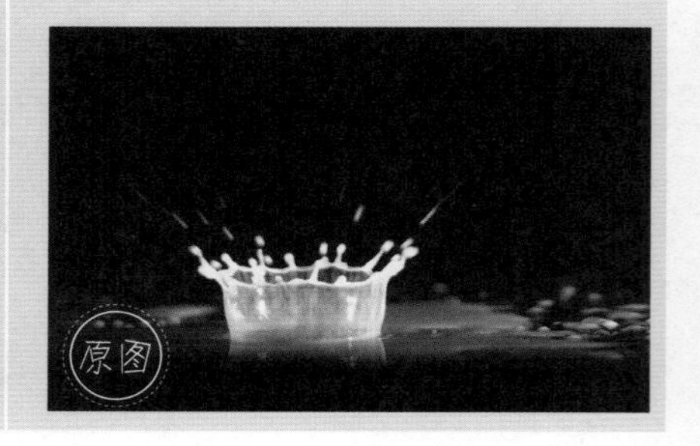

STEP 01 启动 Photoshop CC 程序后执行“文件”|“打开”命令，弹出“打开”对话框，选择本书配套光盘中“第 8 章\081\081.jpg”文件，单击“打开”按钮，如图 8-1 所示。

STEP 02 按 Ctrl+Shift+N 组合键，新建图层。双击“水”图层将背景图层转换为普通图层，按 Ctrl+[组合键向下移动一层，如图 8-2 所示。

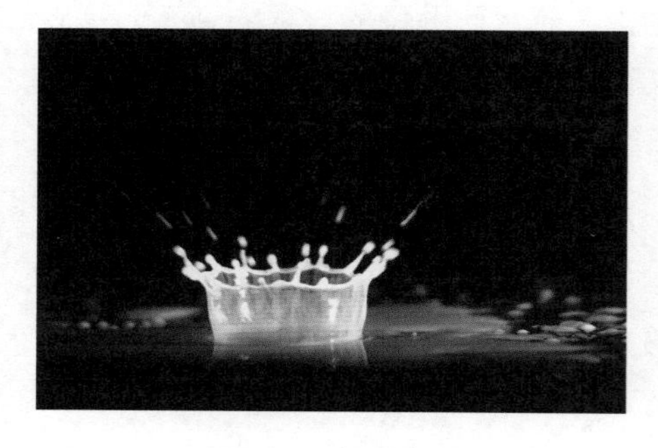

图 8-1　打开文件

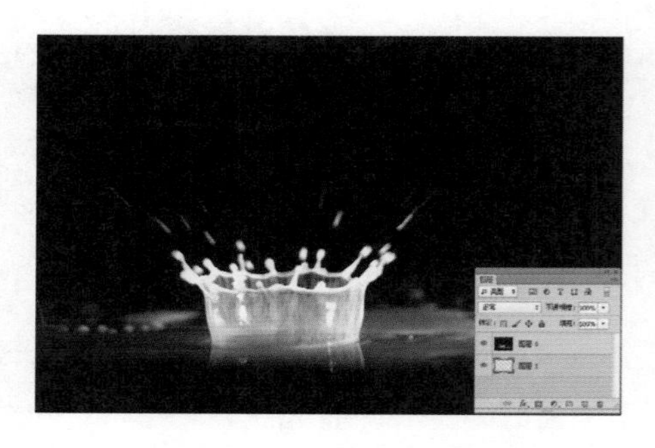

图 8-2　新建图层

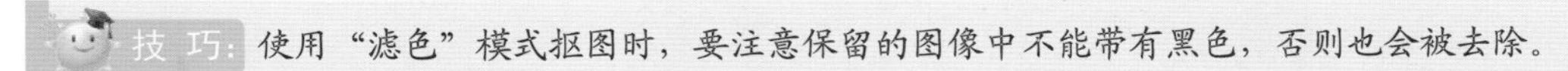

技 巧：使用“滤色”模式抠图时，要注意保留的图像中不能带有黑色，否则也会被去除。

STEP 03 单击“图层 0”前面的眼睛图标，隐藏图层。设置前景色为（#0d2f61），背景色为（#1e92e0）。选择工具箱中的“渐变”工具，在工具选项栏中的“渐变编辑器”中选择“前景色到背景色的渐变”，设置渐变类型为“线性渐变”，在图像中从上往下拖动鼠标填充渐变，如图 8-3 所示。

STEP 04 在“图层”面板中显示“图层 0”，并更改其混合模式为“滤色”模式，如图 8-4 所示。

STEP 05 按 Ctrl+O 组合键，打开“鱼”素材，给水的图层添加素材，让鱼有从水中跳跃出来的感觉，如图 8-5 所示。

图 8-3 渐变效果

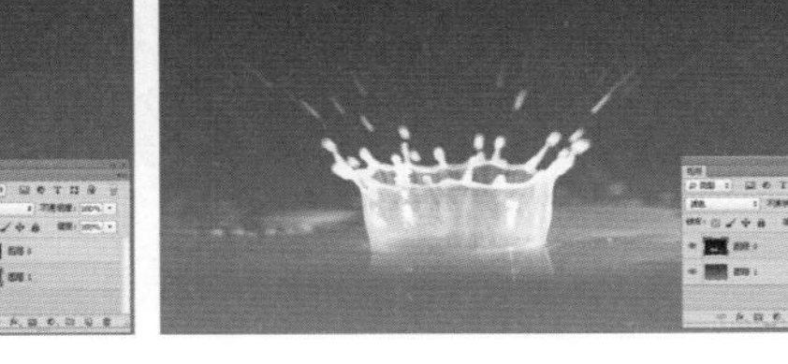

图 8-4 更改图层样式

图 8-5 最终效果

技 巧：当对某个图层（背景图层除外）设置混合模式以后，可以使用键盘中的方向键“↑”和“↓”进行快速切换，从而查看其他混合模式的效果。

082 “正片叠底”模式抠图

“正片叠底”模式可以将当前图像颜色与下层图像颜色相乘再除以 255，得到最终像素的颜色值。任何颜色与黑色混合将产生黑色，当前层中的白色消失，显示下层图像。利用“正片叠底”对白色的叠加功能可以快速将白色背景图像叠加抠出。

文件路径：素材\第 8 章\082

视频文件：MP4\第 8 章\082. mp4

STEP 01 启动 Photoshop CC 程序后执行“文件”|“打开”命令，弹出“打开”对话框，选择本书配套光盘中“第 8 章\082\082.jpg”文件，单击“打开”按钮，如图 8-6 所示。

STEP 02 选择工具箱中的“移动”工具，将花篮移动到纸张文件中，按 Ctrl+T 组合键调整大小和位置，如图 8-7 所示。

STEP 03 更改其图层的混合模式为“正片叠底”，在文档窗口中可以看到白色背景消失了，只显示了花篮，如图 8-8 所示。

图 8-6　打开文件

图 8-7 移动文件

图 8-8　最终效果

技 巧：在利用“正片叠底”模式抠图时，注意要保留的图像不能有白色，而且背景为纯白色。另外还要注意下面图层的颜色。

083 “颜色加深”模式抠图

“颜色加深”模式可以降低上方图像中除黑色外的其他区域的对比度，使合成图像整体对比度下降，产生下方图层透过上方图层的投影效果。

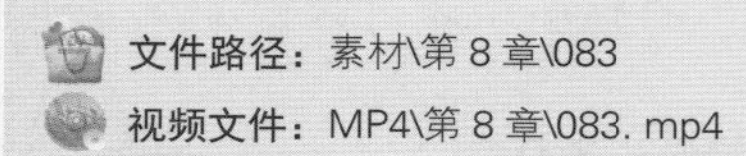

STEP 01 启动 Photoshop CC 程序后执行“文件”|“打开”命令，弹出“打开”对话框，选择本书配套光盘中“第 8 章\083\083.jpg”文件，单击“打开”按钮，如图 8-9 所示。

STEP 02 选择工具箱中的“移动”工具，将花移动到纸张文件中，按 Ctrl+T 组合键调整大小和位置，如图 8-10 所示。

图 8-9　打开文件

图 8-10　拖拽文件

STEP 03 更改其图层的混合模式为“颜色加深”，如图 8-11 所示。

STEP 04 同上述操作方法，对蝴蝶进行抠图，最终效果如图 8-12 所示。

图 8-11　更改图层混合模式

图 8-12　最终效果

技巧：混合模式是 Photoshop CC 的核心功能之一，决定了像素的混合方式。它可用于合成图像、制作选区和特殊效果，但不会对图像造成任何实质性的破坏。

8.2 图层混合模式的高级应用

抠图通常不是一个命令或工具就可以完成的，需要多个命令的辅助。在介绍并了解了图层混合模式的特点和抠图技巧后，读者可以将图层混合模式与其他各抠图工具综合使用，以得到需要的抠图效果。

084。抠取透明液态水

如果直接用前面讲到的方法抠取液态水，会发现效果不是很理想，而通过综合运用去色、反相以及滤色图层混合模式，可以抠出液态水的效果。

文件路径：素材\第 8 章\084

视频文件：MP4\第 8 章\084. mp4

STEP 01 启动 Photoshop CC 程序后执行“文件” | “打开”命令，弹出“打开”对话框，选择本书配套光盘中“第 8 章\084\084.jpg”文件，单击“打开”按钮，如图 8-13 所示。

STEP 02 选择工具箱中的“移动”工具，将液态苹果移动到菊花文件中，按 Ctrl+T 组合键调整大小和位置。执行“图像” | “调整” | “去色”命令，或按 Ctrl+Shift+U 组合键去色，如图 8-14 所示。

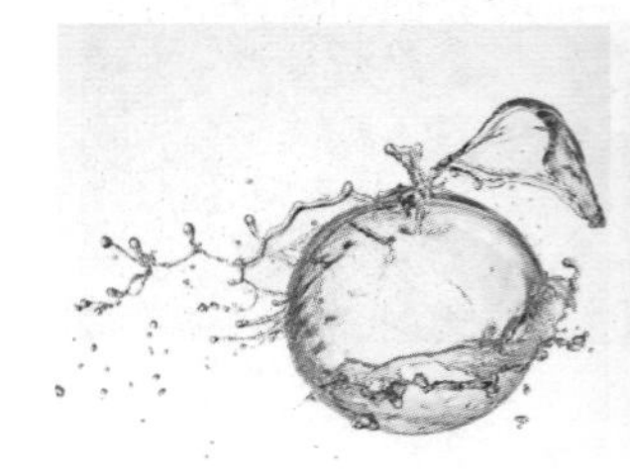

图 8-13　打开文件

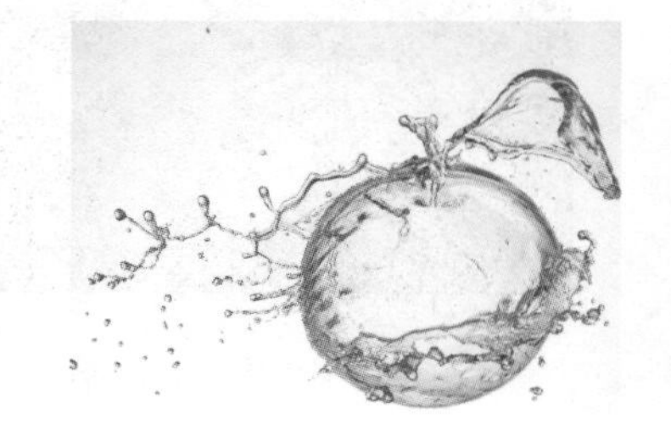

图 8-14 拖拽文件

STEP 03 执行“图像” | “调整” | “反相”命令，或按 Ctrl+I 组合键进行反相，如图 8-15 所示。

STEP 04 更改其图层的混合模式为“滤色”，选择“添加图层蒙版”按钮，添加蒙版，选择“画笔”工具，用黑色的画笔将出现的白边擦除，如图 8-16 所示。

STEP 05 按 Ctrl+J 组合键两次，复制液态苹果图层。同上述擦除白边的操作方法，擦除多余的白边，如图 8-17 所示。

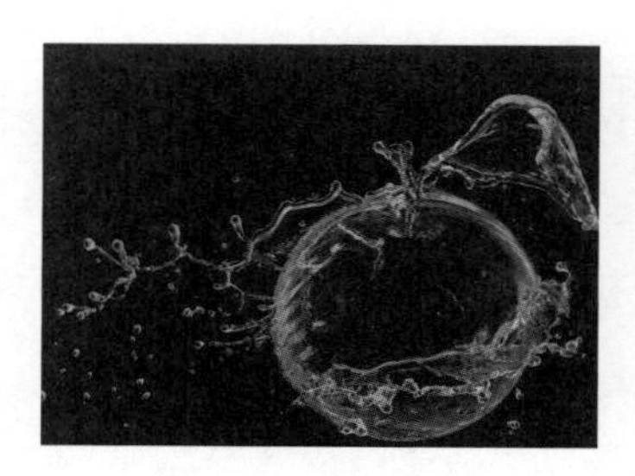

图 8-15　反相

图 8-16　更改图层混合模式

图 8-17　最终效果

技 巧：根据“留白不留黑”的特点，图像在进行滤色混合模式处理后只留下白色的水珠。但是由于水的透明度过大，可以复制图层，设置相应的不透明度，以使图像看起来更真实。

085 抠取透明婚纱

对于透明物体的抠图，应用一般选框工具不能很好地完成。本例通过使用颜色通道和图层的混合模式配合完成透明婚纱的抠图。

STEP 01 启动 Photoshop CC 程序后执行“文件” | “打开”命令，弹出“打开”对话框，选择本书配套光盘中“第 8 章\085\085.jpg”文件，单击“打开”按钮，如图 8-18 所示。

STEP 02 选择工具箱中的“移动”工具，将彩圈素材移动到换上人物文件中，按 Ctrl+T 组合键调整大小和位置，如图 8-19 所示。

STEP 03 选择“背景”图层，拖动“背景”图层至面板底部的“创建新图层”按钮上，复制得到一个“背景副本”图层，按 Ctrl+]组合键将其调整至最顶层，如图 8-20 所示。

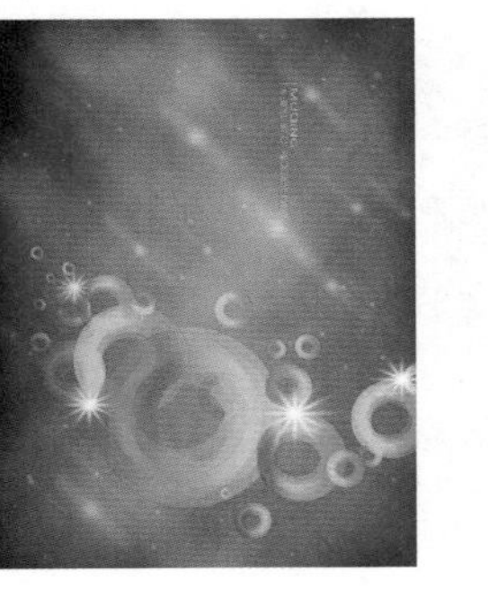

图 8-18　打开照片

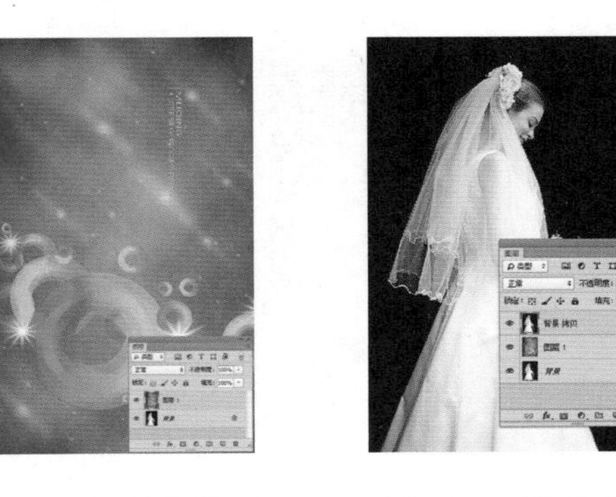

图 8-19　拖拽文件　　图 8-20　复制图层

STEP 04 连续按 Ctrl+Shift+Alt+N 组合键，新建 3 个透明图层。选择“图层 2”，按 Alt+Ctrl+5 组合键，载入蓝通道选区，设置前景色为蓝色（# 0000ff），按 Alt+Delete 组合键填充前景色，如图 8-21 所示。

STEP 05 隐藏“图层 2”图层，选择“图层 3”图层，按 Alt+Ctrl+4 组合键载入绿通道，填充绿色，如图 8-22 所示。

STEP 06 隐藏“图层 3”图层，选择“图层 4”图层，按 Alt+Ctrl+3 组合键载入红通道，填充红色，如图 8-23 所示。

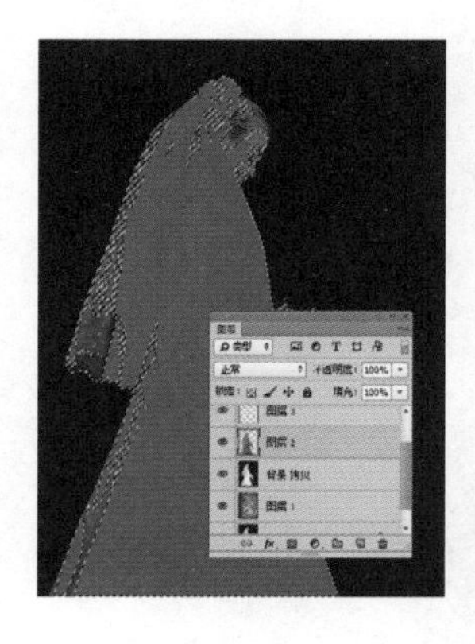

图 8-21 复制蓝通道

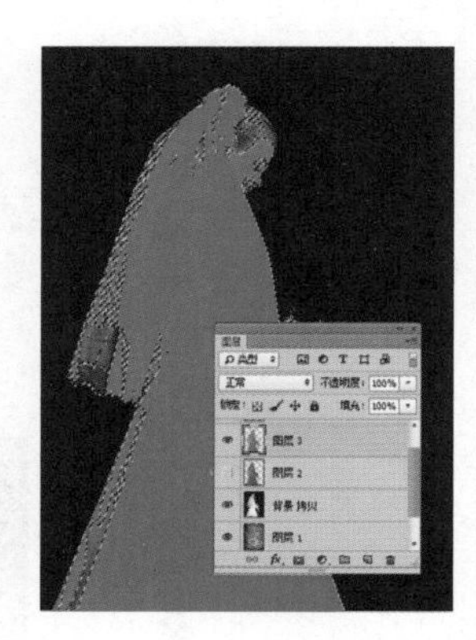

图 8-22 复制绿通道

图 8-23 复制红通道

STEP 07 按 Ctrl+D 组合键取消选区。隐藏“背景副本”图层，显示“图层 2”“图层 3”和“图层 4”，并更改“图层 3”和“图层 4”图层混合模式为“滤色”模式，如图 8-24 所示。

STEP 08 按 Ctrl+E 组合键将“图层 2”“图层 3”和“图层 4”合并图层，如图 8-25 所示。

STEP 09 选择“背景副本”图层，按 Ctrl+]组合键将其调整至最顶层，按 Alt 键的同时单击面板底部的“添加图层蒙版”按钮，添加黑色蒙版。选择“画笔”工具，用白色的画笔将人物的头、手等部位显示出来，如图 8-26 所示。

图 8-24 更改混合模式

图 8-25 合并图层

图 8-26 最终效果

技巧：按 Ctrl+Shift+[组合键，将图层移至最底层；按 Ctrl+Shift+] 组合键，可以将图层置顶；按 Ctrl+[组合键，可以将图层向下移动一层；按 Ctrl+] 组合键，可以将图层向上移动一层。

086. 抠取人物

图层的混合模式还可以结合起来应用。在抠选飘逸的头发时，应用图层的混合模式、图层蒙版等功能可以快速地抠选出来。

文件路径：素材\第 8 章\086

视频文件：MP4\第 8 章\086. mp4

STEP 01 启动 Photoshop CC 程序后执行“文件”|“打开”命令，弹出“打开”对话框，选择本书配套光盘中“第 8 章\086\086.jpg”文件，单击“打开”按钮，如图 8-27 所示。

STEP 02 选择工具箱中的“移动”工具，将人物移动到钻石文件中，按 Ctrl+T 组合键调整大小和位置，如图 8-28 所示。

图 8-27　打开文件

图 8-28　拖拽文件

STEP 03 按 Ctrl+J 组合键复制“图层 1”图层。按 Ctrl+Shift+Alt+N 组合键，新建图层。选择工具箱中的“吸管”工具，在背景图像中单击鼠标左键吸取颜色，如图 8-29 所示。

STEP 04 按 Alt+Delete 组合键，填充前景色，按 Ctrl+I 组合键，反相图像。设置其图层混合模式为“颜色减淡”，如图 8-30 所示。

STEP 05 将“图层 1”和“图层 2”合并，设置图层的混合模式为“正片叠底”。隐藏“图层 1 副本”图层，如图 8-31 所示。

STEP 06 选择图层面板下的“添加图层蒙版”按钮，为“图层 2”添加蒙版。选择“画笔”工具，用黑色的画笔将多余部分擦除，如图 8-32 所示。

图 8-29　吸取颜色

图 8-30　更改混合模式

图 8-31　更改混合模式

STEP 07 选择“图层 1 副本”图层，按 Ctrl+]组合键将其移至顶层。选择“添加图层蒙版”按钮，添加蒙版，选择“画笔”工具，用黑色的画笔将背景擦除，注意人物的边缘，如图 8-33 所示。

图 8-32　添加图层蒙版

图 8-33　添加图层蒙版

STEP 08 按 Ctrl+O 组合键，打开文字素材，给文件添加文字素材如图 8-34 所示。

STEP 09 按 Shift 键将人物图层选中，按 Ctrl+J 组合键复制，按 Ctrl+T 组合键进行垂直翻转，给人物制作倒影，效果如图 8-35 所示。

图 8-34　添加文字

图 8-35　最终效果

技巧：如果两个文档的尺寸和分辨率完全相同，将一个图像拖入到另一文档时，按住Shift键可以使图像的边缘自动对齐到文档边界上。如果它们的尺寸或分辨率不同，则按 Shift 键可以将拖入的文件定位在画面的中心位置。

087 抠取透明灯泡

图层混合模式综合利用，将原本复杂透明的灯泡抠取出来，加以素材成为一幅有创意的图像合成实例。

文件路径：素材\第 8 章\087

视频文件：MP4\第 8 章\087. mp4

STEP 01 启动 Photoshop CC 程序后执行“文件”|“打开”命令，弹出“打开”对话框，选择本书配套光盘中“第 8 章\087\087.jpg”文件，单击“打开”按钮，如图 8-36 所示。

STEP 02 选择工具箱中的“移动”工具，将背景移动到灯泡文件中，按 Ctrl+T 组合键调整大小和位置，如图 8-37 所示。

STEP 03 选择灯泡图层，按 Ctrl+J 组合键复制图层，按 Ctrl+]组合键将其调整至顶层，如图 8-38 所示。

图 8-36 打开文件

图 8-37 拖拽文件

图 8-38 移动图层

STEP 04 将复制得到的图层重命名为“阴影”，并连续按 Ctrl+J 组合键 3 次，分别命名。在“路径”面板中单击两次“创建新路径”按钮，创建两个路径图层，选择“钢笔”工具，在“路径 1”中绘制灯泡玻璃轮廓，如图 8-39 所示。

STEP 05 在“路径 2”中绘制灯头范围的轮廓，如图 8-40 所示。

STEP 06 在“路径”面板中选择“路径 1”，在图层面板中选择“阴影”图层，按住 Ctrl 键的同时，单击面板底部的“添加矢量蒙版”按钮，添加矢量蒙版如图 8-41 所示。

图 8-39　绘制路径

图 8-40　绘制路径

图 8-41　添加矢量蒙版

STEP 07 按住 Alt 键的同时选择“阴影”图层中的矢量蒙版缩览图，分别将其拖动至“高光”和“对比度”图层中，复制矢量蒙版如图 8-42 所示。

STEP 08 运用同样的操作方法给“金属”图层也添加矢量蒙版，如图 8-43 所示。

STEP 09 将“阴影”图层的混合模式设置为“正片叠底”，将“高光”图层的混合模式设为“滤色”，将“对比度”图层的混合模式设置为“叠加”，如图 8-44 所示。

图 8-42　复制矢量蒙版

图 8-43　添加矢量蒙版

图 8-44 更改混合模式

STEP 10 将“高光”和“对比度”图层隐藏，切换至“路径”面板，选择“路径 1”。

STEP 11 在图层面板中选择“阴影”图层，选择图层面板下的“创建新的填充或调整图层”按钮，创建“曲线”调整图层，设置相关参数，按 Ctrl+Alt+G 组合键，如图 8-45 所示，创建剪贴蒙版。

STEP 12 显示“高光”图层。创建“曲线”调整图层，设置相关参数，如图 8-46 所示，按

Ctrl+Alt+G 组合键创建剪贴蒙版。

图 8-45 “曲线”参数

图 8-46 “曲线”参数

STEP 13 显示“对比度”图层，这时就可以看到抠取的灯泡了，如图 8-47 所示。

STEP 14 选中“路径 2”，在“金属”图层上创建“曲线”调整图层，按 Ctrl+Alt+G 组合键，创建剪贴蒙版。将所有的灯泡图层全选中，按 Ctrl+T 组合键调整大小和位置，并添加鱼类的素材，如图 8-48 所示。

图 8-47 显示图层

图 8-48 最终效果

- ▶智能高光显示：抠花朵
- ▶通道应用：抠玫瑰花
- ▶抠透明婚纱
- ▶通过定义保留颜色抠图
- ▶抠透明对象
- ▶强制前景：抠细小树枝
- ▶抠毛绒熊
- ▶通过定义保留区域抠图
- ▶抠动物绒毛

第9章 借助外力——运用插件抠图

Photoshop 提供了开放的接口，允许安装和使用其他软件厂商开发的滤镜插件（即外挂滤镜）。滤镜插件种类繁多，功能各异。例如：KPT 是强大的特效制作插件；Ulead Type.Plugin 是制作特效字的插件；NeatImage 是为照片磨皮和降噪的插件。抠图也有专门的插件，其中，使用的最为广泛的是“抽出”滤镜、Mask Pro、Knockout 等。

9.1 抠图大师：抽出滤镜

“抽出”滤镜曾经是 Photoshop 中唯一一个专门用于抠图的滤镜，但到了 Photoshop CC 中暂时不能够安装第三方插件，取而代之的是“调整边缘”命令，不过还是可以将它作为一个插件安装到 Photoshop CS6 中，就像外挂滤镜一样使用。下面通过实例具体讲解插件在 Photoshop CS6 中的使用方法。

088 智能高光显示：抠花朵

使用“边缘高光器” 描绘对象的边界时，覆盖面越宽需要 Photoshop 分析的图像内容就越多，因而会增加计算时间。如果对象的全部边界或一部分边界比较清晰，并且没有模糊不清或透明的区域，可以开启“智能高光显示”功能让 Photoshop 自动分析图形，使描绘的宽度刚好覆盖住边界。

STEP 01 启动 Photoshop CS6 程序后执行“文件”|“打开”命令，弹出“打开”对话框，选择本书配套光盘中“第 9 章\088\088.jpg”文件，单击“打开”按钮，如图 9-1 所示。

STEP 02 执行“滤镜”|“抽出”命令，在弹出的“抽出”滤镜对话框中，将“高光”颜色改为绿色，区分背景与轮廓线，如图 9-2 所示。

STEP 03 勾选“智能高光显示”选项，选择“边缘高光器”工具，在花朵的边缘涂抹，如图 9-3 所示。

图 9-1 打开文件

图 9-2　“抽出”滤镜对话框

图 9-3　涂抹边缘

STEP 04 描绘模糊边缘时取消“智能高光显示”选项的勾选，再调整大小覆盖住模糊区域，如图 9-4 所示。

STEP 05 选择“填充”工具，在轮廓内部单击，填充蓝色如图 9-5 所示。

图 9-4　取消选项

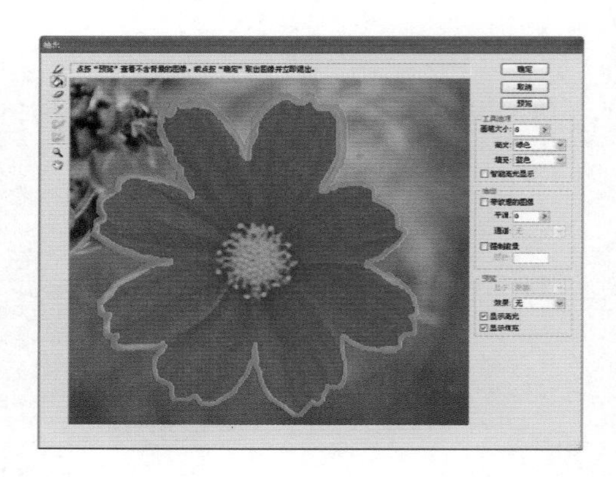

图 9-5　填色

STEP 06 如果绘制的轮廓没有完全封闭，则整个图像都会被蓝色覆盖，出现这种情况就需要找到缺口位置，用“边缘高光器”工具将其封闭，如图 9-6 所示。

STEP 07 处理好缺口后，单击“预览”窗口预览抽出效果，如图 9-7 所示。

图 9-6 填色

图 9-7 预览效果

STEP 08 在“效果”下拉列表中选择“黑色杂边”选项，如图 9-8 所示。

STEP 09 选择“清除”工具，对于缺失的图像，可以按 Alt 键将其恢复过来；有多余的背景，则放开 Alt 键直接涂抹将其擦除，如图 9-9 所示。

图 9-8 黑色杂边效果

图 9-9 恢复图像

技巧：按“[”键可以将画笔的笔尖调小；按“]”键可以将画笔的笔尖调大。

STEP 10 处理完之后按“确定”按钮，Photoshop 会自动删除背景，如图 9-10 所示。

STEP 11 按 Ctrl+O 组合键，打开“茶杯”文件。选择“移动”工具将抽出来的内容拖拽到该文档中，按 Ctrl+T 组合键调整大小和位置，效果如图 9-11 所示。

图 9-10 删除背景

图 9-11 最终效果

089 强制前景：抠细小树枝

用“抽出”滤镜抠复杂而细小的图像时很难准确地描绘出边界，如果对象颜色变化较少，可以启用“强制前景”功能来帮助选择对象。

文件路径：素材\第 9 章\089
视频文件：MP4\第 9 章\089. mp4

STEP 01 启动 Photoshop CS6 程序后执行“文件”|“打开”命令，弹出“打开”对话框，选择本书配套光盘中“第 9 章\089\089.jpg”文件，单击“打开”按钮，如图 9-12 所示。

STEP 02 执行“滤镜”|“抽出”命令，在弹出的“抽出”滤镜对话框中选择“边缘高光器”工具，在需要抽出的对象上涂抹，用绿色将它完全覆盖，如图 9-13 所示。

图 9-12　打开文件

图 9-13　涂抹区域

STEP 03 勾选“强制前景”选项，选择“吸管”工具，在树枝上单击吸取对象的颜色，拾取的颜色会显示在“颜色”选项中，如图 9-14 所示。

STEP 04 单击“预览”按钮，Photoshop 会自动分析被滤色覆盖的图像，然后保留与鼠标单击处相近的背景，从而将图像与背景分离，如图 9-15 所示，

图 9-14 设置“强制前景”色

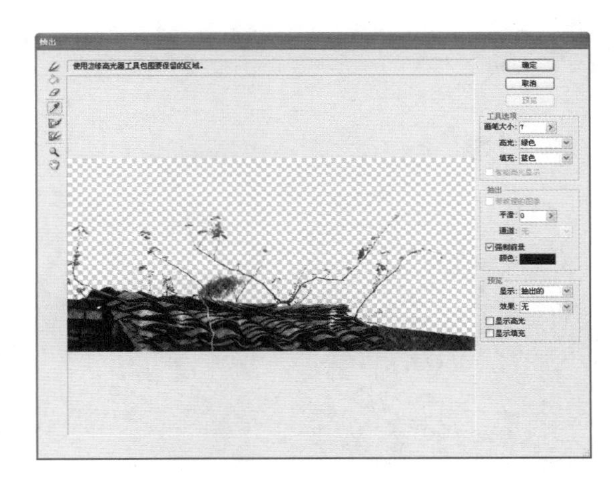

图 9-15 抠出效果

STEP 05 处理完之后按“确定”按钮，Photoshop 会自动删除背景，如图 9-16 所示。

STEP 06 按 Ctrl+O 组合键，打开“黄昏”文件。选择“移动”工具将抽出来的内容拖拽到该文档中，按 Ctrl+T 组合键调整大小和位置，效果如图 9-17 所示。

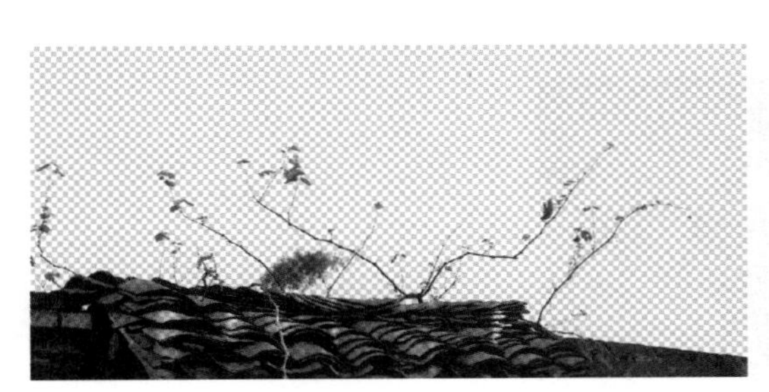

图 9-16 删除背景

图 9-17 最终效果

技 巧：填充之后，被绿色覆盖的区域为保留的区域，绿色以外的区域将在抽出后被删除。如果边界以外的区域也被绿色覆盖，则说明边界没有完全封闭，此时应选择边缘高光器工具将边界的缺口处封闭，再用填充工具重新填色。

090 通道应用：抠玫瑰花

“抽出”滤镜不仅能作为插件使用抠图，还可以与多种工具及命令相结合。本例主要介绍“抽出”滤镜与通道的相结合，先利用通道制作出选区，然后在“抽出”中利用“通道”下的下拉列表中选择所需的通道进行抠图，简单而方便。

文件路径：素材\第 9 章\090

视频文件：MP4\第 9 章\090. mp4

STEP 01 启动 Photoshop CS6 程序后执行“文件”|“打开”命令，弹出“打开”对话框，选择本书配套光盘中“第 9 章\090\090.jpg”文件，单击“打开”按钮。选择工具箱中的“魔棒”工具，在工具选项栏中设置“容差”为 32，按 Shift 键在背景中单击。按 Ctrl+Shift+I 组合键反选，选择花朵如图 9-18 所示。

STEP 02 选择“通道”面板底部的“创建新通道”按钮，创建一个新通道。执行“编辑”|“描边”命令，打开“描边”对话框，设置描边宽度为 5 像素，颜色为白色，如图 9-19 所示。

STEP 03 按 Ctrl+D 组合键取消选区，按 Ctrl+I 组合键将通道反相，制作出花朵的边界，如图 9-20 所示。

图 9-18　创建选区

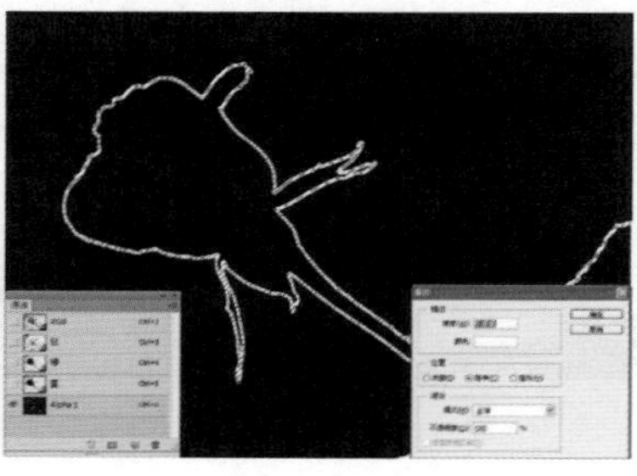

图 9-19 描边效果

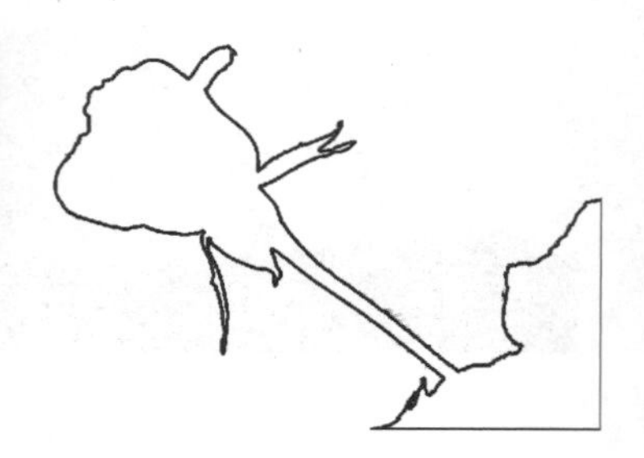

图 9-20　反相

STEP 04 按 Ctrl+2 组合键，返回到彩色图像模式。执行“滤镜”|“抽出”命令，打开“抽出”对话框，在“通道”下拉列表中选择“Alpha1”，Alpha1 通道中的花朵边界被自动设置为轮廓的边界线，如图 9-21 所示。

STEP 05 选择“填充”工具，在轮廓内填色，得到如图 9-22 所示的效果。

技 巧：描边宽度以能够覆盖图像边缘模糊的区域为准，如果模糊的区域较大，则应设置一个大一些的宽度值。

STEP 06 单击“确定”按钮，Photoshop 会自动删除背景如图 9-23 所示。

STEP 07 按 Ctrl+O 组合键，打开“松鼠”文件。选择“移动”工具将抽出来的内容拖拽到该文档中，按 Ctrl+T 组合键调整大小和位置。选择“添加图层蒙版”按钮，用黑色的画笔工具将多余的花擦除，效果如图 9-24 所示。

图 9-21　选择通道

图 9-22　填色

图 9-23　删除背景

图 9-24　最终效果

091 抠毛绒熊

抠取毛茸茸的动物时，用工具及命令都很难将它们细小的绒毛抠的清晰，然而用“抽出”滤镜可以快速的抠取。在“抽出”滤镜里可以用跟蒙版相似的方法来处理图像，非常便捷。

文件路径：素材\第 9 章\091

视频文件：MP4\第 9 章\091. mp4

STEP 01 启动 Photoshop CS6 程序后执行“文件”|“打开”命令，弹出“打开”对话框，选择本书配套光盘中“第 9 章\091\091.jpg”文件，单击“打开”按钮，如图 9-25 所示。

STEP 02 按 Ctrl+J 组合键复制图层。执行“滤镜”|“抽出”命令，打开“抽出”对话框，如图 9-26 所示。

图 9-25　打开文件

图 9-26　“抽出”对话框

STEP 03 选择“边缘高光器”工具，沿着图像轮廓描绘出边界，如图 9-27 所示。清晰的边缘可以用较小的画笔描绘；毛发细节较多或模糊的边界，则用较大的画笔将其覆盖。

STEP 04 选择“填充”工具，在轮廓内填充蓝色，如图 9-28 所示。

图 9-27　绘制边缘

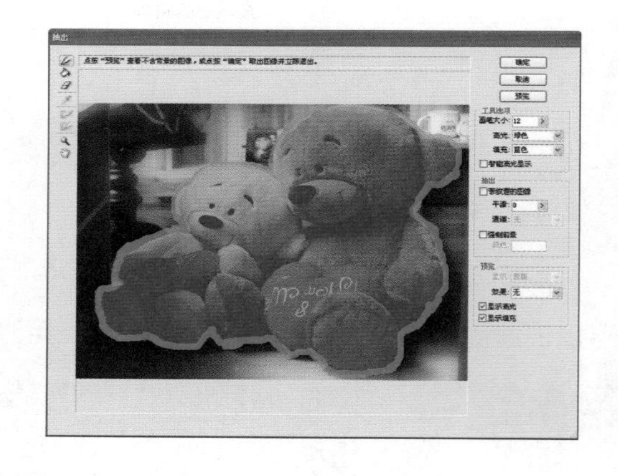

图 9-28　填色

STEP 05 单击“预览”按钮预览抽出结果，在其“效果”选项中选择“蒙版”选项，如图 9-29 所示。

STEP 06 选择“清除”工具，按 Alt 键涂抹相应的区域恢复被清除的图像。如有模糊的边缘，则可以使用“边缘修饰”工具进行加工，使其变得清晰，如图 9-30 所示。

技巧：抽出图像以后，如果发现了问题，例如图像的边缘有需要恢复的区域，可以使用历史记录画笔工具进行涂抹。

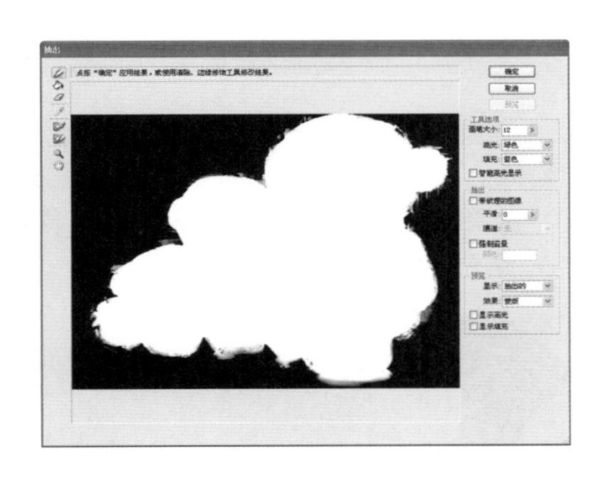

图 9-29 “蒙版”效果

图 9-30 “清除”效果

STEP 07 单击“确定”按钮，抽出图像背景就会自动被删除，如图 9-31 所示。

STEP 08 按 Ctrl+O 组合键，打开“背景”文件。选择“移动”工具将抽出来的熊拖拽到该文档中，按 Ctrl+T 组合键调整大小和位置，如图 9-32 所示。

图 9-31 删除背景

图 9-32 拖拽文件

STEP 09 选择“多边形套索”工具，在沿着小熊的脚下创建选区，按 Shift+F6 组合键羽化 3 像素，如图 9-33 所示。

STEP 10 按 Ctrl+Shift+N 组合键，新建图层。按 Ctrl+[组合键将图层移至到下一图层，填充黑色并更改其不透明度为 80%，效果如图 9-34 所示。

图 9-33 创建选区

图 9-34 最终效果

092 抠透明婚纱

本例主要讲解利用“抽出”滤镜来抠取半透明的婚纱。先用“边缘高光器”工具涂抹要保留的图像，然后勾选“强制前景”选项，再用“吸管”工具吸取图像内部的颜色，单击“预览”Photoshop 会自动分析高光区域，保留与鼠标单击处相近颜色的图像。

STEP 01 启动 Photoshop CS6 程序后执行“文件” | “打开”命令，弹出“打开”对话框，选择本书配套光盘中“第 9 章\092\092.jpg”文件，单击“打开”按钮，如图 9-35 所示。

STEP 02 按 Ctrl+J 组合键两次复制图层。选择“图层 1”，执行“滤镜” | “抽出”命令，打开“抽出”对话框，勾选“强制前景”选项，选择“吸管”工具，在婚纱上吸取颜色，如图 9-36 所示。

图 9-35 打开文件

图 9-36 “抽出”滤镜

STEP 03 选择“边缘高光器”工具，在人物头纱部分涂抹，如图 9-37 所示。

STEP 04 单击“确定”按钮，即可将头纱部分抠出，如图 9-38 所示。

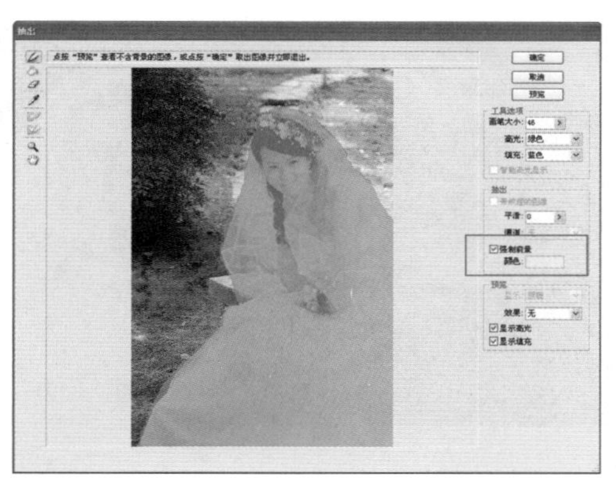
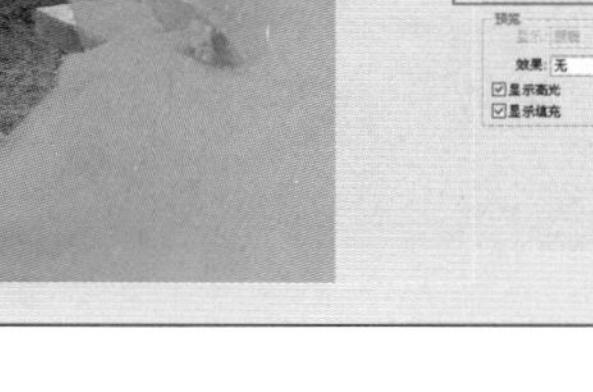

图 9-37 涂抹文件

图 9-38 抠出效果

STEP 05 选择“创建新图层”按钮，在背景图层上新建图层，填充蓝色，如图 9-39 所示。

STEP 06 选择“添加图层蒙版”按钮，给“图层 1”添加蒙版，用黑色的画笔工具将白纱外的多有部分擦除掉，如图 9-40 所示。

STEP 07 选择“图层 1 副本”图层，执行“滤镜”|“抽出”命令，将人物抠取出来，如图 9-41 所示。

STEP 08 选择“添加图层蒙版”按钮，给“图层 1 副本”添加蒙版，用黑色的画笔工具将白纱外的多有部分擦除掉，如图 9-42 所示。

图 9-39 新建图层

图 9-40 擦除背景

图 9-41 抠取人物

图 9-42 擦除多余部分

STEP 09 按 Ctrl+O 组合键，打开“海岸”文件。选择“移动”工具将抽出来的人物拖拽到该文档中，按 Ctrl+T 组合键调整大小和位置，如图 9-43 所示。

STEP 10 选择“画笔”工具，在工具选项栏中设置画笔的“不透明度”为 50%，用黑色的画笔工具在“图层 1 副本”蒙版上白纱部分涂抹，降低其透明度，效果如图 9-44 所示。

技巧：按[键或]键可以将画笔调大或调小；单击一下然后按住 Shift 键在其他位置单击，可创建直线边界；按 Alt 键可切换橡皮擦工具，使用该工具可以擦除边界。在描绘的过程中 Ctrl++或 Ctrl+-组合键缩放窗口，按空格键可以拖动鼠标来移动画面。

图 9-43　拖拽文件

图 9-44　最终效果

9.2 抠图利器：Mask Pro

Mask Pro 是由美国的软件公司开发的抠图插件，它提供了相当多的编辑工具，如保留吸管工具、魔术笔刷工具、魔术油漆桶工具、魔棒工具，甚至还有可以绘制路径的魔术钢笔工具，能让抠出的图像达到专业水平。Mask Pro 的功能比“抽出”滤镜更加强大，因而操作起来也要复杂一些。

093. 通过定义保留区域抠图

本例主要讲解利用 Mask Pro 中的保留区域进行抠图。先将需要抠取的内容用“保留”工具将其保留，再用“丢弃”工具将需要丢弃的内容丢弃，Photoshop 就会自动的保留已经定义的区域。

文件路径：素材\第 9 章\093

视频文件：MP4\第 9 章\093. mp4

STEP 01 启动 Photoshop CS6 程序后执行“文件”|“打开”命令，弹出“打开”对话框，选择本

书配套光盘中“第 9 章\093\093.jpg”文件，单击“打开”按钮，如图 9-45 所示。

STEP 02 按 Ctrl+J 组合键复制图层。执行“滤镜”|“onOne”|“Mask Pro”命令，打开 Mask Pro 对话框，如图 9-46 所示。

图 9-45 打开文件

图 9-46 “Mask Pro”对话框

STEP 03 在左边的工具箱中“保留加亮”工具，调整画笔的大小，在鹰的内部绘制出大致的轮廓线，如图 9-47 所示。

STEP 04 描绘时不要碰到背景图像，如果出现错误，可以按 Alt 键将多余的轮廓线擦掉。按 Ctrl 键在轮廓线内部单击填充颜色，如图 9-48 所示。

图 9-47 绘制保留区域

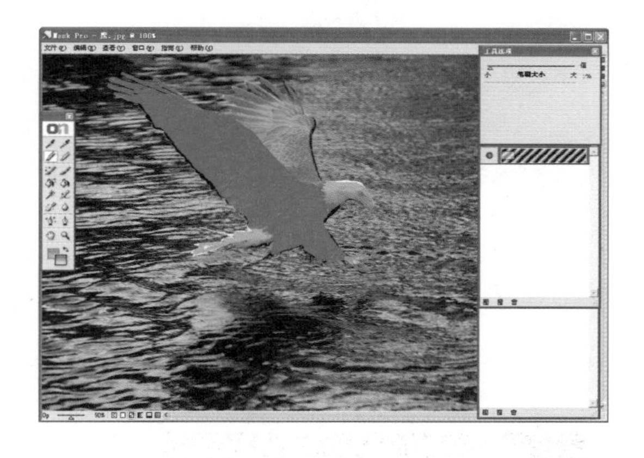

图 9-48 填充颜色

技巧：用 Mask Pro 进行抠图处理时，需将背景图层转换为普通图层才能抠图。

STEP 05 选择“丢弃加亮”工具，在鹰外部的背景区域绘制轮廓线，若轮廓线碰到鹰则可以按 Alt 键将其擦除，如图 9-49 所示。

STEP 06 按住 Ctrl 键在背景区域单击，如图 9-50 所示进行填色。

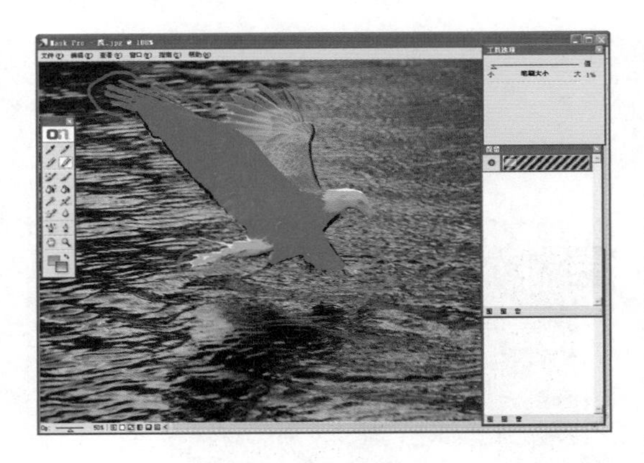

图 9-49　绘制丢弃区域

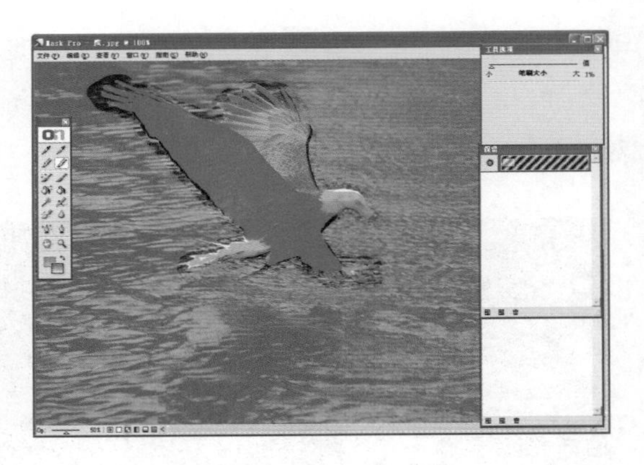

图 9-50　填充丢弃区域

STEP 07 选择工具箱底部的按钮，切换为擦除模式。双击工具箱中的“魔术棒”工具，进行抠图，如图 9-51 所示。

STEP 08 执行“查看”|“加亮”|“隐藏高光”命令，将填充的颜色隐藏，观察透明背景上的图像，发现鹰外部图像有多余部分，如图 9-52 所示。

图 9-51　抠图

图 9-52　“隐藏高光”效果

STEP 09 单击窗口底部的遮罩视图按钮，将图像以蒙版的模式显示，如图 9-53 所示。

STEP 10 选择“画笔”工具，调整笔刷的大小，将灰色部分擦除，如图 9-54 所示。

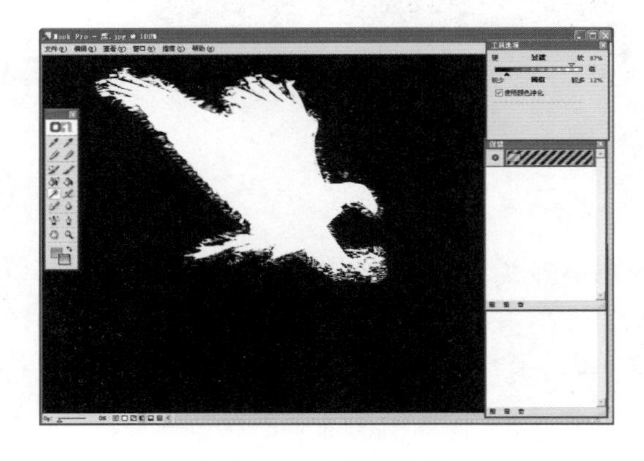

图 9-53　蒙版效果

图 9-54　擦除多余部分

STEP 11 选择窗口底部的单层视图按钮，在透明背景上观察修复效果，如图 9-55 所示。

STEP 12 执行“文件”|“保存/应用”命令，切换回 Photoshop 可以看到鹰的背景被删掉了。按 Ctrl+O 组合键，打开“天空”文件，将抠出的鹰拖入到该文件中，如图 9-56 所示。

图 9-55 “单层视图”效果

图 9-56 最终效果

技巧：当擦除模式为时，擦除的是外面的图像；当擦除模式为时，是恢复内部的图像，用法跟“图层蒙版”相似。

094 通过定义保留颜色抠图

Mask Pro 中的“保留”和“丢弃”选项栏，可以将需要保留 和丢弃的颜色都显示在此选项栏上，再通过“魔术笔刷”工具，将需要保留的颜色保留，需要丢弃的颜色丢弃，相当的智能化。

文件路径：素材\第 9 章\094

视频文件：MP4\第 9 章\094. mp4

STEP 01 启动 Photoshop CS6 程序后执行“文件”|“打开”命令，弹出“打开”对话框，选择本书配套光盘中“第 9 章\094\094.jpg”文件，单击“打开”按钮，如图 9-57 所示。

STEP 02 按 Ctrl+J 组合键复制图层。执行“滤镜”|“onOne”|“Mask Pro”命令，打开 Mask Pro 对话框。选择“保留色吸管”工具，在“工具选项”面板中勾选“连续增加新颜色”选项，如图 9-58 所示。

图 9-57　打开文件

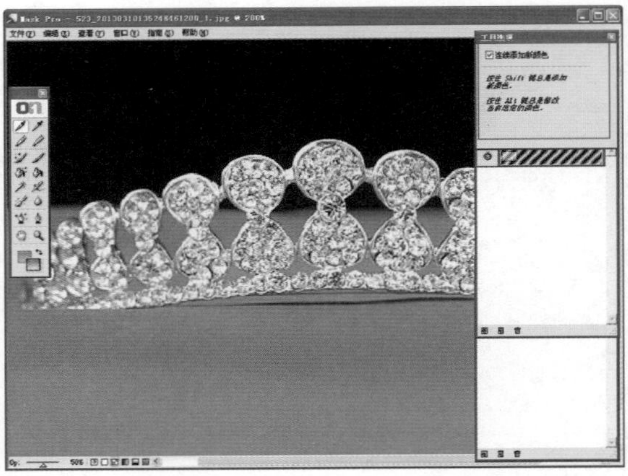

图 9-58　Mask Pro 对话框

STEP 03 在头饰的不同处单击，拾取的颜色会自动添加到“保留”面板中。选择“丢弃色吸管”工具，在背景上不停单击，拾取的颜色会自动添加到“丢弃”面板中，如图 9-59 所示。

STEP 04 定义好要保留的颜色和丢弃的颜色后，选择“魔术笔刷”工具，在“工具选项”面板中调整笔刷参数，并勾选“使用颜色净化”选项，将背景擦除如图 9-60 所示。

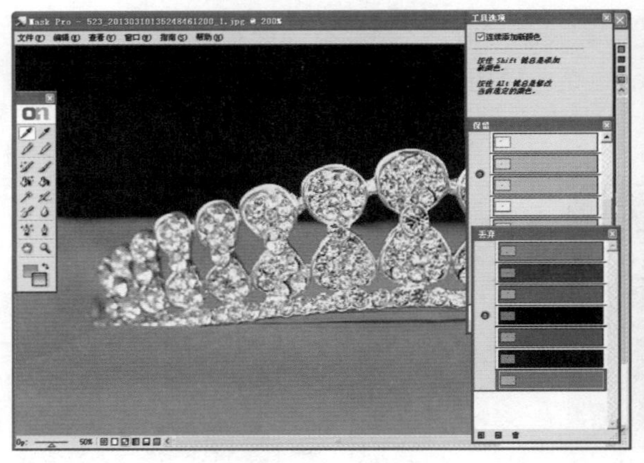

图 9-59　吸取保留颜色和丢弃颜色

图 9-60　擦除颜色

STEP 05 按 Ctrl+S 组合键将抠出的图像切换到 Photoshop 中，如图 9-61 所示。

STEP 06 按 Ctrl+O 组合键，打开“美女”文件，将抠出的头饰拖入到该文件中，按 Ctrl+J 组合键复制图层，并更改其混合模式为“滤色”，增加头饰的亮泽度，效果如图 9-62 所示。

图 9-61　删除背景后效果

图 9-62　最终效果

9.3 抠图专家：KnockOut

KnockOut 是由软件公司 Corel 开发的经典抠图插件。它能够将人和动物的毛发、羽毛、烟雾、透明的对象、阴影等轻松地从背景中抠出来，让原本复杂的抠图操作变得异常简单，而且处理后的图像可以直接输出到 Photoshop 中。

095 抠动物的绒毛

KnockOut 是一款专业的抠图软件，使用性非常的广泛，其用法也跟 Photoshop 的用法相似。本例主要讲解的是运用 KnockOut 来抠取动物的绒毛，只需要使用“内部对象”工具和“外部对象”工具，就能轻松的将动物抠取出来。

文件路径：素材\第 9 章\095

视频文件：MP4\第 9 章\095. mp4

STEP 01 启动 Photoshop CS6 程序后执行“文件”|“打开”命令，弹出“打开”对话框，选择本书配套光盘中“第 9 章\095\095.jpg”文件，单击“打开”按钮，如图 9-63 所示。

STEP 02 按 Ctrl+J 组合键复制图层。执行“滤镜”|“KnockOut2”|“载入工作图层”命令，打开 KnockOut2 对话框，如图 9-64 所示。

图 9-63　打开文件

图 9-64　KnockOut2 对话框

STEP 03 选择工具箱中的“内部对象”工具，在动物内部靠近边界处绘制选区，不要碰到动物的边界且半透明的毛也要让出一定空间，如图 9-65 所示。

STEP 04 选择“外部对象”工具，在动物边界的背景区域绘制选区，如图 9-66 所示。

图 9-65　创建“内部对象”选区

图 9-66　创建“外部对象”选区

STEP 05 选择“处理和显示图像”按钮（或按 Ctrl+P 组合键），抠出图像，如图 9-67 所示。

STEP 06 单击“闭眼图标”，将选取隐藏，按 Ctrl++组合键放大窗口比例。选择“润色笔刷”工具，窗口中会出现两个画面，一个是原图，一个是抠出后的图像，在画面中修复缺失的图像，如图 9-68 所示。

技巧：如果有多余背景，可以用润色橡皮擦工具将其擦除。

STEP 07 选择“内部注射器”工具，在毛上红色取样单击对颜色取样。单击“处理和显示图像”按钮，观察修复效果，如图 9-69 所示。

图 9-67 抠出图像

图 9-68 修复缺失图像

STEP 08 执行“文件”|“应用”命令，抠出图像并返回到 Photoshop 中，将“背景”图层隐藏，打开一个文档，将动物拖入该文档中，如图 9-70 所示。

图 9-69 取样

图 9-70 拖拽文件

STEP 09 新建一个图层，设置混合模式为“颜色”，按 Ctrl+Alt+G 组合键创建剪贴蒙版。选择柔角“画笔”工具，将不透明度设为 60%，按住 Alt 键在背景上单击（切换为“吸管”工具），进行颜色取样，放开 Alt 键，在动物身体边缘的毛上涂抹，毛呈现出淡淡的黄色与背景形成一致，如图 9-71 所示。

STEP 10 在“背景”上方，新建图层。选择“画笔”工具，来绘制阴影，并更改其不透明度为 75%，为动物身体下方制作阴影，效果如图 9-72 所示。

图 9-71 涂抹绒毛

图 9-72 最终效果

技 巧：执行“文件”|“保存映像遮罩”命令可以将 Alpha 通道保存为 PSD 格式，在 Photoshop 中可以继续使用或编辑 Alpha 通道。

096 抠透明对象

透明的玻璃物体是抠图中比较难的对象之一，其透明性质很难体现出来，然而用 KnockOut 就能轻而易举的将其抠出。需注意的是，必须要选择其不透明区域内的像素，才能保留不透明的部分。

STEP 01 启动 Photoshop CS6 程序后执行“文件”|“打开”命令，弹出“打开”对话框，选择本书配套光盘中“第 9 章\096\096.jpg”文件，单击“打开”按钮，如图 9-73 所示。

STEP 02 按 Ctrl+J 组合键复制图层。执行“滤镜”|KnockOut2|“载入工作图层”命令，打开 KnockOut2 对话框，如图 9-74 所示。

STEP 03 选择“外部对象”工具，在杯子外绘制选区，如图 9-75 所示。

图 9-73 打开文件

图 9-74 KnockOut 对话框

图 9-75 创建“外部对象”选区

STEP 04 选择“内部对象”工具，在窗口顶部的工具选项栏中选择“单像素”按钮，在杯子的不透明度区域单击定下单像素点，若位置有错误则按 Alt 键将像素框选，放开鼠标即可删除，如图 9-76 所示。

STEP 05 将“细节”滑块拖至到 4 处，按下“处理和显示图像”按钮即可抠出图像，如图 9-77 所示。

STEP 06 执行“文件”|“应用”命令，返回到 Photoshop 中，隐藏“背景”图层，如图 9-78 所示。

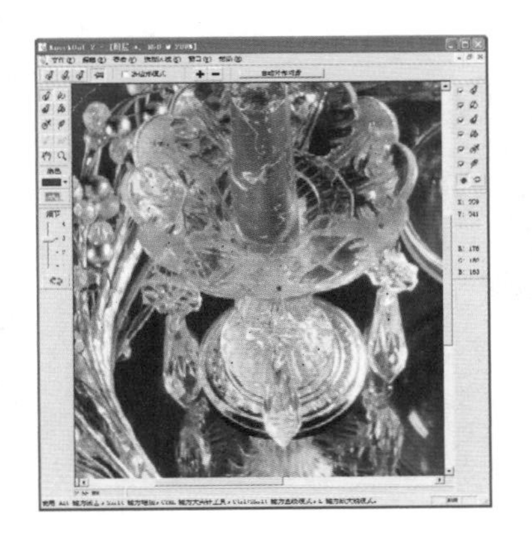

图 9-76 选择单像素

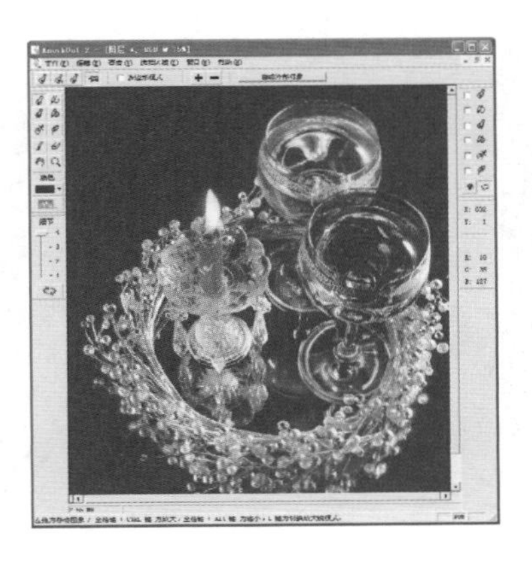

图 9-77 抠出图像

图 9-78 隐藏“背景”

技巧：Ctrl 键为镊子工具；L 键为放大镜模式；Ctrl+Shift 键为直线模式。

STEP 07 按 Ctrl+O 组合键，打开“水与花”文件。选择“移动”工具将抠取出来的杯子图层拖拽到该文档中，按 Ctrl+T 组合键调整大小和位置，如图 9-79 所示。

STEP 08 在杯子上方新建图层，按 Ctrl+Delete 组合键填充白色，并设置其混合模式为“浅色”，按 Ctrl+Alt+G 组合键创建剪贴蒙版，效果如图 9-80 所示。

图 9-79 拖拽文件

图 9-80 最终效果

技巧：添加新的选取内容，按 Shift 键在其上方拖动鼠标；从选区中减少部分内容，可按 Alt 键操作；如果对选区不满意，按 Delete 键将其删除。

- 新增功能——重命名照片
- 快速调整曝光不足的照片
- 更换网拍照片的颜色
- 利用图层蒙版制作倒影
- 新增功能——调整商品清晰度
- 为照片添加情趣对话
- “内容识别填充”快速去除照片水印
- 新增功能——“污点去除工具”修复照片污点

第10章 自己做主——网拍你的照片

随着时代的发展，越来越多的人开始喜欢数码摄影，越来越多的人开始喜欢网上开店，因此，“修图”也成为了一个流行的话题。本章以实用为根本，介绍常用的一些Photoshop CC修图技术，内容包括更改照片尺寸，处理欠曝或过曝的照片，修复照片中多余的污点或对象，为淘宝照片制作倒影、阴影，对网店图片进行调色，让照片更加清晰，添加版权信息等内容。通过对本章的学习，读者可以处理照片的一些常见问题，做到自己的照片自己做主。

10.1 优化照片

随着互联网的发展，越来越多的人想通过网络来赚钱，而开网店成了网络赚钱的首选，要想在网络中将照片快速上传、保持照片的美观，为照片添加真实效果，就来了解本小节，让你迅速成为网络商品处理达人。

097 修改照片分辨率和尺寸

目前，数码单反相机的像素越来越高，我们拍摄照片以后，有时需要上传到网络上，例如淘宝网、摄影论坛等，它们对上传照片都有尺寸的限制，目的是确保网速流程与节省空间，为了能够上传照片，我们必须对照片的尺寸做出更改。

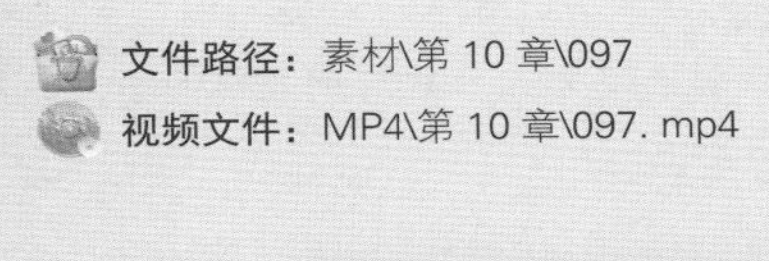

STEP 01 启动 Photoshop CC 程序后，执行“文件”|“打开”命令，弹出“打开”对话框，选择本书配套光盘中“第 10 章\097\097.jpg”文件，单击“打开”按钮，如图 10-1 所示。

STEP 02 执行“图像”|“图像大小”命令（或按 Alt+I+I 组合键），打开“图像大小”对话框，可以看到照片的分辨率为 240 像素/英寸，尺寸为 3233×2017 像素，如图 10-2 所示。

图 10-1 打开文件

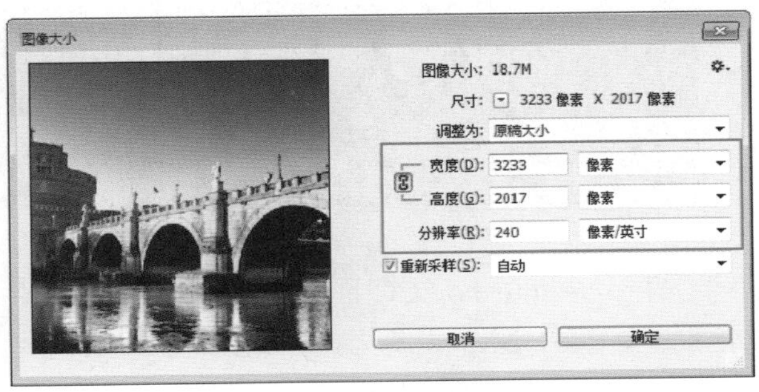

图 10-2 “图像大小”对话框

技巧：去掉“重新采样”复选框前面的勾选，可以保证图像的像素不发生改变。

STEP 03 取消“重新采样”选项，设置其“分辨率”为 72 像素/英寸，如图 10-3 所示。

STEP 04 重新选中“重新采样”选项，设置“宽度”为 900 像素，则“高度”值会自动的按比例变化，单击“确定”按钮，完成照片的修改，如图 10-4 所示。

图 10-3　设置分辨率

图 10-4　取设置高度

技巧：图像的用途不同，对分辨率的要求也不同。通常情况下，使用单反相机拍摄的照片尺寸与分辨率都比较大。如果用于网络传输，分辨率应改为 72 像素/英寸；如果用于印刷，则图像的分辨率不低于 300 像素/英寸。

098 新增功能——使用 Adobe Bridge 浏览数码照片

在 Photoshop CC 中， Adobe Bridge 应用程序不再默认随 Photoshop CC 一起安装了，需要在官网中重新下载安装。本实例主要讲解 Adobe Bridge 的安装及新增功能，以便快速掌握 Bridge 的操作方法。

文件路径：素材\第 9 章\098

视频文件：MP4\第 9 章\098. mp4

STEP 01 启动 Photoshop CC 程序后，选择“文件”→“在 Bridge 中浏览”命令（或按 Ctrl+Alt+0 组合键），打开 Bridge 浏览器，如图 10-5 所示。

STEP 02 运行 Bridge 后，单击窗口右上角的倒三角形按钮，可以选择“必要项”、“输出”等命令，以不同的方式显示照片，如图 10-6 所示。

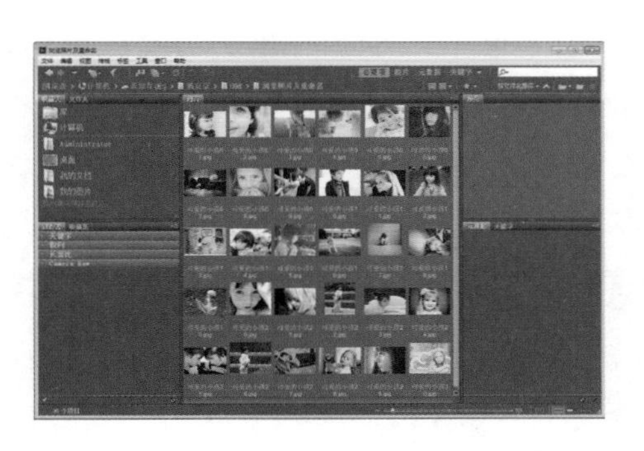

图 10-5 打开“Bridge”浏览器

图 10-6 显示照片

提 示：Adobe Bridge 在 Photoshop CC 中已经不是自带的插件了，可以到 Adobe Creative Cloud 管理器中找到 Adobe Bridge，点击即可下载。

STEP 03 在任意一种窗口下，拖动窗口底部的三角滑块，可以调整照片的显示比例，如图 10-7 所示。

STEP 04 选择“锁定缩览图网格”按钮，可以在照片之间添加网格，如图 10-8 所示。

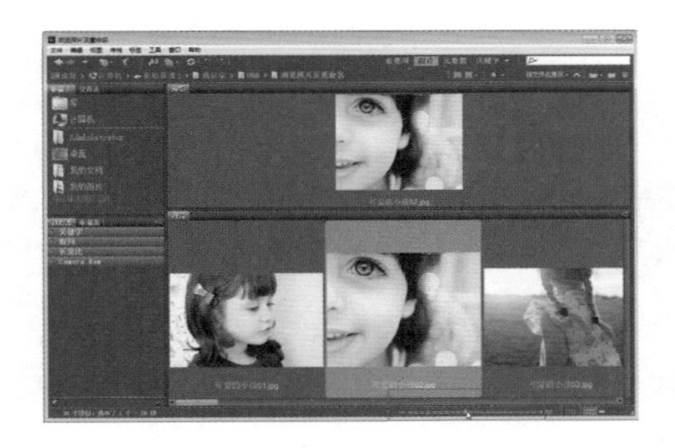

图 10-7 显示比例

图 10-8 “锁定缩览图网格”模式

STEP 05 选择“以详细信息查看内容”按钮，会显示照片的详细信息，如大小、分辨率、光圈、快门等，如图 10-9 所示；选择“以列表形式查看内容”按钮，则会以列表的形式显示照片，如图 10-10 所示。

图 10-9 “以详细信息查看内容”模式

图 10-10 “以列表形式查看内容”模式

STEP 06 选择“视图”→“审阅模式”命令，或按 Ctrl+B 组合键，可以切换到审阅模式，如图 10-11 所示。在该模式下，单击后面背景图像缩览图，它就会跳转成为前景图像。

STEP 07 选择“视图”→“幻灯片放映”命令，或按 Ctrl+L 组合键，可通过幻灯片放映的形式自动播放照，如图 10-12 所示。

图 10-11 “审阅模式”

图 10-12 “幻灯片放映”模式

技巧：在全屏模式下，按加号（+）键可以放大图像，按减号（-）键可以缩小图像；按左右键可以向前或向后浏览照片。

099 新增功能——重命名照片

使用数码相机拍摄照片时，照片是以默认的形式命名的，而如果需要将照片重新命令，使用常规的重命名每次只能修改一个，比较麻烦。使用 Adobe Bridge 提供的批量重命名功能，则可以将指定的大量文件按照设置进行批量重命名。

文件路径：素材\第 10 章\099

视频文件：MP4\第 10 章\099. mp4

STEP 01 在 Bridge 中导航到需要重命名的文件所在的文件夹，按 Ctrl+A 组合键选中所有文件，如图 10-13 所示。

STEP 02 选择“工具”→“批重命名”命令，打开“批重命名”对话框，选择“在同一文件夹中重命名”，为文件输入新的名称“可爱的小孩”，并输入序列数字，数字的位数为 1 为，在对话框底部可以预览文件名称，如图 10-14 所示。

图 10-13 打开文件

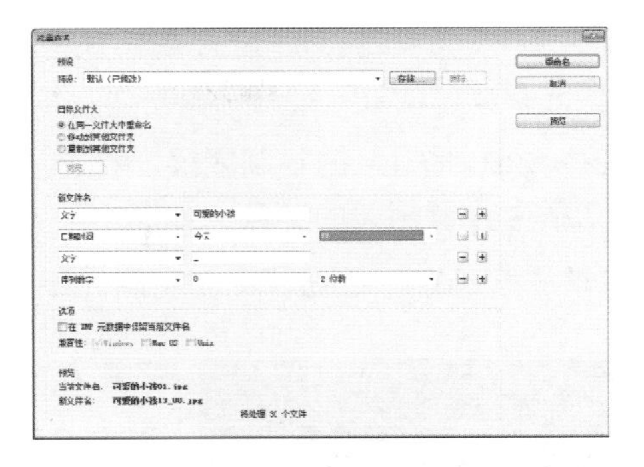

图 10-14 “批重命名”对话框

单击“重命名”按钮，即可对文件进行重命名，如图 10-15 所示。

技巧：按 Ctrl+A 组合键，可以快速全选照片；按 Shift+Ctrl+R 组合键，可以执行“批重命名”命令。

图 10-15 最终效果

100 快速调整曝光不足的照片

在拍摄照片时，如果光线运用不当，或者受天气与环境的影响，容易出现照片欠曝的情况，即被拍摄的对象偏暗甚至过黑，影响图片的美观。这时就可以使用“曝光度”命令来调整。

文件路径：素材\第 10 章\100

视频文件：MP4\第 10 章\100. mp4

STEP 01 启动 Photoshop CC 程序后，执行“文件”|“打开”命令，弹出“打开”对话框，选择本书配套光盘中“第 10 章\100\100.jpg”文件，单击“打开”按钮，如图 10-16 所示

STEP 02 按 Ctrl+J 组合键复制图层。执行“图像”|“调整”|“曝光度”命令，在弹出的“曝光度”对话框中设置相关的参数，如图 10-17 所示。

STEP 03 单击“确定”按钮，即可将曝光不足的照片进行调整，如图 10-18 所示。

图 10-16 打开文件

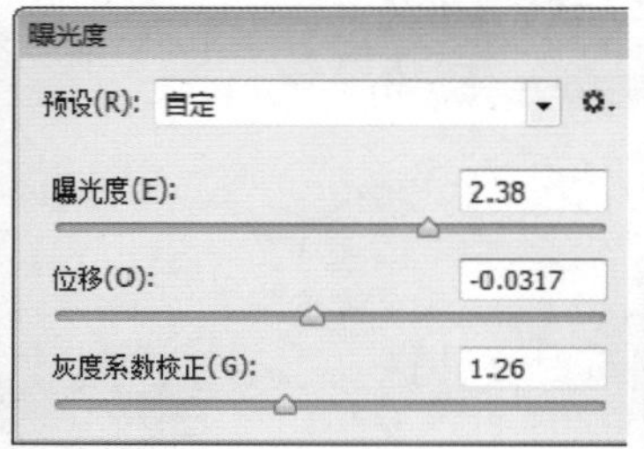

图 10-17 “曝光度”对话框

图 10-18 最终效果

技巧：首先将照片复制一层，更改其混合模式为“滤色”，这时产生的效果相当于将镜头光圈增大一级；如果照片还没有得到校正，按 Ctrl+J 组合键再复制一层，依此类推，可以将照片恢复为正常。

101 快速调整曝光过度的照片

在光线较强的阳光下拍照片，如果测光失误，很容易造成曝光过度，从而导致拍摄的照片过曝。对于过曝的照片，可以运用 Photoshop 中的相关命令进行调整为正常，但是如果照片的局部已经曝光成白色则无法弥补。

STEP 01 启动 Photoshop CC 程序后，执行“文件”|“打开”命令，弹出“打开”对话框，选择本书配套光盘中“第 10 章\101\101.jpg”文件，单击“打开”按钮，如图 10-19 所示。

STEP 02 按 Ctrl+J 组合键复制图层，更改其混合模式为“正片叠底”，得到如图 10-20 所示的效果。

图 10-19　打开照片

图 10-20　更改图层混合模式

STEP 03 选择图层面板下的“创建新的填充或调整图层”按钮，选择“亮度/对比度”选项，在弹出的对话框中设置相关的参数，得到如图 10-21 所示的效果。

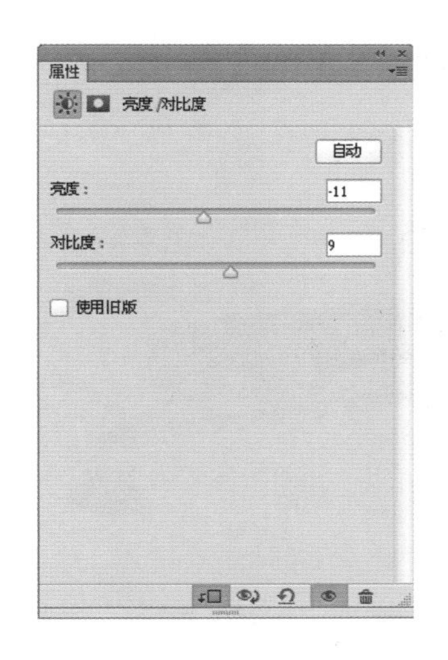

图 10-21　最终效果

技巧：如果照片的某个区域曝光成一片白色，没有图像细节了，是无法调整回来的。

102 更换网拍照片的颜色

如果在网上拍卖的商品有很多种颜色，不用一个个去拍摄，可以利用 Photoshop CC 的调色功能，更换网拍商品的颜色，省去不少时间。注意，如果要在网上拍卖，要注意颜色的准确性，不然会有差评。

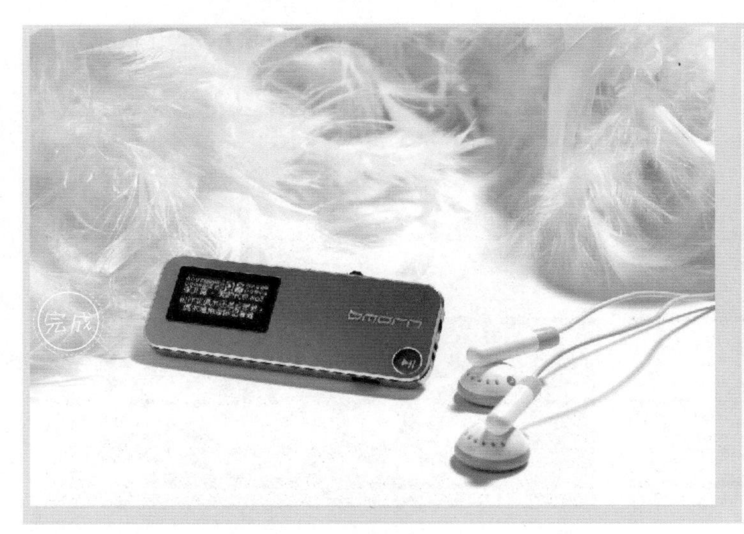

文件路径：素材\第 10 章\102

视频文件：MP4\第 10 章\102. mp4

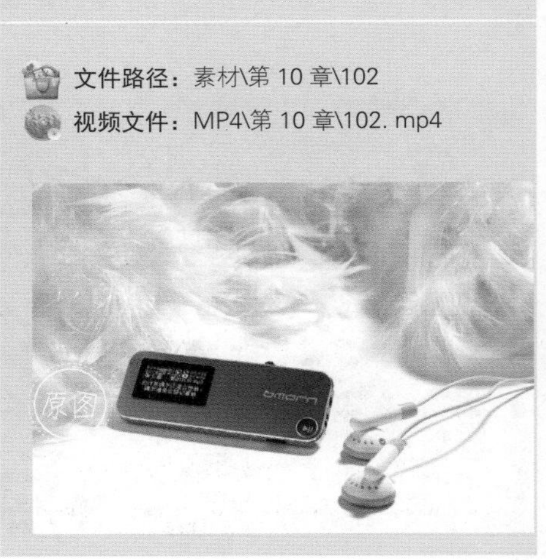

STEP 01 启动 Photoshop CC 程序后，执行“文件”|“打开”命令，弹出“打开”对话框，选择本书配套光盘中“第 10 章\102\102.jpg”文件，单击“打开”按钮，如图 10-22 所示。

STEP 02 按 Ctrl+J 组合键复制图层。执行“图像”|“调整”|“色相/饱和度”命令（或按 Ctrl+U 组合键），打开“色相/饱和度”对话框，并设置相关的参数，如图 10-23 所示。

图 10-22　打开文件

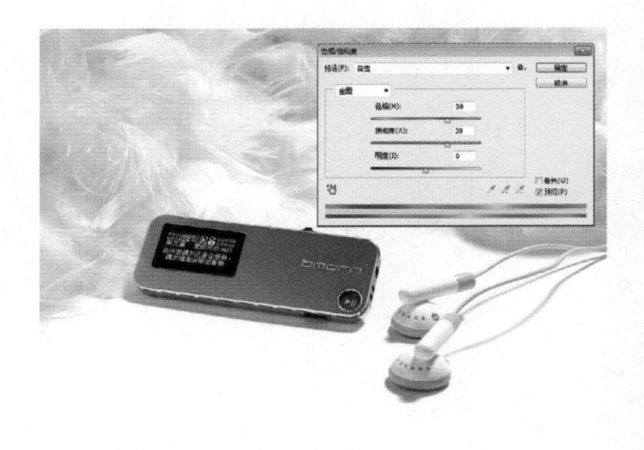

图 10-23　“色相/饱和度”参数

STEP 03 选择图层面板下的“创建新的填充或调整图层”按钮，创建“色相/饱和度”调整图层，在打开的对话框中设置相关颜色，更改 mp3 的色彩，如图 10-24 所示。

技巧：“色相”用来修改照片的颜色；“饱和度”用来调整照片的浓度；“明度”用来调整照片的亮度。

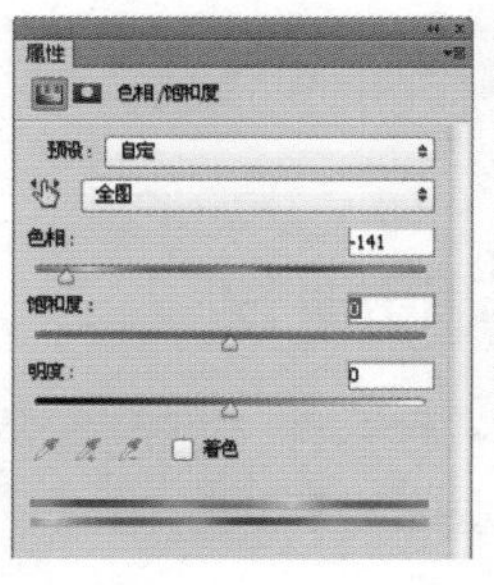

图 10-24　最终效果

103. 利用不透明度制作玻璃级侧面倒影

为了表现商品的高品质，拍摄时可以借助玻璃或光滑的界面，让商品产生玻璃级倒影，如果前期拍摄时没有这些准备，也可以用 Photoshop CC 进行处理。

STEP 01 启动 Photoshop CC 程序后，执行“文件”|“打开”命令，弹出“打开”对话框，选择本书配套光盘中“第 10 章\103\103.jpg”文件，单击“打开”按钮，如图 10-25 所示。

STEP 02 选择工具箱中的“钢笔”工具，沿着手机边缘绘制路径，如图 10-26 所示。

图 10-25　打开文件

图 10-26　绘制路径

STEP 03 按 Ctrl+Enter 组合键，将路径转换为选区。按 Ctrl+J 组合键复制手机图层，如图 10-27 所示。

STEP 04 再次按 Ctrl+J 组合键复制手机图层。选择“图层”，选择“移动”工具，按住鼠标向下适当移动，并更改其“不透明度”为 50%，如图 10-28 所示。

技巧：按键盘上的“→”、“←”、“↑”、“↓”键也可以移动图层。

图 10-27　复制图层

图 10-28　最终效果

104 利用图层蒙版制作倒影

使用不透明度制作倒影有一定的局限性，比如图像过大，制作的倒影会显得非常的不真实，另外，真实的倒影根据光的原理属性有一定的折射度。本实例主要讲解用一种更加实用的蒙版法来制作真实的倒影。

文件路径：素材\第 10 章\104

视频文件：MP4\第 10 章\104. mp4

STEP 01 启动 Photoshop CC 程序后，执行“文件”|“打开”命令，弹出“打开”对话框，选择本书配套光盘中“第 10 章\104\104.jpg”文件，单击“打开”按钮，如图 10-29 所示。

STEP 02 按 Ctrl+J 组合键复制图层。选择工具箱中的“钢笔”工具，将装有红酒的杯子抠取出来，如图 10-30 所示。

STEP 03 按 Ctrl+J 组合键，将抠出来的杯子复制，按 Ctrl+T 组合键进行垂直翻转，并移动位置，如图 10-31 所示。

图 10-29 打开文件

STEP 04 选择图层面板下的“添加图层蒙版”按钮，给翻转的杯子图层添加蒙版。选择“渐变”工具，在工具选项栏中的“渐变编辑器”中选择黑色到透明色的渐变，按下“线性渐变”按钮，在蒙版中从下往上拉出渐变，如图 10-32 所示。

图 10-30　创建选区

图 10-31　垂直翻转

图 10-32　最终效果

技巧：渐变的起点和终点不同、角度不同将产生不用的蒙版效果。

105. 利用图层样式添加倒影

利用图层样式中“投影”选项，可以非常方便地为商品添加真实的投影效果，其方法非常简单，本实例详细讲解了利用图层样式添加倒影的过程。

文件路径：素材\第 10 章\105

视频文件：MP4\第 10 章\105. mp4

STEP 01 启动 Photoshop CC 程序后，执行“文件”|“打开”命令，弹出“打开”对话框，选择本书配套光盘中“第 10 章\105\105.jpg”文件，单击“打开”按钮。选择工具箱中的“钢笔”工具，对电脑进行扣取，如图 10-33 所示。

STEP 02 按 Ctrl+J 组合键复制图层。选择图层面板下的“添加图层样式”按钮，在弹出的快捷菜单中选择“投影”选项，在弹出的“投影”对话框框中，设置相关参数，如图 10-34 所示。

STEP 03 单击“确定”按钮，即可查看电脑的阴影效果，如图 10-35 所示。

图 10-33　抠出图像

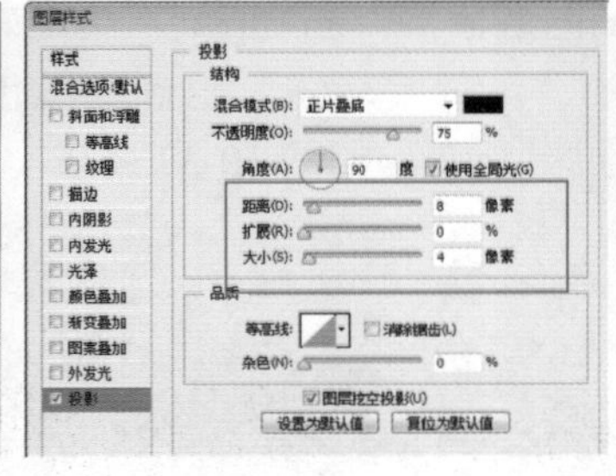

图 10-34　“图层样式”对话框

图 10-35　最终效果

技巧：背景图层不能添加图层样式。如果要为其添加图层样式，需要先将背景模式转换为普通模式。

106. 创建随意变化的商品投影

利用图层样式中“投影”选项，可以快速的为商品添加投影，但投影的控制都是以对话框中的参数来设置，对于某些商品则不能很好地表现其真实的投影效果，此时可以将投影创建图层后再进行调整，使投影变为一个单独的图层，这样就可以随意操控投影了。

STEP 01 启动 Photoshop CC 程序后，执行“文件”|“打开”命令，弹出“打开”对话框，选择本书配套光盘中“第 10 章\106\106.jpg”文件，单击“打开”按钮。选择工具箱中的“钢笔”工具，将女鞋抠选出来，如图 10-36 所示。

STEP 02 按 Ctrl+J 组合键复制图层，双击该图层，打开“图层样式”对话框，在对话框中选择“投影”选项，如图 10-37 所示。

STEP 03 在“图层”面板中，在“图层 1”效果或投影样式位置单击鼠标右键，在弹出的快捷菜单中选择“创建图层”命令，将投影创建图层，如图 10-38 所示。

图 10-36 抠取图像

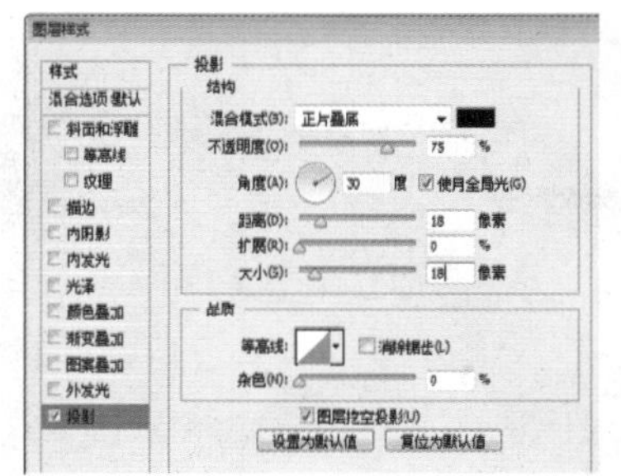

图 10-37 “投影”对话框

图 10-38 创建图层

STEP 04 选择“图层 1 的投影”图层，按 Ctrl+T 组合键，执行“自由变换”命令。在画布中单击鼠标右键，从弹出的快捷菜单中选择“扭曲”选项，如图 10-39 所示。

STEP 05 将光标放置在变形框上方的中心点位置，按住鼠标向右下方拖动，扭曲投影，如图 10-40 所示。

STEP 06 按 Enter 键，确定变形。在面板中修改其不透明参数为 50%，如图 10-41 所示。

图 10-39 “扭曲”选项

图 10-40 “扭曲”效果

图 10-41 最终效果

技 巧：利用创建图层，可以将投影创建单独图层，让其有更大的操作性。

10.2 修饰照片

Photoshop CC 作为一个专业的图像处理软件，修饰图像的功能十分的强大，对一幅好的设计作品来说，修饰图像是必不可少的步骤。合理地运用各种修饰工具，可以将有污点或瑕疵的图像处理好，使图像的效果更加的自然、真实、美观，本节主要介绍各种修复的工具的使用。

107。新增功能——调整商品清晰度

在拍摄商品照片时，由于多方面因素影响，可能会使照片模糊不清等，这样商品就缺少了吸引力，利用 Photoshop CC 新增的智能锐化滤镜及防抖功能，二者相结合，可以将清晰度最大化，并同时将杂色和光晕最小化，让照片展现出外观自然的高品质图像。

STEP 01 启动 Photoshop CC 程序后，执行“文件”|“打开”命令，弹出“打开”对话框，选择本书配套光盘中“第 10 章\107\107.jpg”文件，单击“打开”按钮，如图 10-42 所示。

STEP 02 执行“滤镜”|“锐化”|“防抖”命令，打开“防抖”对话框，如图 10-43 所示。

图 10-42　打开文件

图 10-43　“防抖”对话框

STEP 03 在“模糊描摹设置”选项中设置相关参数，此时图像效果如图 10-44 所示。

STEP 04 在弹出的对话框中选择“高级”选项，打开其下拉列表，勾选“显示模糊评估区域”选项，选择“添加建议的模糊描摹”按钮，在图像中创建描摹的区域，发现整个图像变得更加的清晰可见，如图 10-45 所示。

图 10-44　调整参数

图 10-45　建立描摹选区

STEP 05 单击“确定”按钮，关闭对话框。执行“滤镜”|“锐化”|“智能锐化”命令，在弹出的对话框中选择“阴影/高光”按钮，展开下拉列表面板，如图 10-46 所示。

STEP 06 在对话框中拖动各个滑块，调整其参数，让图像更加的清晰可见。单击“确定”按钮，关闭对话框，此时图像效果如图 10-47 所示。

图 10-46 “智能锐化”对话框

图 10-47 最终效果

108。为照片添加情趣对话

文字在照片中有时可以起到点睛之笔的作用。照片在前期拍摄时是不能添加文字的，可以通过 Photoshop CC 在后期处理为照片添加文字，提升照片的情趣，从而使商品的关注度和卖相得到提升。

文件路径：素材\第 10 章\108

视频文件：MP4\第 10 章\108. mp4

STEP 01 启动 Photoshop CC 程序后，执行“文件”|“打开”命令，弹出“打开”对话框，选择本书配套光盘中“第 10 章\108\108.jpg”文件，单击“打开”按钮，如图 10-48 所示。

STEP 02 选择工具箱中的“自定义形状”工具，在工具选项栏中选择“路径”选项，单击“点按可打开自定形状拾色器”按钮，在弹出的快捷菜单中选择“会话”形状，如图 10-49

所示。

STEP 03 按 Ctrl+Enter 组合键，将路径转换为选区。选择图层面板下的“创建新图层”按钮，创建新图层，如图 10-50 所示。

图 10-48　打开文件

图 10-49　创建形状

图 10-50　转换为选区

STEP 04 执行“编辑”|“描边”命令，在弹出的对话框中设置参数，如图 10-51 所示。

STEP 05 单击“打开”按钮，即可查看描边效果，如图 10-52 所示。

STEP 06 按 Ctrl+D 组合键取消选区。选择“横排文字”工具，在描边的图像内输入文字，如图 10-53 所示。

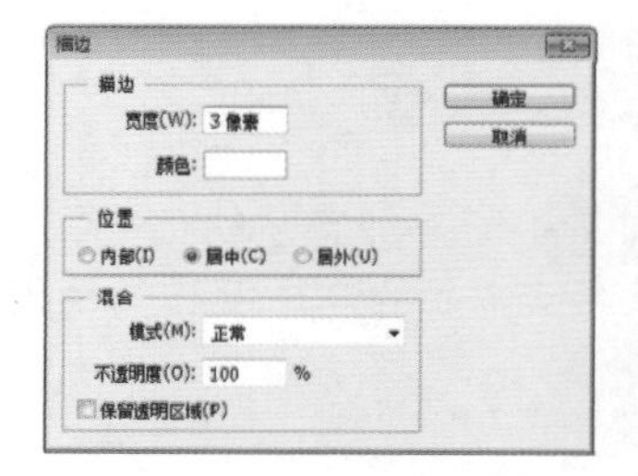

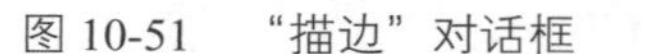

图 10-51　“描边”对话框

图 10-52　“描边”效果

图 10-53　最终效果

109 为照片添加版权保护线

发布到网上的商品照片，有时会被盗用，如果不想被盗用，可以为其添加版权保护线，减少被盗机率。添加版权保护线后会增加照片的修图难度，所以一般人为了避免修图的麻烦而放弃盗用。

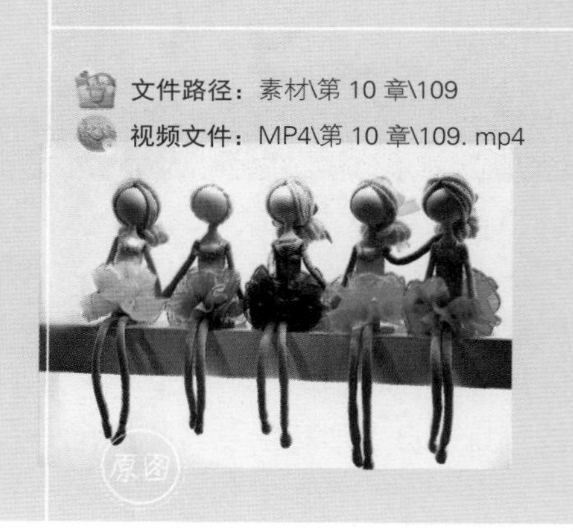

文件路径：素材\第 10 章\109

视频文件：MP4\第 10 章\109. mp4

STEP 01 启动 Photoshop CC 程序后，执行“文件”|“打开”命令，弹出“打开”对话框，选择本书配套光盘中“第 10 章\109\109.jp g”文件，单击“打开”按钮，如图 10-54 所示。

STEP 02 选择工具箱中的“直线”工具，在工具选项栏中设置相关的参数，如图 10-55 所示。

STEP 03 在画布中拖动两次，绘制两条直线，如图 10-56 所示。

图 10-54 打开文件

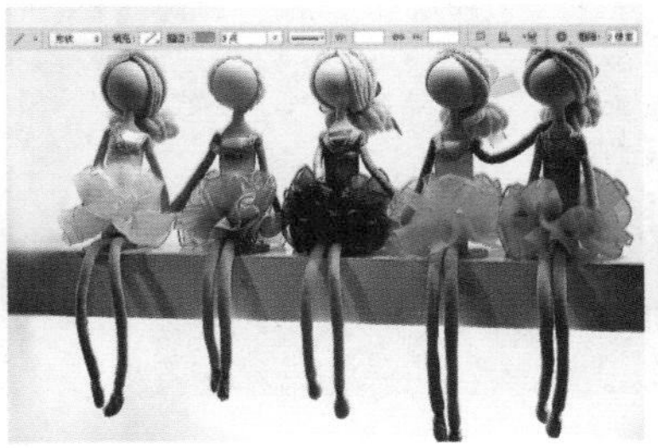

图 10-55 “直线”选项栏

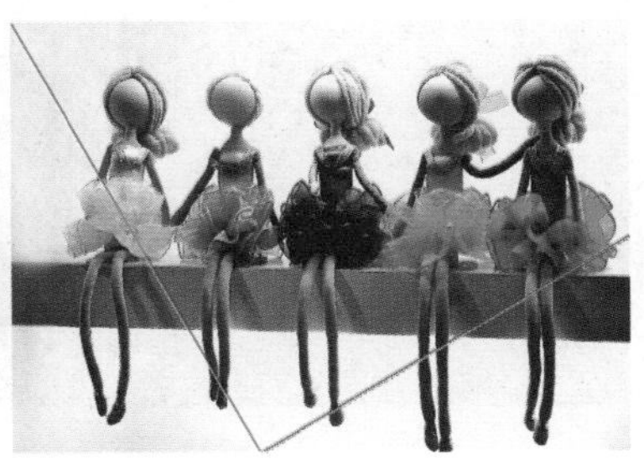

图 10-56 绘制直线

STEP 04 选择“形状 1”图层，选择“添加图层蒙版”按钮，为其添加蒙版。选择“画笔”工具，在画布中拖动鼠标，将部分线条擦除掉，如图 10-57 所示。

STEP 05 选择工具箱中的“横排文字”工具，在画布中单击输入文字，并在“字符”面板中设置参数，单击“提交当前所有编辑”按钮，确认文字输入，如图 10-58 所示。

STEP 06 按 Ctrl+T 组合键，应用“自由变换”状态。将光标放置在变换框外侧，当光标变成弯曲的双箭头时，按住鼠标即可将文字进行旋转，按 Enter 键完成版权保护线的添加，如图 10-59 所示。

图 10-57 添加蒙版

图 10-58 输入文字

图 10-59 最终效果

技巧：如果想要将一行以输入的文字转换为多行文字时，只要将文字光标定位到需转行的文字间，按 Enter 键即可；如果想要将两行文字连接为一行文字，可将文字光标插入到上一行文字后面，然后按 Delete 键即可。

110. 为照片添加专属透明水印商标

为照片添加专属的水印商标，除了增加专业性和整体感外，还可以防止照片被盗用，一般水印制作的商标颜色较浅，不会影响商品的质感。

STEP 01 启动 Photoshop CC 程序后，执行“文件”|“打开”命令，弹出“打开”对话框，选择本书配套光盘中“第 10 章\110\110.jp g”文件，单击“打开”按钮，如图 10-60 所示。

STEP 02 选择工具箱中的“横排文字”工具 T，在画布中输入文字，如图 10-61 所示。

图 10-60　打开文件

图 10-61　输入文字

STEP 03 双击文字图层，打开“图层样式”对话框，在对话框中选择“外发光”选项，设置参数如图 10-62 所示。

STEP 04 在图层面板中将“填充”改为 0%，在画布中可以看到透明的专属水印商标，如图 10-63 所示。

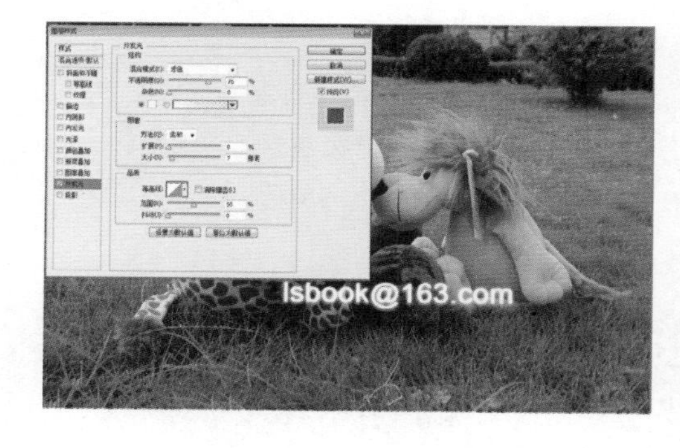

图 10-62　“外发光”参数

图 10-63　最终效果

 修改“填充”只影响样式透明，不会影响原图像透明。

111 为照片添加个性商标

制作商标时，如果只是单纯的文字稍显单调，那么就来制作一个自己喜欢的个性商标。本实例利用 Photoshop CC 自带的自定形状创建一个商标，还可以将文字进行变形来制作个性十足的商标。

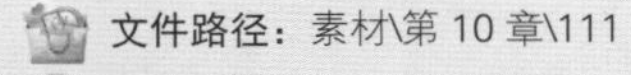
文件路径：素材\第 10 章\111

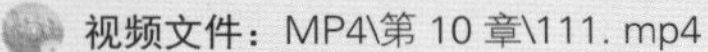
视频文件：MP4\第 10 章\111. mp4

STEP 01 启动 Photoshop CC 程序后，执行“文件”|“打开”命令，弹出“打开”对话框，选择本书配套光盘中“第 10 章\111\111.jp g”文件，单击“打开”按钮，如图 10-64 所示。

STEP 02 选择工具箱中的“自定形状”工具，在工具选项栏中选择“形状”选项，并设置相关的参数，如图 10-65 所示。

STEP 03 在画布中拖动鼠标，绘制一个皇冠，如图 10-66 所示。

图 10-64 打开文件

图 10-65 选中形状

图 10-66 绘制形状

STEP 04 选择工具箱中的“横排文字”工具，在画布中输入文字，如图 10-67 所示。

STEP 05 在文字图层上单击鼠标右键，在弹出的快捷菜单中选择“ 文字变形”选项，如图 10-68 所示。

STEP 06 在“样式”的下拉列表中选择“扇形”选项，文字会进行变形。单击“确定”按钮，确定文字的变形，如图 10-69 所示。

图 10-67　输入文字

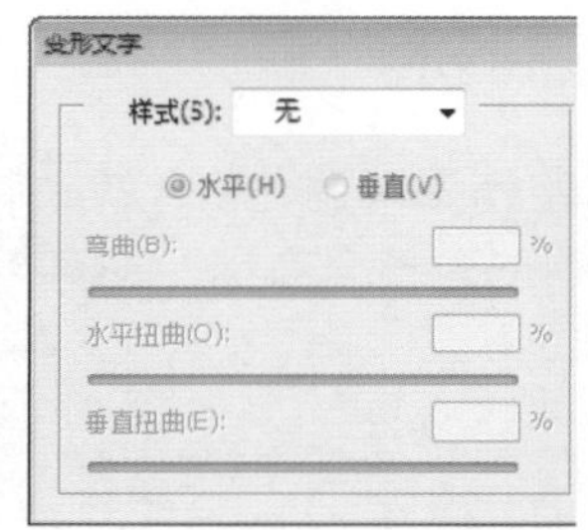

图 10-68　“变形文字”对话框

图 10-69　最终效果

技巧：使用“横排文字蒙版”工具和“直排文字蒙版”工具创建选区时，在文本输入状态下同样可以进行变形操作，可以得到变形的文字选区。

112 为照片添加版权信息

本实例主要讲解一种看不见的版权信息制作方法，让你的照片不能随便的被盗用。

STEP 01 启动 Photoshop CC 程序后，执行“文件”|“打开”命令，弹出“打开”对话框，选择本书配套光盘中“第 10 章\112\112.jpg”文件，单击“打开”按钮，如图 10-70 所示。

STEP 02 执行“文件”|“文件简介”命令，或按 Ctrl+Alt+Shift+I 组合键，打开对话框如图 10-71 所示。

STEP 03 单击“说明”选项卡，根据参数提示输入“文档标题”、“作者”、“关键字”、“版权公告”，如图 10-72 所示。

图 10-70 打开文件

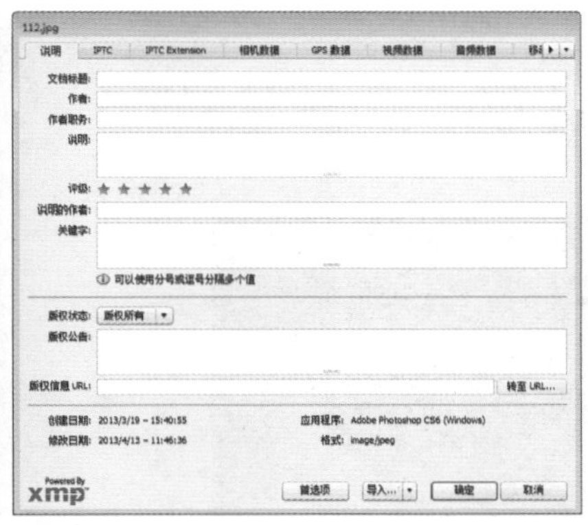

图 10-71 对话框

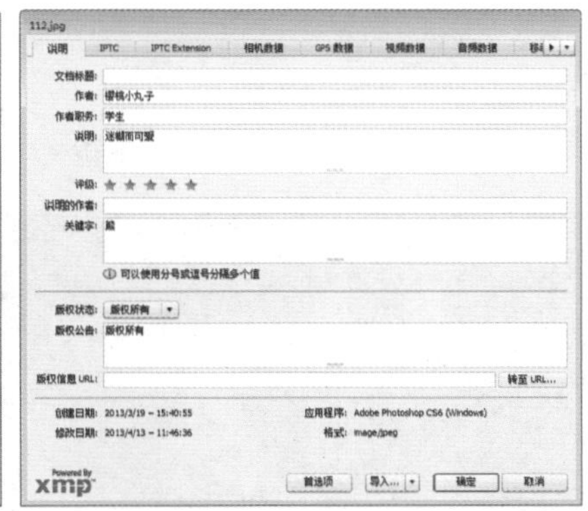

图 10-72 “说明”选项

技巧：关键字主要用于网络搜索时使用，通过它可以提高网络的搜索机率。

STEP 04 单击“IPTC”选项，根据参数提示输入“地址”、“电子邮件”、“网址”等，如图 10-73 所示。

STEP 05 单击“导入”右侧的三角形箭头，如图 10-74 所示，选择“导出”命令，输入文件名后单击“保存”按钮即可。

STEP 06 编辑完成后，单击“确定”按钮，确认版权信息，在文档窗口的标题栏位置，可以看到多出了一个“C”的版权信息，如图 10-75 所示。

STEP 07 执行“文件”|“存储为”命令，将文件存储。

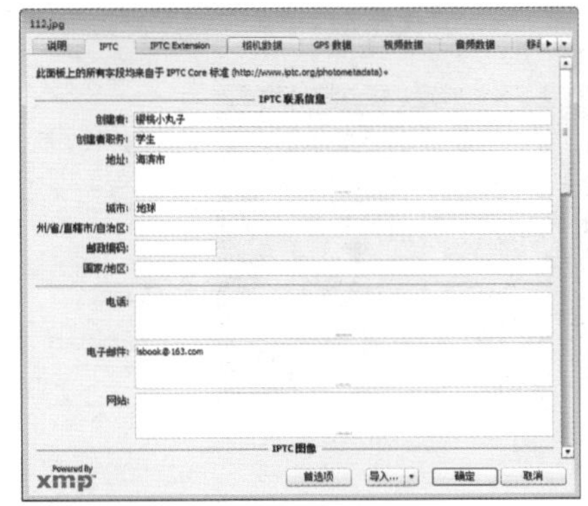

图 10-73 “IPTC”选项

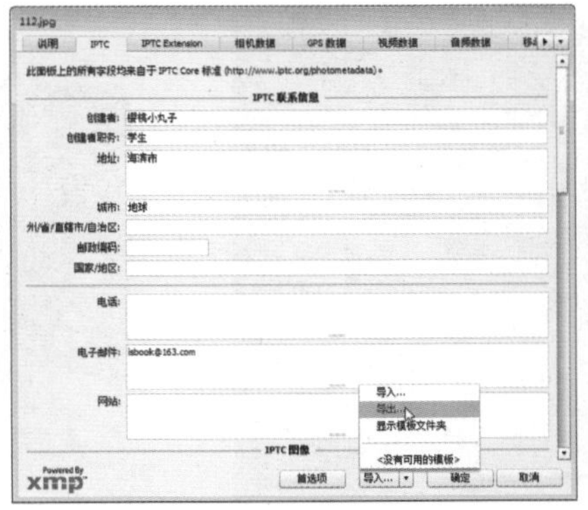

图 10-74 “导出”选项

图 10-75 最终效果

技巧：如果不想对原照片造成影响，选择“存储为”命令；如果想覆盖原照片可以选择“存储”命令即可。

113. 新增功能——“污点去除工具”修复照片污点

Photoshop CC 中最大的改革就是把 Camera Raw 滤镜化，让不管是 JPG 格式或是 RAW 格式的照片都能够应用其滤镜。"污点去除"工具是 Camera Raw 滤镜的新增功能，它与 Photoshop 中的"修复画笔"类似，使用"污点去除"工具在照片的某个目标上进行涂抹，然后选择需要应用的源区域，"污点去除"工具会自动修复所选区域。

STEP 01 启动 Photoshop CC 程序后，执行"文件"|"打开"命令，弹出"打开"对话框，选择本书配套光盘中"第 10 章\113\113.jpg"文件，单击"打开"按钮，如图 10-76 所示。

STEP 02 按 Ctrl+J 组合键复制图层。执行"滤镜"|"Camera Raw 滤镜"命令，或按 Ctrl+Alt+A 组合键，打开"Camera Raw 滤镜"命令的对话框，如图 10-77 所示。

图 10-76 打开文件

图 10-77 设置参数

STEP 03 选择工具栏上的"污点去除"工具，以前的版本必须要在"画笔大小"选项中拖到滑块或按键盘上的"【"或"】"来调整画笔的大小，而现在的 Camera Raw 滤镜中可以随意拖动画笔，在图像中用涂抹的方式来选中污点区域，如图 10-78 所示。

STEP 04 松开"污点去除"工具，会发现去除画笔会自动匹配源区域，如图 10-79 所示。

STEP 05 将鼠标放在绿色区域中，当鼠标变为移动形状时拖到绿色区域，匹配最合适的源区域，如图 10-80 所示。

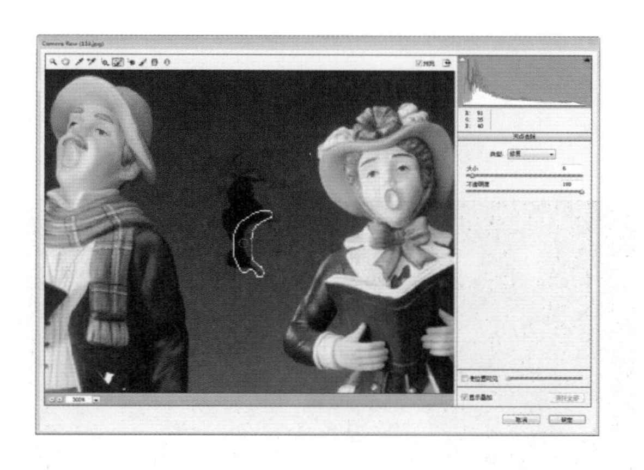

图 10-78 拖动鼠标

图 10-79 最终效果

STEP 06 同上述操作方法，去除墙面上大的破损区域，如图 10-81 所示。

图 10-80 拖动鼠标

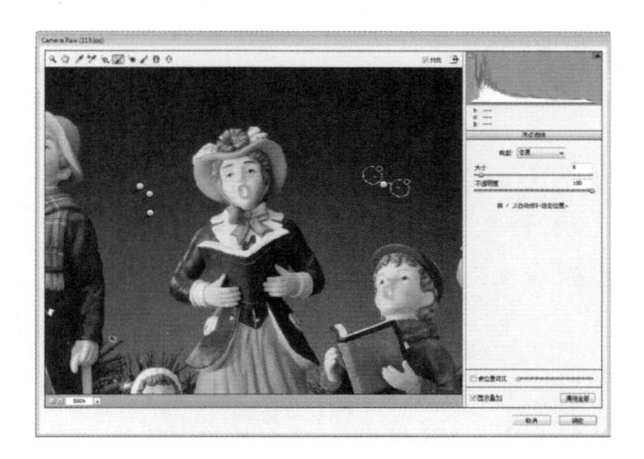

图 10-81 最终效果

STEP 07 取消“显示叠加”选项，此时图像中所显示的去除区域全部都隐藏起来，让画面看起来更加的整齐，如图 10-82 所示。

STEP 08 勾选面板中的“使位置可见”选项，发现现在图像模式为反相效果，而污点区域在此效果显示下更加的明显、突出，如图 10-83 所示。

图 10-82 拖动鼠标

图 10-83 最终效果

STEP 09 选择“污点去除”工具，在污点上涂抹，去除人物上的污点，取消“使位置可见”选项，图像效果如图 10-84 所示。

STEP 10 单击“确定”按钮，关闭 Camera Raw 滤镜对话框，此时图像效果如图 10-85 所示。

图 10-84　拖动鼠标

图 10-85　最终效果

技 巧：尽管“污点去除”工具能移去可见缺陷，但是照片中的某些缺陷在常规视图中可能无法观察到（例如人像上的微尘、污点或瑕疵）。“污点去除”工具中的“使位置可见”选项能让您看到更小、更不起眼的缺陷。当选择“使位置可见”复选框时，图像会以反相显示。可以改变反转图像的对比度级别，以便更加清楚地查看缺陷。

114 “修复画笔工具”修复照片斑点

“修复画笔”工具可以将图像中的划痕、污点和斑点等轻松去除。与图章工具所不同的是它可以同时保留图像中的阴影、光照和纹理等效果。并且在修改图像的同时，可以将图像中的阴影、光照和纹理等与源像素进行匹配，以达到精确修复图像。

文件路径：素材\第 10 章\114

视频文件：MP4\第 10 章\114. mp4

STEP 01 启动 Photoshop CC 程序后，执行“文件”|“打开”命令，弹出“打开”对话框，选择本书配套光盘中“第 10 章\114\114.jpg”文件，单击“打开”按钮。选择工具箱中的“修复画笔”工具，在工具选项栏中选择“取样”选项，如图 10-86 所示。

STEP 02 按住 Alt 键的同时在耳钉附近的位置上单击鼠标，进行修复取样，如图 10-87 所示。

图 10-86 设置参数

图 10-87 取样

STEP 03 取样完成后，按住鼠标在需要修复的斑点位置上拖动，拖动时要特别注意与之对应的取样点位置的十字光标，以更准确地修复斑点，如图 10-88 所示。

STEP 04 同上述方法，将耳钉上所有的斑点进行修复，如图 10-89 所示。

图 10-88 修复斑点

图 10-89 最终效果

技巧：取样时需要注意取样点位置与需要修复斑点位置的颜色相似。

115 “修补工具”修补残缺照片

“修补”工具是以选区的形式选择取样图像或使用图案填充来修补图像。它与修复画笔工具的应用有些相似，只是取样时使用选区的形式来取样，并将取样像素的阴影、光照和纹理等与源像素进行匹配，以完美修复图像。

STEP 01 启动 Photoshop CC 程序后，执行“文件”|“打开”命令，弹出“打开”对话框，选择本书配套光盘中“第 10 章\115\115.jpg”文件，单击“打开”按钮，如图 10-90 所示。

STEP 02 选择工具箱中的“修补”工具，在工具选项栏中选中“源”选项。使用“修补”工具在需要修补的位置拖动，将其选中，可以看到一个选区效果，如图 10-91 所示。

图 10-90　打开文件

图 10-91　创建选区

STEP 03 将光标放在绘制的选区中，当光标变成移动标志时，按住鼠标向旁边没有瑕疵并与该处最接近的位置拖动后释放，如图 10-92 所示。

STEP 04 同上述操作方法，将玩偶翅膀上破损的地方修补，在修补的过程中要注意与边缘对齐，如图 10-93 所示。

图 10-92　拖动选区

图 10-93　最终效果

技巧："修补"设置修补时选区所表示的内容。选择"源"单选按钮表示将选取定义为想要修复的额区域；选择"目标"单选按钮表示将选取定义为取样区域。

116."仿制图章工具"去除照片水印

"仿制图章"工具的用法类似于"修复画笔"工具，都是利用 Alt 键进行取样，然后在其他位置拖动鼠标，即可从取样点开始将图像复制到新的位置，可以说"修复画笔"工具是"仿制图章"工具的升级，在背景的融合上，"仿制图章"工具不如"修复画笔"工具。

STEP 01 启动 Photoshop CC 程序后，执行"文件" | "打开"命令，弹出"打开"对话框，选择本书配套光盘中"第 10 章\116\116.jpg"文件，单击"打开"按钮，如图 10-94 所示。

STEP 02 选择工具箱中的"仿制图章"工具，将光标移动到与要擦除位置图像相似的位置，按住 Alt 键的同时单击鼠标进行取样，如图 10-95 所示。

图 10-94 打开文件

图 10-95 取样

STEP 03 取样完成后，按住鼠标在需要修复的图像位置拖动涂抹，涂抹时要特别注意与光标对应的十字光标位置，以免出现错误，如图 10-96 所示。

STEP 04 继续在合适的位置进行取样，然后再逐一擦除，如图 10-97 所示。

图 10-96 涂抹

图 10-97 最终效果

技巧：在使用"仿制图章"工具修复图像时，背景图像越单一，越容易修复。如果背景图像比较复杂，要注意多次取样并小范围修复，这样才能达到真实效果。

117。"内容识别填充"快速去除照片水印

"内容识别填充"是从 Photoshop CS5 就新增的一个功能，它使用附近的相似图像内容不留痕迹地填充选区。此功能删除图像中某个区域，遗留的空白区块由 Photoshop 自动填补，即使是复杂的背景也没有问题，有了这个功能，使照片的修复变得更加得心应手。

STEP 01 启动 Photoshop CC 程序后，执行"文件" | "打开"命令，弹出"打开"对话框，选择本书配套光盘中"第 10 章\117\117.jpg"文件，单击"打开"按钮，如图 10-98 所示。

STEP 02 选择工具箱中的"矩形选框"工具，在带有水印的位置拖动鼠标，将水印全部选中，如图 10-99 所示。

图 10-98 打开文件

图 10-99 创建选区

STEP 03 执行“编辑”|“填充”命令(或按 Shift+F5 组合键)，打开“填充”对话框，在“使用”右侧的下拉列表中选择“内容识别|选项，如图 10-100 所示。

STEP 04 单击“确定”按钮，系统会自动对需要修复的地方进行内容识别，按 Ctrl+D 组合键取消选区，如图 10-101 所示。

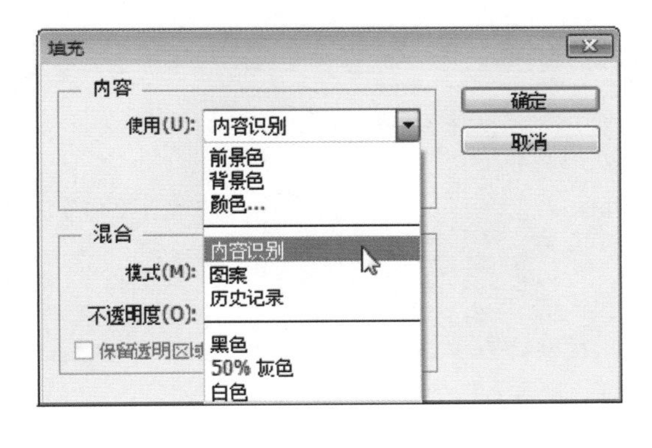

图 10-100 “内容识别”对话框

图 10-101 最终效果

技巧：按 Shift+F5 组合键，可以快速打开“填充”命令。

- ▶转换为 CMYK 模式
- ▶转换为灰度模式
- ▶“自动色调”命令
- ▶“自动对比度”命令
- ▶调整偏色的人物
- ▶增加物品的鲜艳度
- ▶调整光影层次
- ▶“替换颜色”命令
- ▶“黑色”命令
- ▶“变化”命令

第11章 玩转色彩——调整色彩和色调

一件好的商品是否能够吸引你，除了商品本身的外形及质量外，整体的色调非常重要！一件普通的商品，把它做成不同的颜色，所看到的视觉感受是不一样的，特别是一些流行的商品，对其颜色有着非常高的要求。一个好的色调不但可以让商品更加突出，还可以增大购买率。但是，由于天气原因、相机原因等太多因素造成了拍出来的商品照片的色彩有些偏差。本章主要讲解用 Photoshop CC 的调整命令快速处理商品的色调以解决色彩偏差问题。

11.1 转换图像的颜色模式

颜色模式决定了显示和打印处理图像的方法，其中的 RGB、CMYK、Lab 等是常用的和基本的颜色模式，索引颜色和双色调等则是用于特殊色彩输出的颜色模式。颜色模式基于颜色模型（一种描述颜色的数值方法），选择一种颜色模式就等于用了某种特定的颜色模型。

118. 转换为 RGB 模式

RGB 颜色模式是通过红、绿、蓝 3 种原色光混合的方式来显示颜色的，计算机显示器、网络、数码相机、电视等都采用这种模式。

在 Photoshop 中除因特殊要求而使用特定的颜色模式外，RGB 模式都是首选。

文件路径：素材\第 11 章\118

视频文件：MP4\第 11 章\118. mp4

STEP 01 启动 Photoshop CC 程序后执行“文件”|“打开”命令，弹出“打开”对话框，选择本书配套光盘中“第 11 章\118\118.psd 文件，单击“打开”按钮，如图 11-1 所示。

STEP 02 执行“图像”|“模式”|“RGB 颜色”命令，如图 11-2 所示。

STEP 03 执行操作后即可将图像转换为 RGB 图像模式，如图 11-3 所示。

图 11-1 打开文件

图 11-2 “RGB 颜色”命令

图 11-3 转换效果

技巧：RGB 色彩模式是一种光学意义上的色彩模式，以红、绿、蓝三色为基本通道混合风格的色彩效果。由于三色混合后其数值越大颜色越亮，又被称为“减法混合”。

119. 转换为 CMYK 模式

CMYK 颜色模式是一种用于印刷的颜色模式，四个字母分别代表青色、洋红色、黄色和黑色。

STEP 01 启动 Photoshop CC 程序后执行“文件”|“打开”命令，弹出“打开”对话框，选择本书配套光盘中“第 11 章\119\119.jpg 文件，单击“打开”按钮。执行“图像”|“模式”|“CMYK 颜色”命令，如图 11-4 所示。

STEP 02 弹出相应信息提示框，提示用户是否执行转换操作，如图 11-5 所示。

STEP 03 单击“确定”按钮，即可将图像转换为 CMYK 图像模式，如图 11-6 所示。

图 11-4 “CMYK 颜色”命令

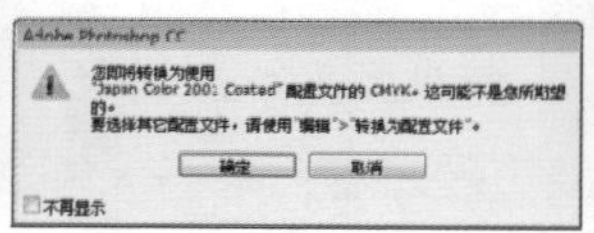

图 11-5 “提示”对话框

图 11-6 最终效果

技巧：CMYK 颜色模式是商业使用的一种四色印刷模式，它的色域（颜色范围）要比 RGB 模式小，只有制作要用印刷色打印的图像时，才使用该模式。

120. 转换为灰度模式

灰度图像中的每个像素都有一个 0 到 255 之间的亮度值，0 代表黑色，255 代表白色，其他值代表了黑、白之间过渡的灰色。在 8 位图像中最多有 256 级灰度，在 16 和 32 位图图像中的级数比 8 位图图像大得多。

文件路径：素材\第 11 章\120

视频文件：MP4\第 11 章\120. mp4

STEP 01 启动 Photoshop CC 程序后执行“文件”|“打开”命令，弹出“打开”对话框，选择本书配套光盘中“第 11 章\120\120.jpg 文件，单击“打开”按钮。执行“图像”|“模式”|“灰度”命令，如图 11-7 所示。

STEP 02 弹出相应信息提示框，提示用户是否扔掉颜色信息，如图 11-8 所示。

STEP 03 单击“扔掉”按钮，即可将图像转换为灰度图像模式，如图 11-9 所示。

图 11-7 “灰度”命令

图 11-8 “信息”提示框

图 11-9 最终效果

技巧：将彩色图像转换为灰色模式后，将保存图像的亮度模式，从而使照片灰度效果更好。但是，转换为灰度模式的图像不能再转换为彩色图像，因此在执行转换前最好对图像备份。

121. 转换为多通道模式

多通道是一种减色模式，将 RGB 图像转换为该模式后可以得到青色、洋红色和黄色通道。另外，如果删除 RGB、CMYK、Lab 模式的某个通道，图像会自动转换为多通道模式。

文件路径：素材\第 11 章\121

视频文件：MP4\第 11 章\121. mp4

STEP 01 启动 Photoshop CC 程序后执行“文件”|“打开”命令，弹出“打开”对话框，选择本书配套光盘中“第 11 章\121\121.jpg 文件，单击“打开”按钮。执行“图像”|“模式”|“多通道”命令，如图 11-10 所示。

STEP 02 即可转换为多通道模式，打开“通道”面板，显示颜色信息，如图 11-11 所示。

STEP 03 转换为多通道模式的图像，效果如图 11-12 所示。

图 11-10　“多通道”命令

图 11-11　通道面板

图 11-12　最终效果

技巧：多通道模式可以通过转换颜色模式和删除原有图像的颜色通道得到，对于有特殊打印要求的图像使用多通道模式非常有用。

11.2 图像色彩的基本调整

图像色彩的基本调整有很多种常用方法，本节主要介绍使用“亮度/对比度”“自动色调”“自动颜色”及“自动对比度”命令调整图像色彩的操作方法。

122 “亮度/对比度”命令

“亮度/对比度”命令主要对图像每个像素的亮度或是对比度进行调整，此调整方式方便、快捷，但不适合用于较为复杂的图像。

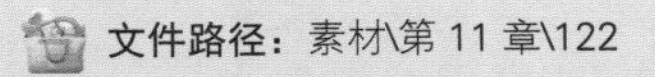

文件路径：素材\第 11 章\122

视频文件：MP4\第 11 章\122. mp4

STEP 01 启动 Photoshop CC 程序后执行“文件”|“打开”命令，弹出“打开”对话框，选择本书配套光盘中“第 11 章\122\122.jpg”文件，单击“打开”按钮。执行“图像”|“调整”|“亮度/对比度”命令，图 11-13 所示。

STEP 02 弹出“亮度/对比度”对话框，设置相关参数，如图 11-14 所示。

STEP 03 设置完成后单击“确定”按钮，即可运用“亮度/对比度”命令调整图像色彩，效果如图 11-15 所示。

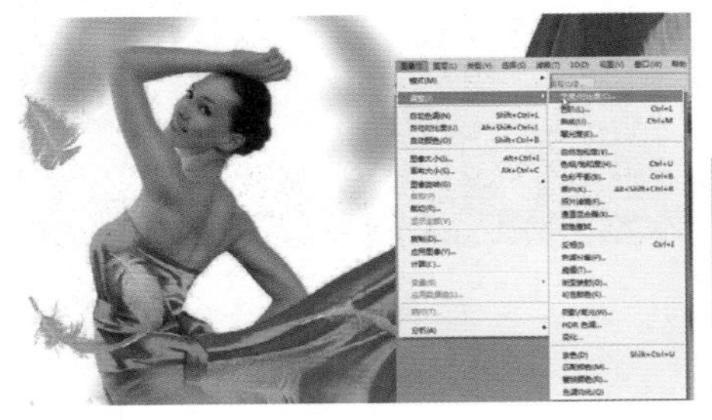

亮度/对比度
亮度: 33
对比度: 55
使用旧版(L)

图 11-13 “亮度/对比度”命令　　图 11-14 “亮度/对比度”参数　　图 11-15 最终效果

技 巧：使用“亮度/对比度”调整图像时会丢失大量细节，所以在对图像进行精细调整时不适合用“亮度/对比度”命令。

123. “自动色调”命令

“自动色调”命令可以将每个颜色通道中最亮和最暗的像素分别设置为白色和黑色，并将中间色调比例重新分布。

STEP 01 启动 Photoshop CC 程序后执行“文件”|“打开”命令，弹出“打开”对话框，选择本书配套光盘中“第 11 章\123\123.jpg”文件，单击“打开”按钮，如图 11-16 所示。

STEP 02 执行“图像”|“自动色调”命令，或按 Shift+Ctrl+L 组合键，如图 11-17 所示。

STEP 03 执行操作后即可自动调整图像色调，得到图 11-18 所示的效果。

图 11-16　打开文件

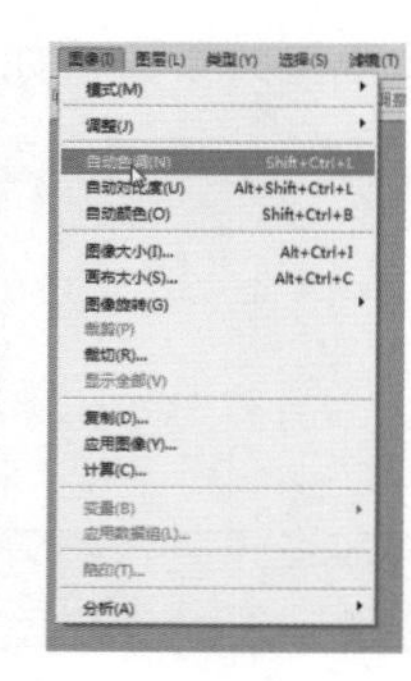

图 11-17　“自动色调”命令

图 11-18　最终效果

技 巧：按 Ctrl+Shift+L 组合键，可以快速打开“自动色调”命令。

124 "自动颜色"命令

"自动颜色"命令可以让系统自动地对图像进行颜色校正。如果图像中有色偏或者饱和度过高的现象，均可使用该命名进行调整。

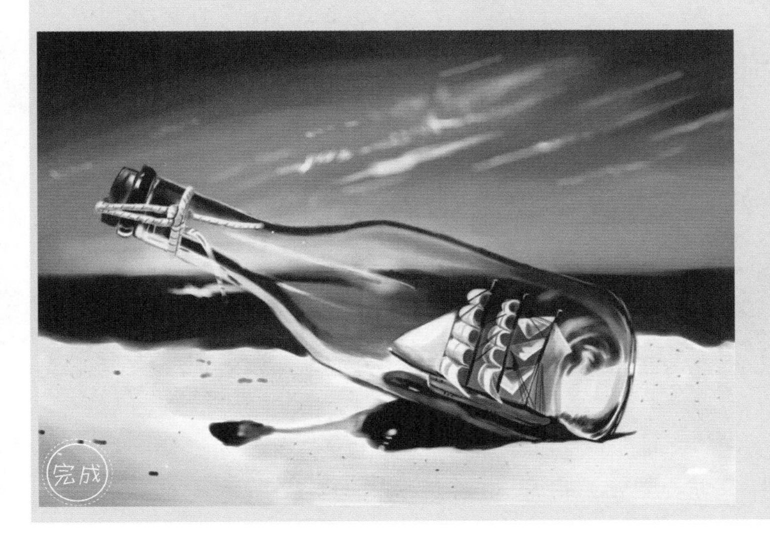

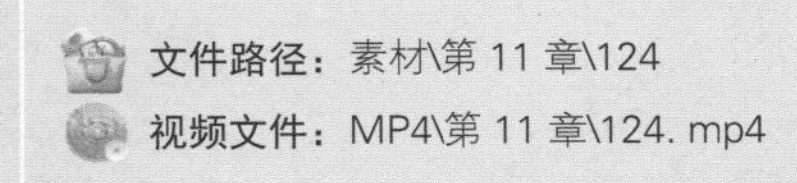

STEP 01 启动 Photoshop CC 程序后执行"文件"|"打开"命令，弹出"打开"对话框，选择本书配套光盘中"第 11 章\124\124.jpg"文件，单击"打开"按钮，如图 11-19 所示。

STEP 02 执行菜单栏中的"图像"|"自动颜色"命令，如图 11-20 所示。

STEP 03 执行操作后即可自动调整图像颜色，效果如图 11-21 所示。

图 11-19 打开文件

图像(I) 图层(L) 类型(Y) 选择(S)
模式(M)
调整(J)
自动色调(N) Shift+Ctrl+L
自动对比度(U) Alt+Shift+Ctrl+L
自动颜色(O) Shift+Ctrl+B
图像大小(I)... Alt+Ctrl+I
画布大小(S)... Alt+Ctrl+C
图像旋转(G)
裁剪(P)
裁切(R)...
显示全部(V)
复制(D)...
应用图像(Y)...
计算(C)...
变量(B)
应用数据组(L)...
陷印(T)...
分析(A)

图 11-20 "自动颜色"命令

图 11-21 最终效果

技 巧：按 Ctrl+Shift+B 组合键，可以快速打开"自动颜色"命令。

125 "自动对比度"命令

"自动对比度"命令会自动将图像最深的颜色加强为黑色，最亮的部分加强为白色，以增强图像的对比度。此命令对于连续色调的图像效果相当明显，而对于单色或颜色不丰富的图像几乎不产生作用。

STEP 01 启动 Photoshop CC 程序后执行“文件”|“打开”命令，弹出“打开”对话框，选择本书配套光盘中“第 11 章\125\125.jpg”文件，单击“打开”按钮，如图 11-22 所示。

STEP 02 执行菜单栏中的“图像”|“自动对比度”命令，如图 11-23 所示。

STEP 03 执行操作后即可自动调整图像的对比度，如图 11-24 所示。

图 11-22　打开文件

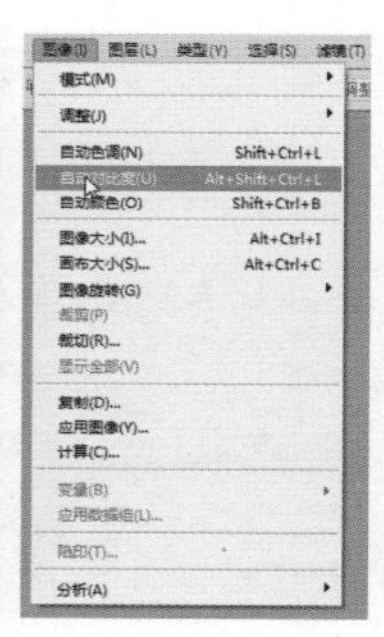

图 11-23　“自动对比度”命令

图 11-24　最终效果

技巧：按 Ctrl+Shift+Alt+L 组合键，可以快速打开“自动对比度”命令。

11.3 图像色彩的基本调整

Photoshop CC 拥有多种强大的颜色调整功能，使用“黑白”和“变化”等命令可以轻松调整图像的色相、饱和度、对比度和亮度，修正色彩不平衡、曝光不足或过度等缺陷的图像。本小节主要介绍色彩的基本调整及图像色调的高级调整的操作方法。

126. 调整偏色的人物

“色彩平衡”命令是根据颜色互补的原理，通过添加或减少互补色而达到图像的色彩平衡，或改变图像的整体色彩。

STEP 01 启动 Photoshop CC 程序后执行“文件”|“打开”命令，弹出“打开”对话框，选择本书配套光盘中“第 11 章\126\126.jpg”文件，单击“打开”按钮。执行“图像”|“调整”|“色彩平衡”命令，弹出“色彩平衡”对话框，在对话框中选择“阴影”选项，并设置相关参数，如图 11-25 所示。

图 11-25 “色彩平衡”对话框

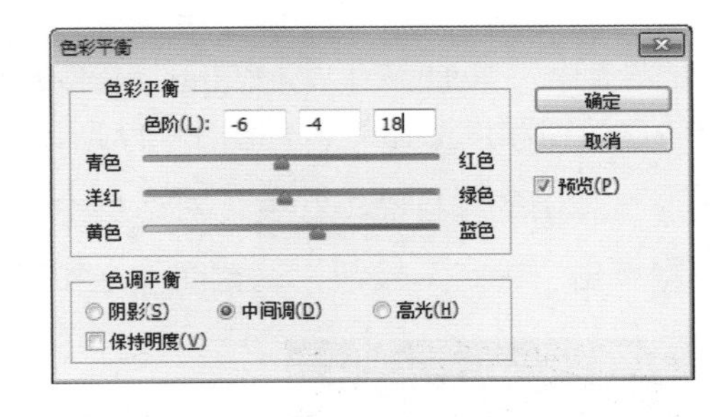

图 11-26 调整人物的中间调

STEP 02 分别选择“中间调”和“高光”设置参数，调整人物的中间调和高光，如图 11-26 和图 11-27 所示。

STEP 03 单击“确定”按钮关闭对话框，调整图像色彩平衡的效果如图 11-28 所示。

技巧：按 Ctrl+B 组合键，可以快速的打开“色彩平衡”命令。

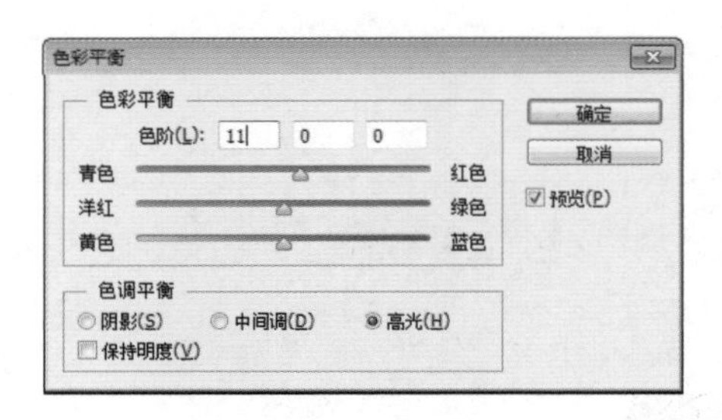

图 11-27 调整人物的高光

图 11-28 最终效果

127. 增加物品的鲜艳度

“自然饱和度”命令是用于调整色彩饱和度的命令，它的特别之处是可在增加饱和度的同时防止颜色过于饱和而出现溢色。

文件路径：素材\第 11 章\127

视频文件：MP4\第 11 章\127. mp4

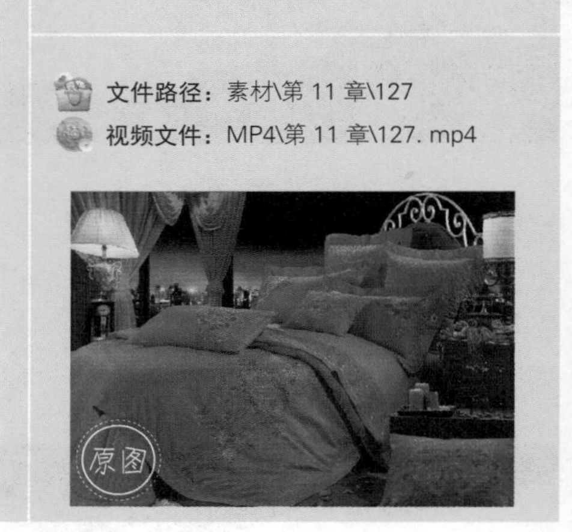

STEP 01 启动 Photoshop CC 程序后执行“文件” | “打开”命令，弹出“打开”对话框，选择本书配套光盘中“第 11 章\127\127.jpg”文件，单击“打开”按钮。执行菜单栏中的“图像” | “调整” | “自然饱和度”命令，如图 11-29 所示。

STEP 02 在弹出的“自然饱和度”对话框中设置相应额参数，如图 11-30 所示。

STEP 03 单击“确定”按钮，调整图像饱和度的效果如图 11-31 所示。

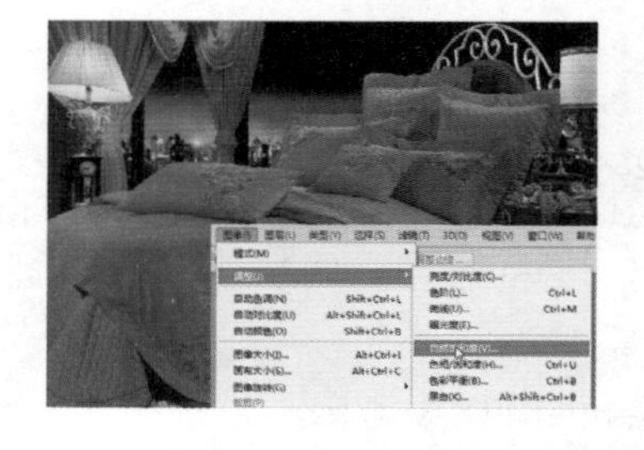

图 11-29 “自然饱和度”命令

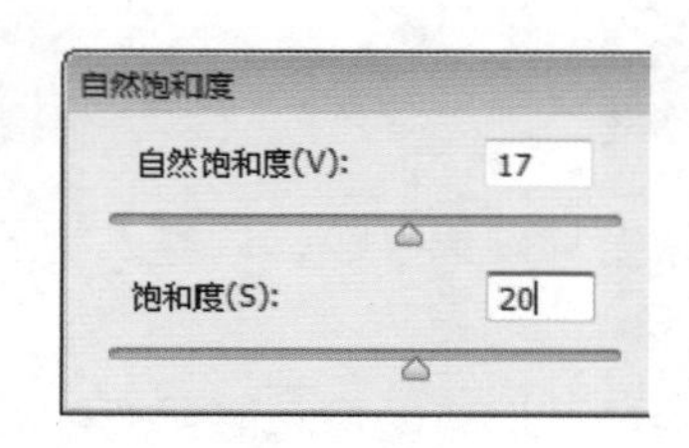

图 11-30 “自然饱和度”参数

图 11-31 最终效果

128. 调整光影层次

“阴影/高光”命令能够基于阴影或高光中的局部相邻像素来校正每个像素，调整阴影区域时对高光的影响很小，而调整高光区域时对阴影的影响很小。

STEP 01 启动 Photoshop CC 程序后执行“文件”|“打开”命令，弹出“打开”对话框，选择本书配套光盘中“第 11 章\128\128.jpg”文件，单击“打开”按钮。执行菜单中的“图像”|“调整”|“阴影/高光”命令，弹出“阴影/高光”对话框，如图 11-33 所示，设置相应参数。

STEP 02 选中“显示更多选项”复选框即可展开“阴影/高光”对话框，在其中设置各选项参数，如图 11-34 所示。

STEP 03 单击“确定”按钮运用“阴影/高光”命令调整图像，效果如图 11-35 所示。

图 11-33 “阴影/高光”对话框

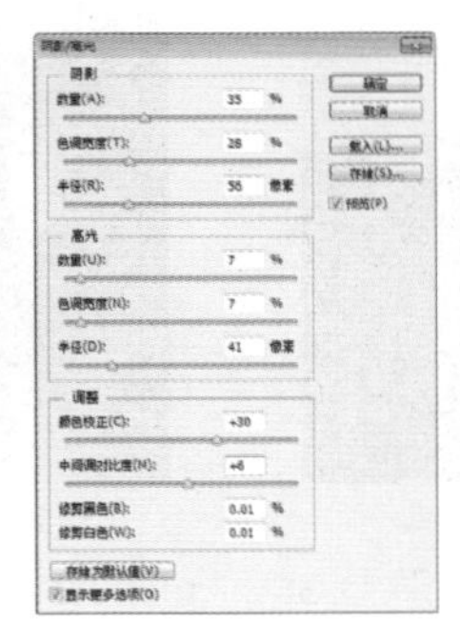

图 11-34 “阴影/高光”对话框

图 11-35 最终效果

技巧：“阴影/高光”命令适用于校正由强逆光而形成阴影的照片，或者校正由于太接近相机闪光灯而有些发白的焦点。在 CMYK 颜色模式下的图像是不能使用该命令的。

129. 夕阳西下

滤镜是相机的一种配件，将它安装在镜头前面可以保护镜头，降低或消除水面和非金属表面反光或者改变色温。“照片滤镜”命令可以模拟彩色滤镜，调整通过镜头传输的光的色彩平衡和色温，对于调整数码照片特别有用。

文件路径：素材\第 11 章\129

视频文件：MP4\第 11 章\129. mp4

STEP 01 启动 Photoshop CC 程序后执行“文件”|“打开”命令，弹出“打开”对话框，选择本书配套光盘中“第 11 章\129\129.jpg 和 129（2）.jpg”文件，单击“打开”按钮，如图 11-36 所示。

图 11-36　打开文件

STEP 02 执行“图像”|“调整”|“匹配颜色”命令，弹出“匹配颜色”对话框，如图 11-37 所示。

STEP 03 在“源”下拉列表中选择“129.jpg”选项，如图 11-38 所示。

STEP 04 单击“确定”按钮，查看“匹配颜色”效果，如图 11-39 所示。

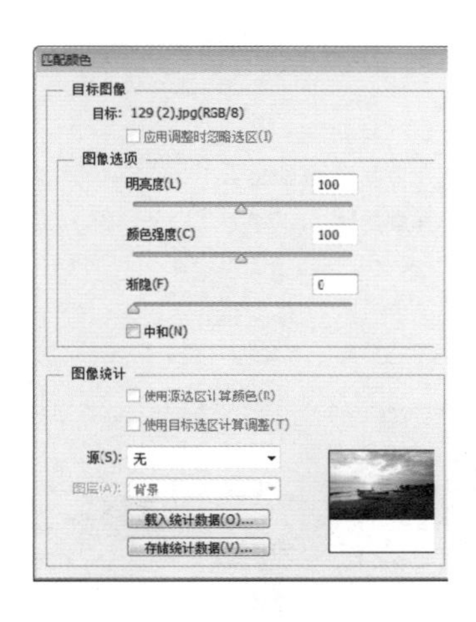

图 11-37 “匹配颜色”命令

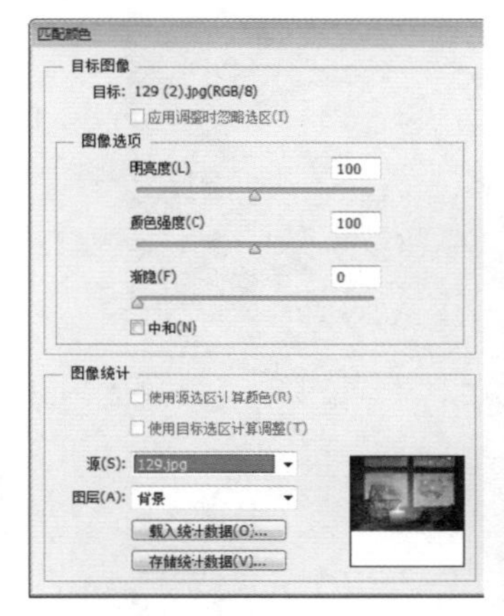

图 11-38 选择“源”对象

图 11-39 “匹配颜色”效果

技 巧：“匹配颜色”命令是一个智能的颜色调整工具，它可以使原图像与目标图像的亮度、色相和饱和度统一，不过该命令只在 RGB 模式下才能使用。

STEP 05 执行“图像”|“调整”|“照片滤镜”命令，在弹出的对话框中设置相关参数，图 11-40 所示。

STEP 06 单击“确定”按钮即给图像添加了浓浓的黄色，如图 11-41 所示。

STEP 07 创建“亮度/对比度”调整图层，在弹出的对话框中设置相应参数，增加黄昏的对比度如图 11-42 所示。

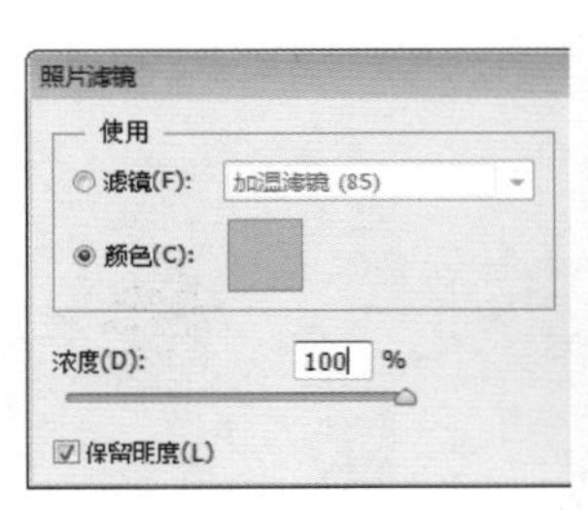

图 11-40 “照片滤镜”对话框

图 11-41 “照片滤镜”效果

图 11-42 最终效果

技 巧：“照片滤镜”命令允许选择预设的颜色，以便为图像应用色相调整。

130. 夏的记忆

“可选颜色”命令是通过调整印刷油墨的含量来控制颜色的，使用“可选颜色”命令可以有选择性地修改主要颜色中的印刷色的含量，但不会影响其他主要颜色。

文件路径：素材\第 11 章\130

视频文件：MP4\第 11 章\130. mp4

STEP 01 启动 Photoshop CC 程序后执行“文件”|“打开”命令，弹出“打开”对话框，选择本书配套光盘中“第 11 章\130\130.jpg”文件，单击“打开”按钮，如图 11-43 所示。

STEP 02 执行“图像”|“模式”|“Lab 颜色”命令，将图像转换为 Lab 颜色模式。在通道面板中选择“b”通道，按 Ctrl+A 组合键全选图像，按 Ctrl+C 组合键进行复制；在“a”通道中按 Ctrl+V 组合键将复制的图像粘贴，效果如图 11-44 所示。

STEP 03 执行“图像”|“模式”|“RGB 颜色”命令，将 Lab 颜色模式转换成 RGB 颜色模式。

STEP 04 执行“图像”|“调整”|“色阶”命令（或按 Ctrl+L 组合键），打开“色阶”对话框，并设置相关参数，如图 11-45 所示。

图 11-43　打开文件

图 11-44　转换通道

图 11-45　“色阶”参数

STEP 05 执行“图像”|“调整”|“可选颜色”命令（或按 Alt+I+J+S 组合键）弹出“可选颜色”对话框，设置相应参数如图 11-46 所示。

STEP 06 单击“颜色”下拉列表框中的下三角按钮，在弹出的下拉列表中分别选择“黄色”“中性色”“黑色”选项，设置相应参数如图 11-47 所示。

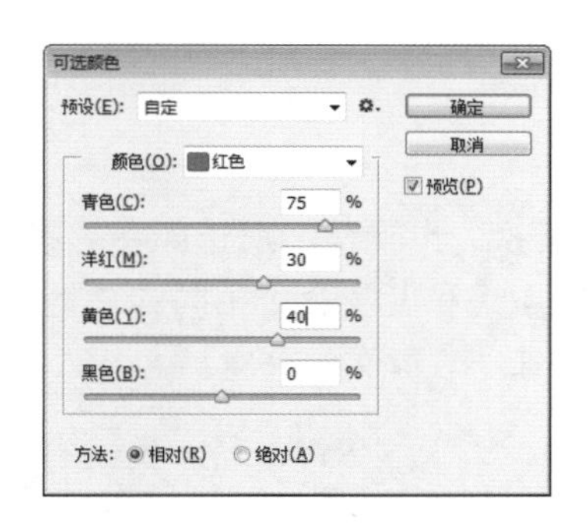

图 11-46 “可选颜色”对话框

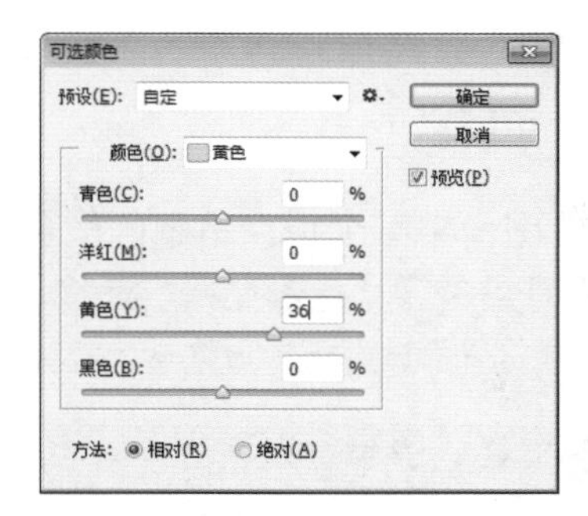

图 11-47 “可选颜色”参数

STEP 07 设置完成后单击“确定”按钮即可查看图像的色彩，效果如图 11-48 所示。

STEP 08 执行“图像”|“调整”|“色相/饱和度”命令（或按 Ctrl+U 组合键），在弹出的“色相/饱和度”对话框中设置相应参数，如图 11-49 所示。

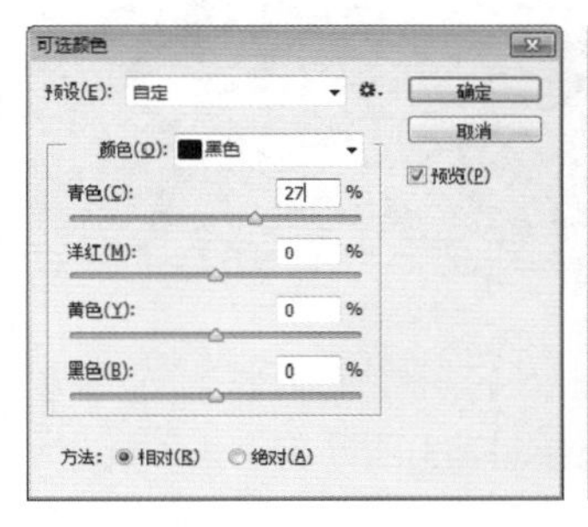

图 11-48 最终效果

图 11-49 “色相/饱和度”参数

STEP 09 选择图层面板下的“创建新图层”按钮，新建图层。设置前景色为（# ec27f3），按 Alt+Delete 组合键填充前景色，更改其“不透明度”为 19%，如图 11-50 所示。

STEP 10 按 Ctrl+Shift+Alt+N 组合键，新建图层。设置前景色为（#9bb7bd），填充前景色，设置图层混合模式为“柔光”，如图 11-51 所示。

STEP 11 按 Ctrl+O 组合键，打开文字素材，给花朵添加文字，最终效果如图 11-52 所示。

图 11-50 填充颜色

图 11-51 填充颜色

图 11-52 最终效果

技巧：在应用“可选颜色”命令时可能发现该命令不能使用，这需要检查“通道”面板，看是否选择了复合通道，因为该命令只在复合通道才能使用。

131 “替换颜色”命令

使用“替换颜色”命令可以对图像中某个特点范围的颜色进行替换，也就是将所选颜色替换为其他颜色。“替换颜色”命令同时具备了“色彩范围”命令和“色相/饱和度”命令相同的功能，因此，在替换颜色的过程中可以根据不同的需求调整选定区域的色相、饱和度和亮度。

STEP 01 启动 Photoshop CC 程序后执行“文件”|“打开”命令，弹出“打开”对话框，选择本书配套光盘中“第 11 章\131\131.jp g”文件，单击“打开”按钮，如图 11-53 所示。

STEP 02 按 Ctrl+J 组合键复制图层。执行“图像”|“调整”|“替换颜色”命令，弹出“替换颜色”对话框，单击“添加到取样”按钮，如图 11-54 所示。

STEP 03 设置相应选项，在黑色矩形框中的适当位置处重复单击鼠标左键，选中图像中人物紫色的裤子及纱巾，如图 11-55 所示。

图 11-53　打开文件

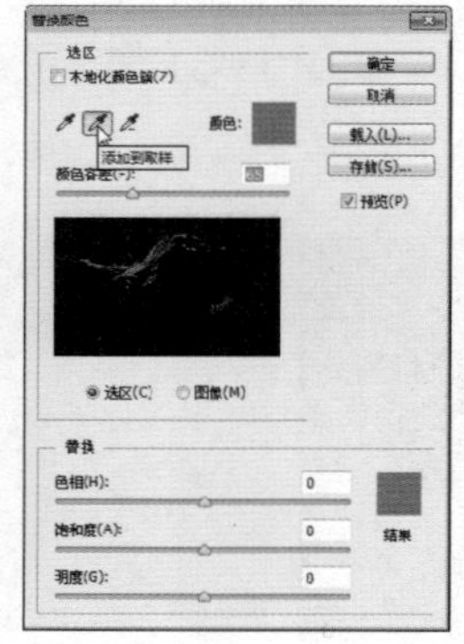

图 11-54　“替换颜色”对话框

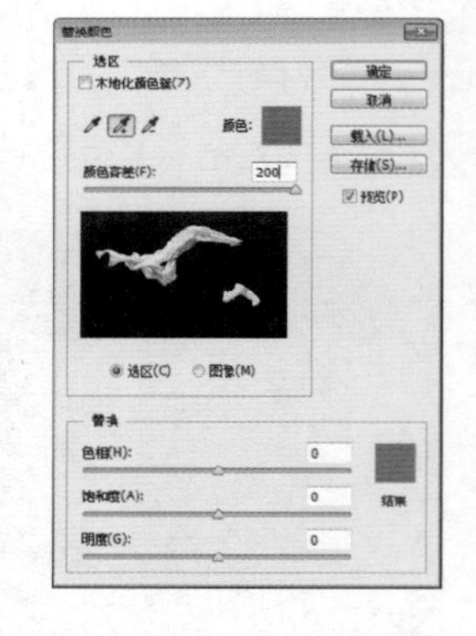

图 11-55　吸取人物裤子及纱巾颜色

STEP 04 单击“结果”色块，弹出“拾色器”对话框，设置颜色为黄色，如图 11-56 所示。

STEP 05 设置完成后单击“确定”按钮，返回图 11-57 所示“替换颜色”对话框。

STEP 06 单击“确定”按钮替换图像颜色，效果如图 11-58 所示。

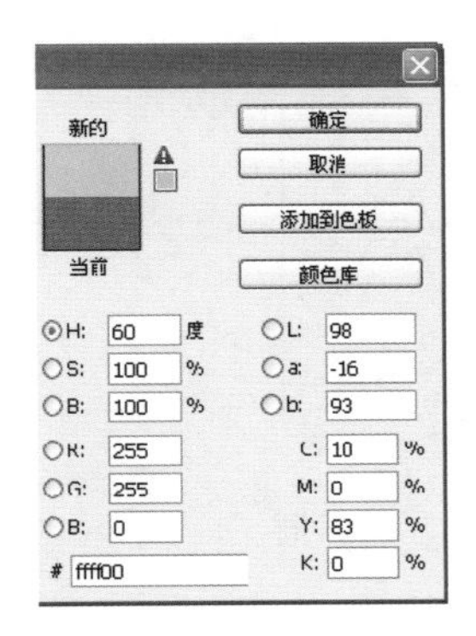

图 11-56 拾色器

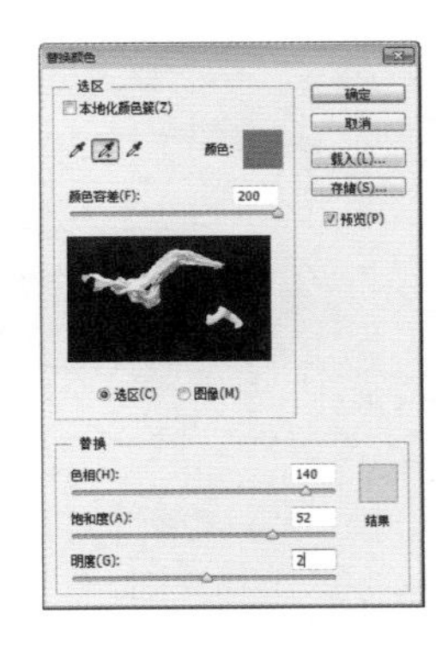

图 11-57 “替换颜色”对话框

图 11-58 最终效果

技 巧：按 Shift 键并单击选定区域，可以添加所选择的区域；按 Alt 键并单击选定区域，可以减少所选择的区域。

132 “黑白”命令

“黑白”命令能够将彩色图像转换为单色或黑白图像，同时还能保持对各种颜色转换方式的控制。

文件路径：素材\第 11 章\132

视频文件：MP4\第 11 章\132. mp4

STEP 01 启动 Photoshop CC 程序后执行“文件”|“打开”命令，弹出“打开”对话框，选择本书配套光盘中“第 11 章\132\132.jpg”文件，单击“打开”按钮，如图 11-59 所示。

STEP 02 执行“图像”|“调整”|“黑白”命令，或按 Ctrl+Alt+Shift+B 组合键，弹出“黑白”对话框如图 11-60 所示。

技 巧：在“预设”下拉列表中可以选择各种预设选项，每种预设的调整都会随图像而产生不同的黑白效果或单色效果。

图 11-59　打开文件

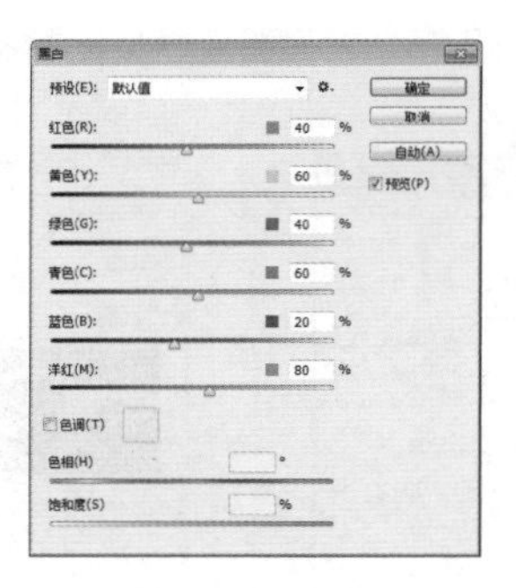

图 11-60“黑白”对话框

STEP 03 保持默认设置，单击“确定”按钮即可制作单色效果，如图 11-61 所示。

STEP 04 按 Ctrl+O 组合键，打开文字素材，添加文字素材，如图 11-62 所示。

图 11-61　“黑白”效果

图 11-62　最终效果

133. “变化”命令

“变化”命令可以在调整图像的同时预览图像调整前后的对比图，能更加方便地调整图像的色彩平衡、对比度和饱和度。

文件路径：素材\第 11 章\133

视频文件：MP4\第 11 章\133. mp4

STEP 01 启动 Photoshop CC 程序后执行“文件”|“打开”命令，弹出“打开”对话框，选择本书配套光盘中“第 11 章\133\133.jpg”文件，单击“打开”按钮，如图 11-63 所示。

STEP 02 执行“图像”|“调整”|“变化”命令，弹出“变化”对话框如图 11-64 所示。

图 11-63　打开文件

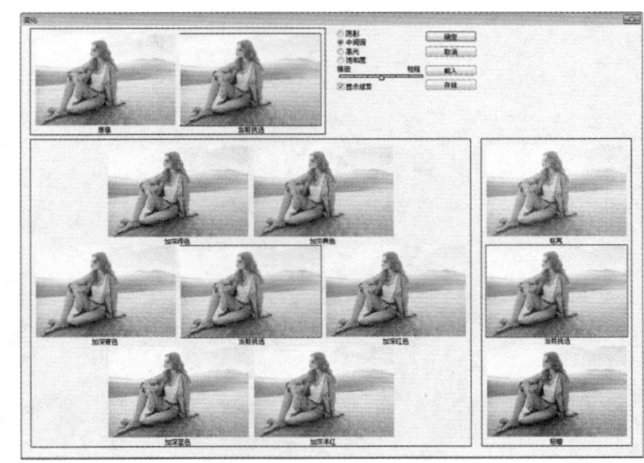

图 11-64　“变化”对话框

STEP 03 单击“加深洋红”缩览图，再双击“加深红色”缩览图，图像效果如图 11-65 所示。

STEP 04 单击“确定”按钮即可调整图像的色调。按 Ctrl+O 组合键，打开文字素材，添加文字素材，如图 11-66 所示。

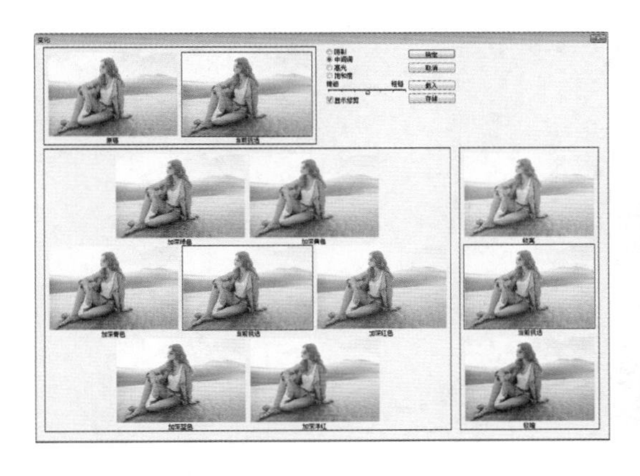

图 11-65　“变化”对话框

图 11-66　最终效果

技巧：“变化”命令不可用于索引图像和 16 位/通道图像。

- ▶淘宝山地车促销海报设计
- ▶淘宝时尚女鞋网页设计
- ▶电影海报——快乐的大脚
- ▶艺术照的版式设计
- ▶天鹅之女
- ▶儿童写真
- ▶地铁海报——暗香
- ▶儿童日历
- ▶燃烧的跑车
- ▶藤蔓

第 12 章
天马行空——抠图的合成特殊运用

随着网购的普及，让消费者有了更多的选择，对于网店的店主，如何抓住消费者的心、如何吸引消费者购买是首先考虑的事情，而店铺商品展示则是其中的重中之重。本小节主要介绍几种常见的网店图片的处理，通过学习了解照片的各种使用方法。

12.1 网店图片的商业设计

134 山地车促销海报设计

随着人们生活水平的提高，越来越多的人选择户外运动来锻炼身体，拥抱大自然，一辆好的山地车可以带你翻过千山万水。本例以山地车为例介绍了促销海报的制作方法。

STEP 01 启动 Photoshop CC 程序后执行“文件”|“打开”命令，弹出“打开”对话框，选择本书配套光盘中“第 12 章\134\134.jpg 文件，单击“打开”按钮，如图 12-1 所示。

STEP 02 执行“文件”|“打开”命令，弹出“打开”对话框，打开“卡通人物”素材，结合本书中“磁性套索”工具和“魔术橡皮擦”工具抠图法将卡通人物抠取出来，如图 12-2 所示。

图 12-1 打开文件

图 12-2 抠取图像

STEP 03 选择工具箱中的“移动”工具，将抠取出来的人物拖拽至编辑的窗口中，按 Ctrl+T 组合键调整大小和位置，如图 12-3 所示。

STEP 04 按 Ctrl+O 组合键打开“山地车”素材，结合本书的“背景橡皮擦工具保护前景色”抠图法将山地车抠取出来，选择“移动”工具，将抠取出来的山地车拖拽至编辑的窗口中，适当调整大小，如图 12-4 所示。

图 12-3　拖拽素材

图 12-4　添加山地车素材

STEP 05 选择图层面板下的“添加图层蒙版”按钮，为山地车图层添加蒙版。选择“画笔”工具，用黑色的画笔将卡通人物的腿及手擦出来，如图 12-5 所示，让卡通人物骑在山地车上。

STEP 06 按 Ctrl+Shift+Alt+N 组合键新建图层，按 Ctrl+[组合键将图层下移一层。选择“椭圆选框”工具，在气球及车轮下创建椭圆选区。按 Shift+F6 组合键羽化 3 像素，填充黑色为其制作投影，如图 12-6 所示。

图 12-5　添加蒙版

图 12-6　制作阴影

STEP 07 选择“矩形”工具，在工具选项栏中设置“工具模式”为“形状”、“填充”为棕色（#100c03）、“描边”为“无”，在文档中创建矩形，并更改其“不透明度”为 89%、“填充”为 91%，如图 12-7 所示。

STEP 08 选择“横排文字”工具，在文档中输入文字制作出主题，效果如图 12-8 所示。

图 12-7 创建矩形

图 12-8 最终效果

135. 时尚女鞋网页设计

对于琳琅满目的商品，一个好的店面装修和商品展示是非常重要的，本实例以网站热门商品女鞋为例介绍商品图片的处理。

文件路径：素材\第 12 章\135

视频文件：MP4\第 12 章\135. mp4

STEP 01 启动 Photoshop CC 程序后执行“文件”|“新建”命令，弹出“新建”对话框，设置相关参数如图 12-9 所示。

STEP 02 单击“确定”按钮，新建一个文档。执行“文件”|“打开”命令，弹出“打开”对话框，选择本书配套光盘中“第 12 章\135\135.jpg 文件，单击“打开”按钮，如图 12-10 所示。

STEP 03 选择工具箱中的“矩形框选”工具，在“海边”素材中创建矩形选区。选择“移动”工具，按 Ctrl+Alt 组合键的同时将选区内的图像拖拽至新建文档中，按 Ctrl+T 组合键调整大小和位置，如图 12-11 所示。

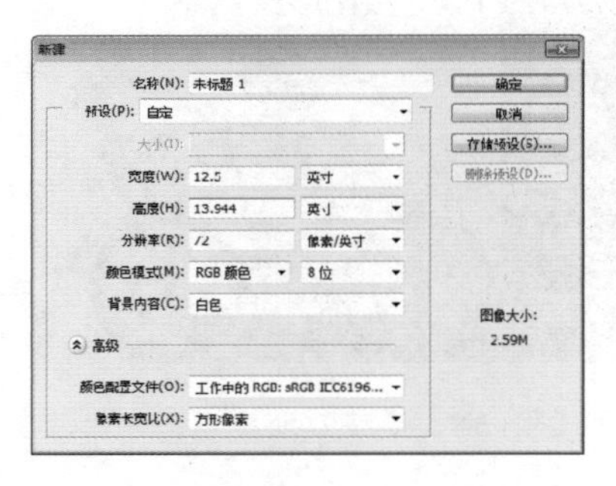

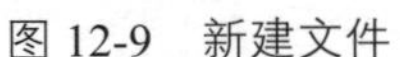

图 12-9　新建文件　　图 12-10　打开素材　　图 12-11 拖拽素材

STEP 04 按 Ctrl+O 组合键，打开“比基尼”素材，结合“磁性套索”工具抠图法，将比基尼人物抠取出来，选择“移动”工具，按 Ctrl+Alt 组合键的同时将其拖拽至编辑的窗口中，适当调整大小和位置如图 12-12 所示。

STEP 05 按 Ctrl+Shift+Alt+N 组合键，新建图层，选择“矩形选框”工具，在文档中创建矩形。将前景色设为深橙色（#db6f1c）、背景色设为橙色（#fc9f3f），选择“渐变”工具，在工具选项栏“渐变编辑器”中选择“前景色到背景色”的渐变，从选区的左边往右边填充线性渐变，按 Ctrl+D 组合键取消选区，如图 12-13 所示。

STEP 06 选择“横排文字”工具，在图像编辑窗口适当位置单击鼠标左键，在弹出的文字工具属性栏中单击“切换字符和段落面板”按钮，设置相应参数并输入相关文字，如图 12-14 所示。

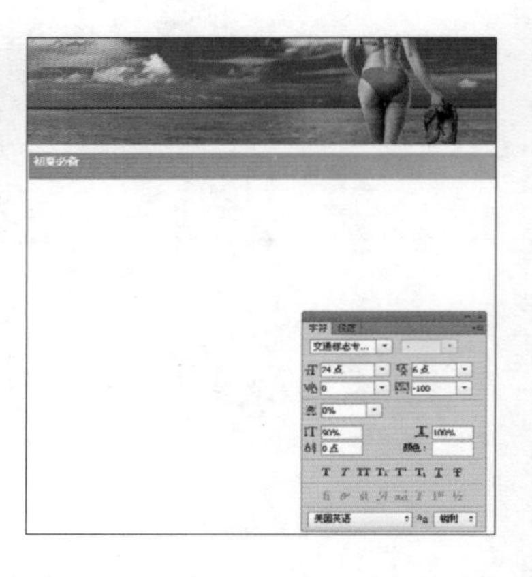

图 12-12　添加人物　　图 12-13　创建矩形条　　图 12-14　添加文字

STEP 07 同上述输入文字的方法在橙色的矩形上继续添加文字，如图 12-15 所示。

STEP 08 新建图层，设置前景色为淡黄色（# fef1cf）。选择“矩形选框”工具，在空白的文档中创建矩形，按 Alt+Delete 组合键填充前景色，如图 12-16 所示。

STEP 09 选择图层面板下的“创建新组”按钮，创建图层组。新建图层，选择“矩形选框”工具，在土黄色的矩形上创建选区并填充白色，如图 12-17 所示。

图 12-15 输入文字

图 12-16 填充前景色

图 12-17 创建矩形

STEP 10 选择“自定义形状”工具，在工具选项中设置“填充”为“无”、“描边”为“粉红色（#ff7390）”，单击“自定义形状拾色器”，在打开的“拾色器”对话框中选择“十角星”图形，在白色矩形上绘制，如图 12-18 所示。

STEP 11 选择“钢笔”工具，在工具选项栏中选择“形状”选项、“填充”为“粉红色（#ff7390）”，“描边”为“无”，在白色矩形的右上角绘制形状，如图 12-19 所示。

STEP 12 选择“横排文字”工具，在白色矩形及粉红条上输入文字，注意更改字体的颜色，如图 12-20 所示。

图 12-18 绘制图形

图 12-19 绘制图形

图 12-20 输入文字

STEP 13 按 Ctrl+O 组合键，打开“凉鞋”素材，结合“钢笔”工具抠图方法将凉鞋抠取出来并拖拽至编辑的窗口中，适当调整大小和位置，如图 12-21 所示。

STEP 14 同上述操作方法，依次给文档窗口添加凉鞋，如图 12-22 所示。

STEP 15 切换到“海边”素材。选择“矩形选框”工具，在人物上框选，按 Ctrl+C 组合键复制，切换至编辑的窗口，按 Ctrl+v 组合键粘贴图像，适当调整其大小及位置如图 12-23 所示。

图 12-21　添加素材

图 12-22　添加素材

图 12-23　最终效果

136. 电器宣传海报

网店中的商品各种各样，为了吸引消费群体，除了商品本身的质量外，宣传海报也至关重要，本例就用冰箱图片制作一幅主题鲜明的宣传海报。

制作提示：

STEP 01 新建 12.5 英寸 × 8.917 英寸的文档。

STEP 02 添加素材到文件中并调整天空的亮度。

STEP 03 利用“渐变编辑器”中默认的渐变预设制作天空上的彩虹。

STEP 04 再次添加各种所需的素材并利用“形状”工具在文档中制作所需要的形状。

STEP 05 选择“文字”工具在文档中输入文字并进行变形操作。

STEP 06 保存文件。

137. 女装网页设计

服装是网店中最火的销售商品，尤其女装的销售更是受到广大消费者的青睐。本例介绍女装网店的装修设计。

文件路径：素材\第 12 章\137

视频文件：MP4\第 12 章\137. mp4

制作提示：

STEP 01 新建 12.5 英寸 × 11.361 英寸的文档。

STEP 02 添加素材并利用选框工具制作出各种需要的框形图形。

STEP 03 在框形图形上输入各种文字。

STEP 04 添加例中所需的素材到编辑的文档。

STEP 05 添加各种图层样式，完成制作。

12.2 商业应用

如今广告的普及让 Photoshop CC 的商业应用也显得非常重要，它从基本的照片合成到广告效果的制作都有很好的体现。本小节主要从电影宣传广告、地铁广告、物品广告及咖啡厅广告等几个不同领域和不同方向介绍 Photoshop 在其中的应用。

138. 电影海报——快乐的大脚

一幅好的电影宣传广告直接影响到其销售情况，在突出主题的前提下，广告内容要立刻抓住消费者的眼球。本例以《快乐的大脚》影片为例，制作一幅颜色鲜明且主题突出的电影海报。

文件路径：素材\第 12 章\138

视频文件：MP4\第 12 章\138. mp4

STEP 01 启动 Photoshop CC 程序后执行“文件”|“新建”命令，弹出“新建”对话框，设置相关参数，如图 12-24 所示。

STEP 02 选择图层面板下的“创建新图层”按钮，新建图层，填充黑色。执行“滤镜”|“渲染”|“分层云彩”命令给文件添加云彩，图 12-25 所示。

STEP 03 新建图层，设置前景色为橙色（#d95c18），按 Alt+Delete 组合键填充颜色，更改其混合模式为“滤色”、不透明度为 76%，如图 12-26 所示。

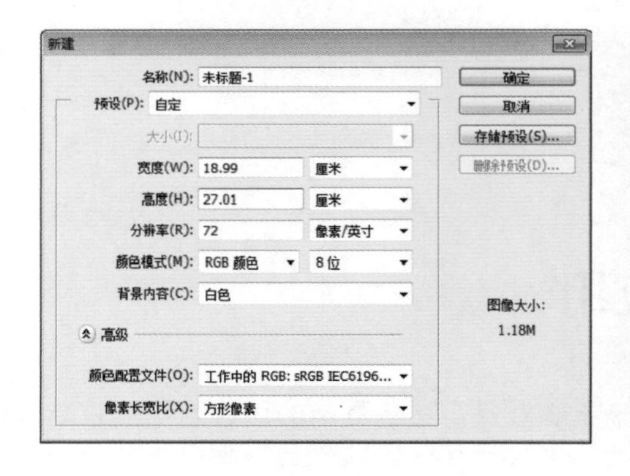

图 12-24 设置参数

图 12-25 “分层云彩”效果

图 12-26 填充前景色

STEP 04 按 Ctrl+O 组合键，打开“大海”素材。选择“移动”工具，将素材拖到文档中，按 Ctrl+T 调整大小和位置。选择图层面板下的“添加图层蒙版”按钮，为该层添加蒙版，选择“渐变”工具，在工具选栏中的“渐变编辑器”对话框中选择“黑色到白色”的渐变，从上往下拉出线性渐变，效果如图 12-27 所示。

STEP 05 同样方法，添加天空素材，更改混合模式为“滤色”、不透明度为 27%，如图 12-28 所示。

STEP 06 选择图层面板下的“创建新的填充或调整图层”按钮，创建“照片滤镜”调整图层，在弹出的对话框中设置相关参数，增加颜色如图 12-29 所示。

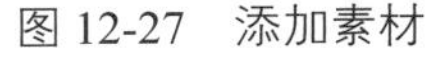

图 12-27　添加素材　　图 12-28　添加天空　　图 12-29　“照片滤镜”效果

STEP 07 新建图层，设置前景色为黄色（# e9bc67），按 Alt+Delete 组合键填充橙色，更改其混合模式为“柔光”，如图 12-30 所示。

STEP 08 创建“曲线”调整图层（蓝通道参数为输入 127、输出 115），在弹出的对话框中设置相关参数，按 Ctrl+Alt+G 组合键创建剪贴，提亮黄色的填充图层，如图 12-31 所示。

STEP 09 按 Ctrl+O 组合键，打开“岩石”素材，选择“快速选择”工具将岩石抠取出来并拖拽至文档中，适当调整大小和位置。选择“画笔”工具，将前景色设为黑色。在“岩石”图层下新建图层，用黑色的画笔工具制作岩石的阴影，得到如图 12-32 所示的效果。

图 12-30　填充前景色　　图 12-31　“曲线”效果　　图 12-32　添加岩石素材

STEP 10 新建图层，选择“画笔”工具，在天空与海的融合处涂抹白色，适当降低不透明度，制作海上高光如图 12-33 所示。

STEP 11 按 Ctrl+O 组合键，打开“光束”素材，将素材拖拽至文档中，适当调整大小和位置，如图 12-34 所示。

STEP 12 新建图层，填充黑色。执行“滤镜”|“渲染”|“镜头光晕”命令，在弹出的对话框中设置参数，并更改其混合模式为“滤色”、不透明度为 74%，让镜头光晕融入背景中，如图 12-35 所示。

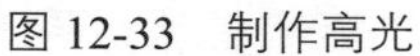

图 12-33　制作高光

图 12-34　添加素材

图 12-35　镜头光晕

按 Ctrl+O 组合键，打开“企鹅”素材，结合本书的“魔术橡皮擦”工具抠图法，将企鹅抠图并拖拽至编辑窗口中，调整大小和位置，如图 12-36 所示。

STEP 14 双击该图层打开“图层样式”对话框，在弹出的对话框中选择“投影”选项设置相关参数，结合本书“不规则倒影”制作的方法给企鹅制作阴影，如图 12-37 所示。

STEP 15 更改投影图层的“填充”为 50%、混合模式为“正片叠底”。创建“曲线”调整图层（蓝通道参数为输入 167、输出 197），在弹出的对话框中设置相关参数，按 Ctrl+Alt+G 组合键创建剪贴，提亮企鹅的阴影，效果如图 12-38 所示。

STEP 16 在“图层”面板中选中企鹅图层，创建“曲线”调整图层，在弹出的对话框中设置相关参数，按 Ctrl+Alt+G 组合键创建剪贴，提亮企鹅效果如图 12-39 所示。

图 12-36　添加素材

图 12-37　制作阴影

图 12-38　提亮阴影

图 12-39　提亮企鹅

STEP 17 创建“色彩平衡”调整图层，在弹出的图 12-40 所示对话框中设置相关参数，按 Ctrl+Alt+G 组合键创建剪贴，更改企鹅的颜色，效果如图 12-40 所示。

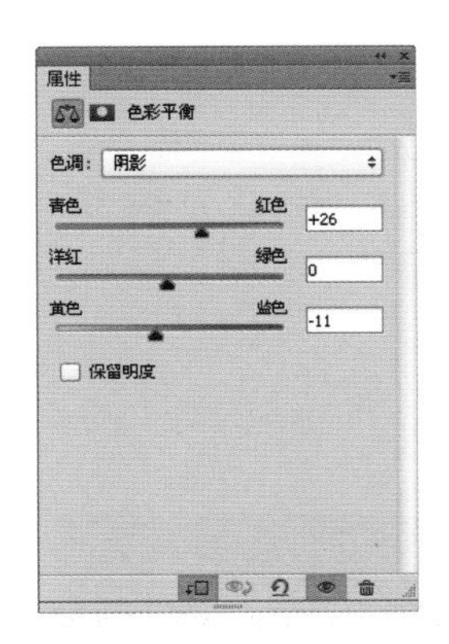

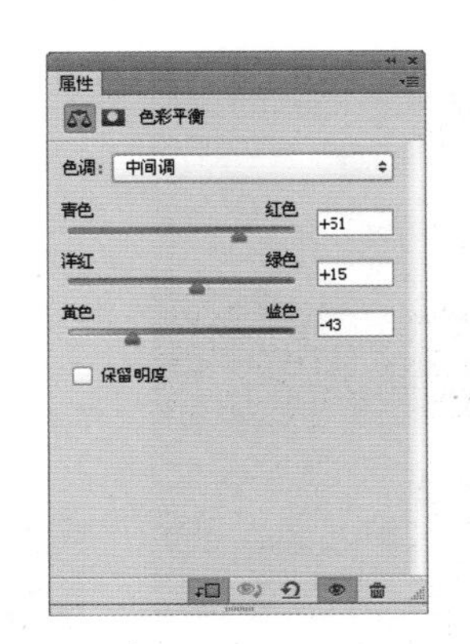

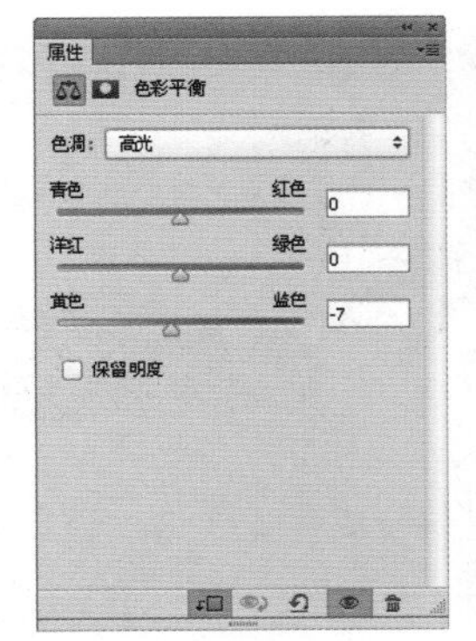

图 12-40 “色彩平衡”调整图层及效果

STEP 18 创建“曲线”调整图层（RGB 通道第一个节点参数为输入 114、输出 76），在弹出的对话框中设置相关参数，更改整体画面的颜色，如图 12-41 所示。

STEP 19 按 Ctrl+O 组合键，打开“文字”素材，将素材拖拽至编辑的窗口中，调整大小和位置，如图 12-42 所示。

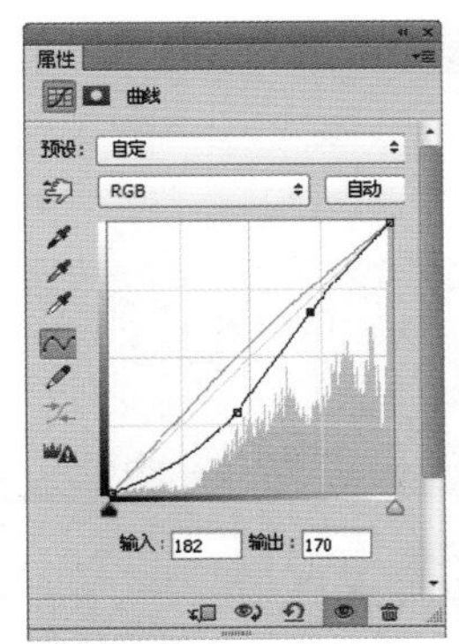

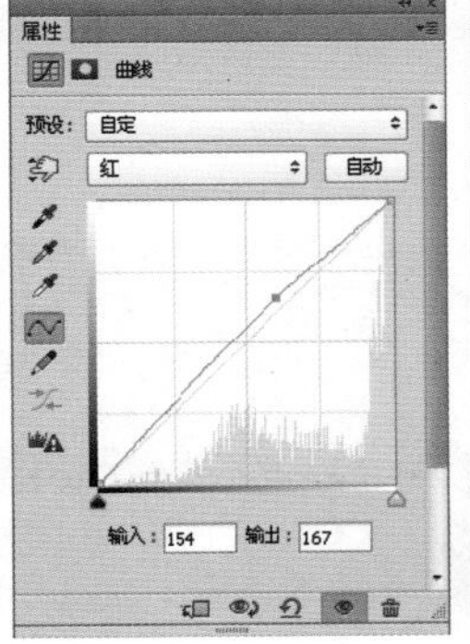

图 12-41 “曲线”参数及效果

图 12-42 最终效果

139. 地铁海报——暗香

随着城市的发展，越来越多的城市开始有了地铁，而地铁上的宣传广告是最引人注目的，它不仅让等候的旅客有了视觉上的感受，也让自己本身有了宣传作用。本实例主要介绍一款简单却不失华丽的地铁香水广告。

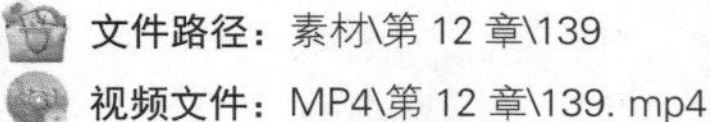

STEP 01 启动 Photoshop CC 程序后执行“文件”|“新建”命令，弹出“新建”对话框，设置相关参数，如图 12-43 所示。

STEP 02 单击“确定”按钮，新建文档。执行“文件”|“打开”命令，弹出“打开”对话框，选择本书配套光盘中“第 12 章\139\139.jpg 文件，单击“打开”按钮。选择工具箱中的“移动”工具，将素材拖拽至新建文件中，按 Ctrl+T 组合键适当调整大小和位置，如图 12-44 所示。

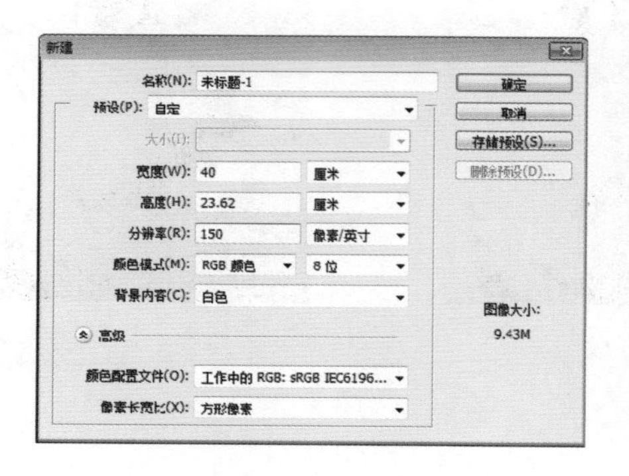

图 12-43 “新建”对话框

图 12-44 打开素材

STEP 03 按 Ctrl+Shift+U 组合键，对背景进行去色。执行“滤镜”|“锐化”|“USM 锐化”命令，对背景进行锐化处理，如图 12-45 所示。

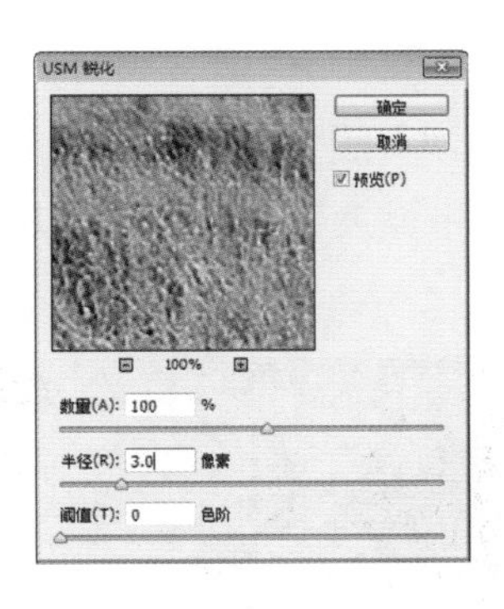

图 12-45　“USM 锐化”参数及效果

STEP 04 按 Ctrl+O 组合键，打开“沙漠”素材。选择“矩形选框”工具，在文件中山的上部分创建选区，按 Ctrl+Alt 组合键的同时将其拖拽到编辑的窗口中，适当调整大小和位置，如图 12-46 所示。

STEP 05 按 Ctrl+Shift+U 组合键，对框选出来的山进行去色。选择图层面板下的“添加图层蒙版”按钮，为该图层添加蒙版，选择“画笔”工具，用黑色的画笔工具将多余的部分擦除，如图 12-47 所示。

图 12-46　拖拽素材

图 12-47　涂抹山体

STEP 06 按 Ctrl+O 组合键，打开“人物”素材，结合本书“通道抠图法”将人物抠取出来并拖拽至编辑的窗口中，调整大小和位置，如图 12-48 所示。

STEP 07 同上述方法继续给文档添加素材，如图 12-49 所示。

图 12-48　拖拽人物

图 12-49　添加文字

STEP 08 选择图层面板下的“创建新的填充或调整图层”按钮，创建“照片滤镜”调整图层，在弹出的对话框中设置参数，更改整体画面的色彩，如图 12-50 所示。

STEP 09 继续创建“亮度对比度”调整图层，在弹出的对话框中设置相关参数，增加对比度让广告更具有质感，效果如图 12-51 所示。

图 12-50 “照片滤镜”效果

图 12-51 最终效果

140. 咖啡广告——浪漫情人节

在情人节这一天，情侣们坐在温馨的咖啡屋喝着美味的咖啡，述说着思念的话语是多么浪漫的一件事情。本例以情人节为主题、字体为中心来制作一幅既简单又明了的咖啡广告。

文件路径：素材\第 12 章\140

视频文件：MP4\第 12 章\140. mp4

原图

制作提示：

STEP 01 新建 21 厘米×28.78 厘米的文档。

STEP 02 添加实例所需要的各种素材到“面板”中。

STEP 03 利用调整图层调整图像的色彩。

STEP 04 利用“文字”工具为文档添加文字。

STEP 05 为文字添加“图层样式”效果。

141 香水广告——黑美人

香水是一种混合了香精油、固定剂与酒精或乙酸乙酯的液体，一般取自于花草植物，用蒸馏法或脂吸法萃取。所以本例以花瓣等艳丽素材作背景，并暗示香水萃取的过程，有很深远的意义。

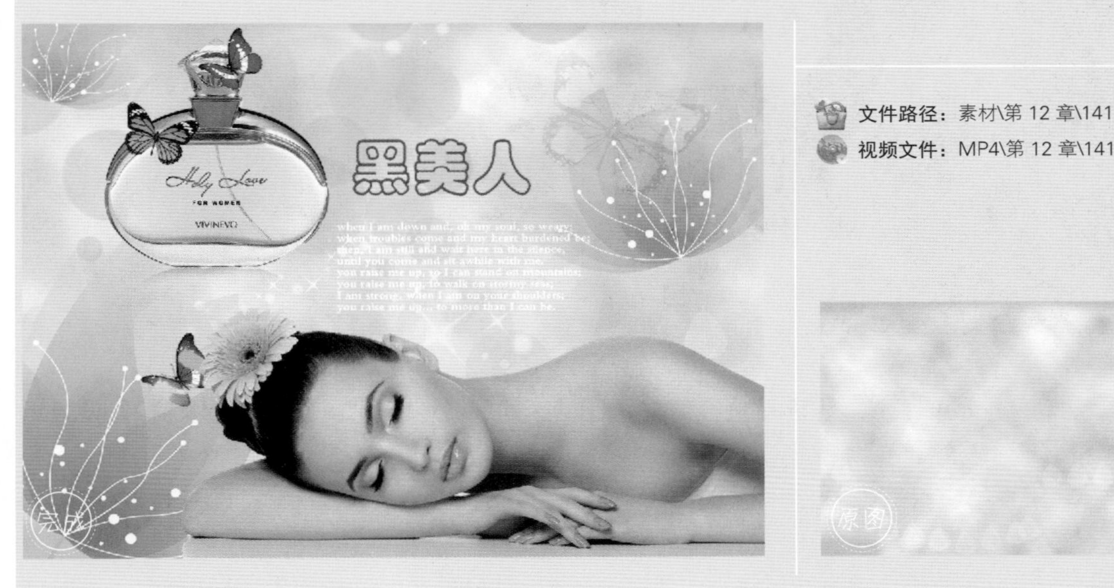

文件路径：素材\第 12 章\141

视频文件：MP4\第 12 章\141. mp4

制作提示：

STEP 01 新建 16 英寸×12 英寸的文档。

STEP 02 添加实例所需要的各种素材到“面板”中。

STEP 03 利用“文字”工具为文档添加文字。

STEP 04 为文字添加“图层样式”效果。

12.3 影楼的版式设计

随着数码相机的普及以及婚纱影楼的盛行，影楼婚纱照片设计已逐渐形成一个产业，随之对修片人员和设计师的要求也越来越高。本小节主要从影楼版式设计出发，介绍几种常见的照片版式设计，在学习版式的同时巩固抠图方法。

142 儿童写真

儿童照片的版式设计要体现出儿童的天真可爱、活泼好动的特性，在色彩上多以纯色、淡色等干净的颜色为主。本例通过方形图案突出人物，再加上文字使画面构图更加饱满。

文件路径：素材\第 12 章\142

视频文件：MP4\第 12 章\142. mp4

STEP 01 启动 Photoshop CC 程序后执行“文件”|“新建”命令，弹出“新建”对话框，设置相关参数如图 12-52 所示。

STEP 02 单击“确定”按钮新建文件。选择工具箱中的“钢笔”工具，创建如图 12-53 所示的路径。

STEP 03 按 Ctrl+Enter 组合键将路径转换为选区。按 Ctrl+Shift+Alt+N 组合键，新建图层，设置前景色为黄色（#ffdd11），按 Alt+Delete 组合键，填充前景色，如图 12-54 所示。

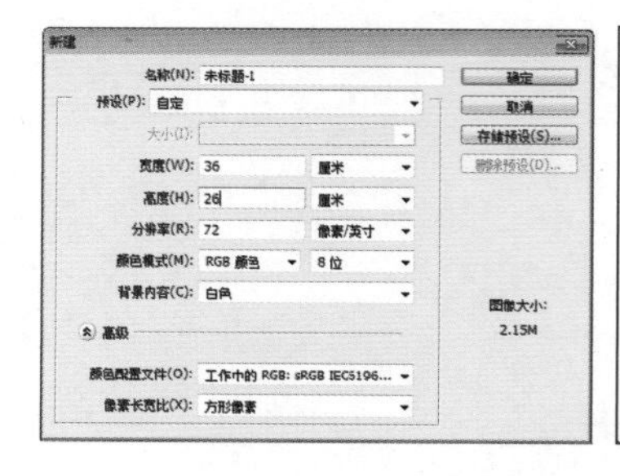

图 12-52 新建文件

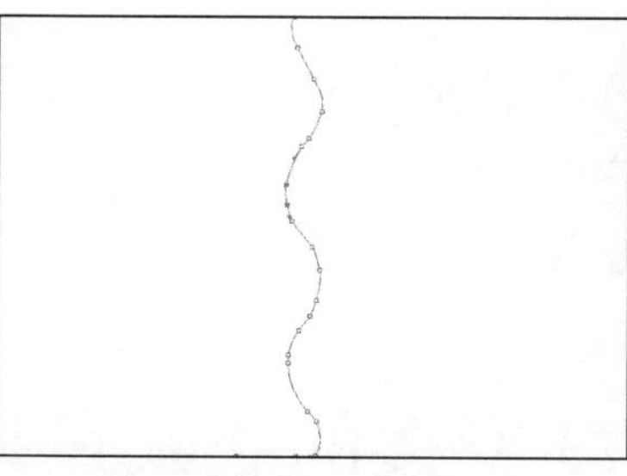

图 12-53 创建路径

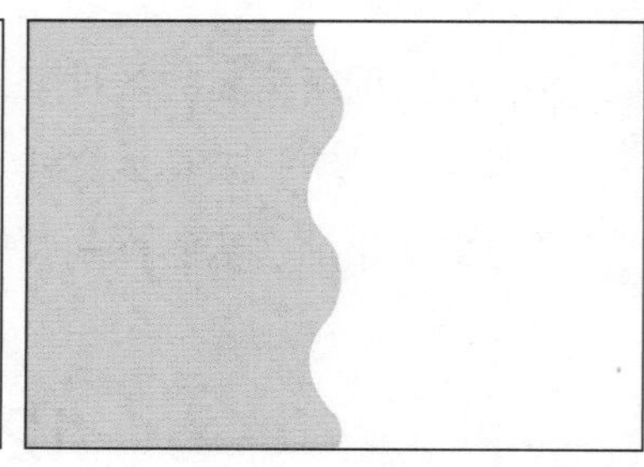

图 12-54 填充前景色

STEP 04 按 Ctrl+J 组合键将填充黄色的图层复制一层，并向下移动一层，填充土黄色(#f9c464)，移动其位置，如图 12-55 所示。

STEP 05 按 Ctrl+O 组合键，打开“照片 1”文件。选择“移动”工具，将照片拖拽至文档中，调整大小及位置，按 Ctrl+Alt+G 组合键，创建剪贴蒙版，将照片剪贴到图形中，如图 12-56 所示。

STEP 06 再次选择“钢笔”工具，创建如图 12-57 所示的路径。

技巧：按 Ctrl+N 组合键可以快速新建文件。

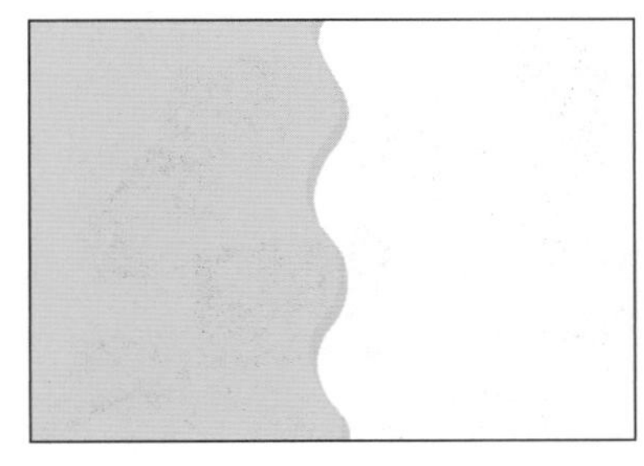

图 12-55 更改前景色

图 12-56 剪贴照片

图 12-57 创建路径

STEP 07 按 Ctrl+Enter 组合键将路径转换为选区。新建图层，填充土黄色，按 Ctrl+D 组合键取消选区，如图 12-58 所示。

STEP 08 同样方法，在土黄色方框内再次创建路径，填充黑色，如图 12-59 所示。

STEP 09 按 Ctrl+O 组合键，打开“照片 2”文件。选择“移动”工具，将照片拖拽至文档中调整大小及位置，按 Ctrl+Alt+G 组合键，创建剪贴蒙版，将照片剪贴到图形中，如图 12-60 所示。

图 12-58 填充颜色

图 12-59 创建黑色矩形

图 12-60 剪贴照片

STEP 10 用上述操作方法创建另外两个矩形框，如图 12-61 所示。

STEP 11 按 Ctrl+O 组合键，打开“卡通背景”素材，将其拖入文档中并更改混合模式为“正片叠底”模式，如图 12-62 所示。

STEP 12 继续添加“卡通猪”素材，放在合适的位置。选择“魔棒”工具，在背景上单击，按 Ctrl+Shift+I 组合键进行反选，选择图层面板下的“添加图层蒙版”按钮，添加一个蒙版，如图 12-63 所示。

图 12-61　剪贴照片

图 12-62　添加卡通素材

图 12-63　添加卡通素材

STEP 13 执行“图像”|“调整”|“替换颜色”命令，在弹出的对话框中设置相关参数，如图 12-64 所示。

STEP 14 打开其他素材及文字放在文档中合适的位置，效果如图 12-65 所示。

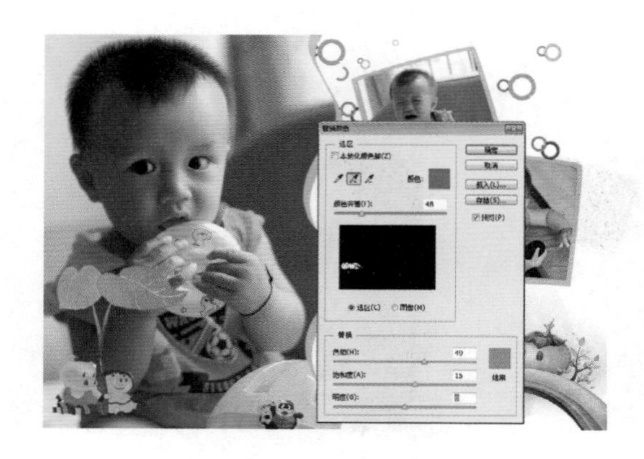

图 12-64　“匹配颜色”对话框

图 12-65　最终效果

143. 儿童日历

儿童日历是儿童照片中不可缺少的一部分，通过日历的形式留住儿童最童真的瞬间。本例通过形状工具及各种素材的搭配，营造出儿童天真浪漫、无忧无虑的性格特征。

文件路径：素材\第 12 章\143

视频文件：MP4\第 12 章\143. mp4

STEP 01 启动 Photoshop CC 程序后执行“文件”|“新建”命令，弹出“新建”对话框，设置相关参数，如图 12-66 所示。

STEP 02 单击“确定”按钮新建文件。按 Ctrl+O 组合键，打开“背景”素材，选择工具箱中的“移动”工具，将背景拖拽到文档中，调整大小和位置，如图 12-67 所示。

STEP 03 按 Ctrl+O 组合键，打开“花框”素材，选择工具箱中的“移动”工具，将背景拖拽到文档中，调整大小和位置，如图 12-68 所示。

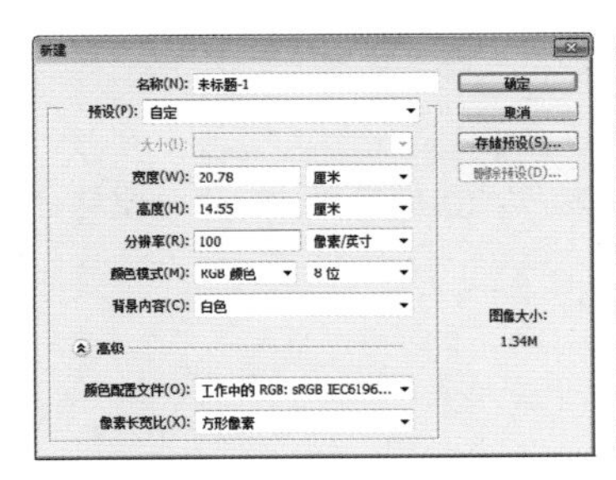

图 12-66 “新建”对话框

图 12-67 打开文件

图 12-68 添加花框素材

STEP 04 选择工具箱中的“矩形”工具，在工具选项栏中设置相关参数，并绘制一个白色的矩形，如图 12-69 所示。

STEP 05 双击矩形形状图层打开“图层样式”对话框，在弹出的对话框中选择“投影”选项，给矩形框制作投影如图 12-70 所示。

STEP 06 按 Ctrl+Shift+Alt+N 组合键，新建图层。选择“钢笔”工具，在工具选项栏中设置相关参数并创建白色的矩形，图 12-71 所示。

图 12-69　绘制矩形框

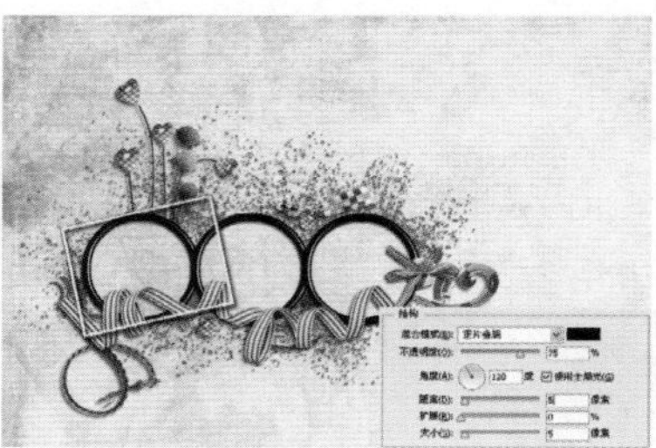

图 12-70　添加投影效果

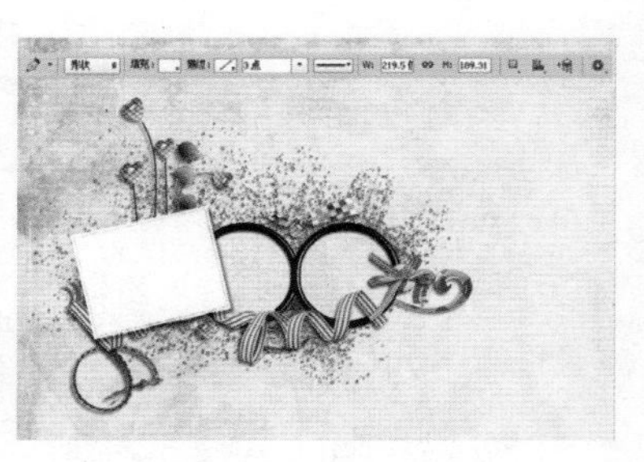

图 12-71　创建矩形

STEP 07 按 Ctrl+O 组合键，打开“外国小女孩”素材，选择“移动”工具，将其拖拽到文档中调整大小。按 Ctrl+Alt+G 组合键创建剪贴蒙版，将图像剪贴到图形中，如图 12-72 所示。

STEP 08 用上述操作方法依次制作两外两个相框并添加素材，效果如图 12-73 所示。

图 12-72　剪贴照片

图 12-73　最终效果

技 巧：在使用形状工具绘制矩形、圆形、多边形、直线和自定义形状时，在创建形状过程中按空格键可以移动形状的位置。

144。艺术照的版式设计

艺术写真是近年来非常流行的一种个人艺术照形式，记录了青春年华的美好时刻。本例通过大小搭配、虚实搭配的设计手法，配以浪漫的背景，给人一种唯美、优雅的感觉。

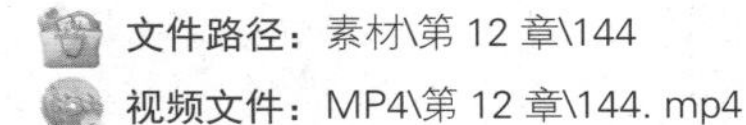

文件路径：素材\第 12 章\144

视频文件：MP4\第 12 章\144. mp4

STEP 01 启动 Photoshop CC 程序后执行“文件”|“新建”命令，弹出“新建”对话框，设置相关参数，如图 12-74 所示。

STEP 02 单击“确定”按钮新建文件。按 Ctrl+O 组合键，打开“01 和 02 照片”素材，选择工具箱中的“移动”工具，将背景拖拽到文档中调整大小和位置，效果如图 12-75 所示。

STEP 03 选择图层面板下的“添加图层蒙版”按钮，为“01 照片”添加蒙版。选择“画笔”工具，用黑色的画笔将照片的边缘擦除使两张照片融合在一起，如图 12-76 所示。

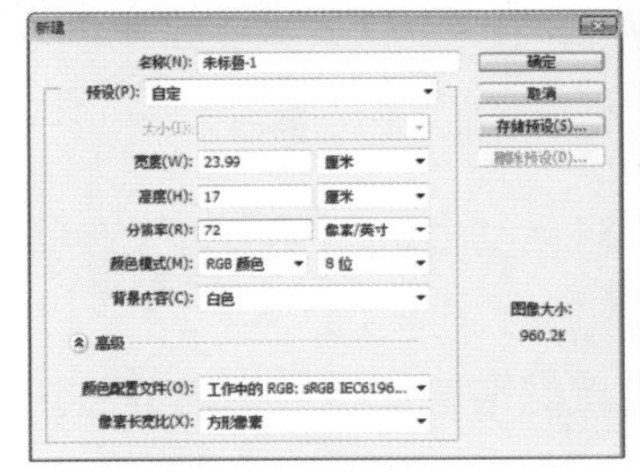

图 12-74 “新建”对话框

图 12-75 拖拽素材

图 12-76 添加蒙版

STEP 04 选择“创建新的填充或调整图层”按钮，创建一个“纯色”调整图层，在弹出的色板中选择紫色（#401c3e），更改“不透明度”为 60%，如图 12-77 所示。

STEP 05 按 Ctrl+J 组合键，将纯色调整图层复制一层，不透明度设置为 60%，选中调整图层的蒙版。选择“渐变”工具，在工具选项栏中的“渐变编辑器”对话框中选择“黑色到白色”的渐变，在画布中从下往上拉出线性渐变，如图 12-78 所示。

STEP 06 按 Ctrl+O 组合键，打开“框”素材，给文档添加素材并添加图层样式，如图 12-79 所示。

图 12-77 “纯色”调整图层

图 12-78 线性渐变

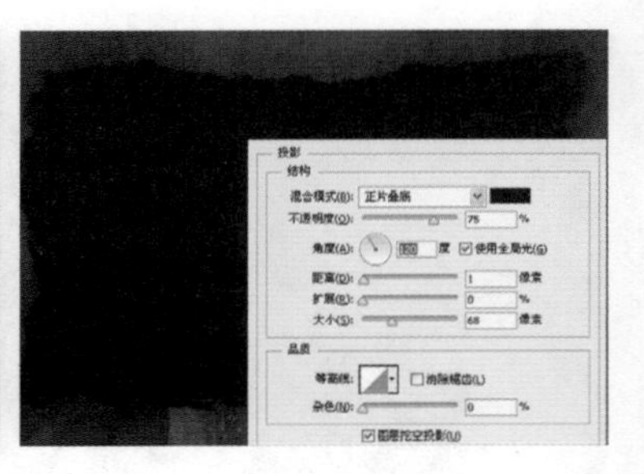
图 12-79 添加样式

STEP 07 再次将“01 和 02 照片”拖入到文档中，按 Ctrl+Alt+G 组合键，创建剪贴蒙版将照片都剪贴到框中。添加图层蒙版将两张图片融合到一起，如图 12-80 所示。

STEP 08 选择图层面板下的“创建新的填充或调整图层”按钮，创建“曲线”调整图层，提亮整体的亮度，如图 12-81 所示。

STEP 09 选择工具箱中的“矩形”工具，在文档中绘制矩形，按 Ctrl+T 组合键调整其位置，如图 12-82 所示。

图 12-80 剪贴照片

图 12-81 “曲线”调整图层

图 12-82 创建矩形

STEP 10 双击矩形形状图层，打开“图层样式”对话框，在弹出的对话框中选择“描边”选项，为矩形形状描边，如图 12-83 所示。

STEP 11 拖入照片，调整其大小和位置。按 Ctrl+Alt+G 组合键，创建剪贴蒙版，将照片剪贴到图形中，图 12-84 所示。

STEP 12 同上述操作方法，依次为文档添加矩形形状，将照片剪贴到形状中并添加文字素材，效果如图 12-85 所示。

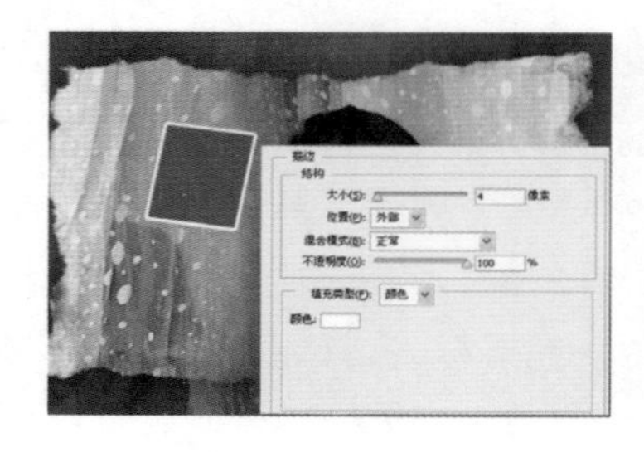
图 12-83 “描边”选项

图 12-84 创建剪贴蒙版

图 12-85 最终效果

145. 艺术日历

艺术日历是艺术照中常见的产品，就是把自己的照片做成日历形式以特别的方式保存。本例通过剪贴蒙版、画笔工具、钢笔工具的综合利用，制作出一幅拥有自己照片的日历。

文件路径：素材\第 12 章\145

视频文件：MP4\第 12 章\145. mp4

原图

制作提示：

STEP 01 新建 21 厘米 × 14.35 厘米的文档。

STEP 02 添加背景素材。

STEP 03 绘制所需要的路径形状，填充白色。

STEP 04 选择“钢笔”工具，在文档中创建路径，填充白色，并进行描边处理。

STEP 05 添加实例所需要的照片素材，创建剪贴蒙版，将照片素材剪贴到形状图层中。

146. 婚纱照的版式设计

在婚纱版面中，色彩、构图、文字和素材是版面的重要部分，只有将它们合理搭配并利用起来，才能制作出好看的婚纱模板。本例就通过色彩、构图、文字及素材制作一幅婚纱内页。

文件路径：素材\第 12 章\146

视频文件：MP4\第 12 章\146. mp4

原图

制作提示：

STEP 01 新建 11 英寸×8 英寸的文档。

STEP 02 填充颜色。

STEP 03 绘制矩形选框并进行描边处理。

STEP 04 添加实例所需要的各种素材到文档中。

STEP 05 选择“椭圆”工具在文档中创建椭圆形状，并将照片素材剪贴到椭圆形状图层中。

STEP 06 添加所需要的文字效果。

12.4 创意设计

在 Photoshop CC 的应用中，抠图是经常用到的操作，对于有创意的图像合成，则是对基本照片处理的升级。完美、独特以及个性夸张的创意作品通常会给人一种强烈的视觉冲击感，更加容易吸引观众的眼球。

147. 燃烧的跑车

合成的最大魅力就在于可以将想象变为现实，为了将自己的想法在画面中形成一种故事，首先要设定主题，然后整理符合主题的图层，同时要掌握一定的 Photoshop 合成技术。本例充分利用蒙版并与滤镜相结合，制作出燃烧的跑车。

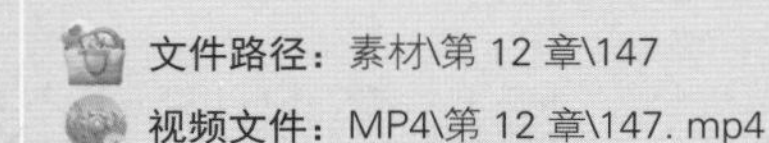

STEP 01 启动 Photoshop CC 程序后执行“文件”|“打开”命令，弹出“打开”对话框，选择本书配套光盘中“第 12 章\147\147.jpg 文件，单击“打开”按钮。选择工具箱中的“钢笔”工具，将图片中的跑车抠选出来，如图 12-86 所示。

STEP 02 按 Ctrl+J 组合键复制跑车。按 Ctrl+Shift+U 组合键，对图像进行去色，如图 12-87 所示。

STEP 03 执行“滤镜”|“风格化”|“查找边缘”命令，如图 12-88 所示。

图 12-86 抠取跑车

图 12-87 去色

图 12-88 “查找边缘”效果

STEP 04 按 Ctrl+I 组合键，对图像进行反相。将此图层复制，更改混合模式为“滤色”模式，如图 12-89 所示。

STEP 05 选择图层面板下的“创建新的填充或调整图层”按钮，创建“渐变映射”调整图层选项。双击颜色条，弹出“渐变编辑器”对话框，设置滑块颜色分别为黑色、(#e24242)、(#fa6206)、(#fa6206)、(#f9ebab)和白色，并将“背景图层”隐藏，效果如图 12-90 所示。

STEP 06 双击“图层 1 副本”图层打开“图层样式”对话框，分别添加红色的“内发光”和黄色的“外发光”选项，如图 12-91 所示。

图 12-89 “反相”效果

图 12-90 “渐变映射”效果

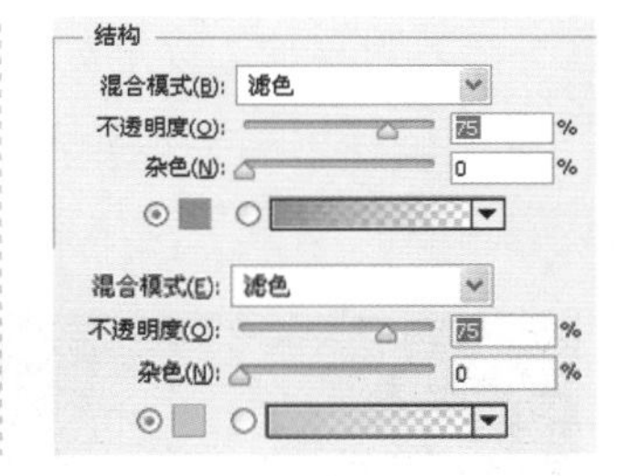

图 12-91 添加“图层样式

STEP 07 选择“橡皮擦”工具，在跑车的轮廓上进行涂抹将图层样式显示出来，如图 12-92 所示。

STEP 08 按 Ctrl+Shift+Alt+N 组合键，新建图层，更改其混合模式为“柔光”，用黄色的画笔在跑车的路口上涂抹加重跑车的燃烧感，如图 12-93 所示。

STEP 09 载入跑车选区，选中“背景”图层，按 Ctrl+J 组合键将选区内的跑车复制一层，按 Ctrl+Shift+]组合键，将其置顶。更改其模式为“滤色”。添加蒙版，车盖保留将其他地方擦除掉，如图 12-94 所示。

图 12-92 显示图层样式

图 12-93 加重轮廓

图 12-94 添加车盖

STEP 10 创建“曲线”调整图层，设置其参数，按 Ctrl+Alt+G 组合键创建剪贴蒙版，增加跑车的对比度，如图 12-95 所示。

STEP 11 按 Ctrl+O 组合键，打开“黄昏公路”素材。选择“移动”工具，将背景图层以外的所有图层拖拽到此文件中，如图 12-96 所示。

STEP 12 选择“渐变映射”调整图层的蒙版层，用黑色的画笔将公路的天空涂抹出来，只保留跑车的燃烧感，如图 12-97 所示。

图 12-95 增加对比度

图 12-96 添加背景

图 12-97 擦除天空

STEP 13 按 Ctrl+O 组合键，打开“火焰”素材，并将其添加跑车文档中，更改混合模式为“滤色”，为跑车加上火焰如图 12-98 所示。

STEP 14 继续给跑车添加火焰，如图 12-99 所示。

STEP 15 在“背景”图层上新建图层，为燃烧的跑车添加阴影，最后如图 12-100 所示。

图 12-98 添加火焰

图 12-99 添加火焰

图 12-100 最终效果

技巧：打开“滤镜”命令时发现滤镜少了。其实滤镜并没有减少，只是分布方式有所改变。在以前的版本中，“滤镜库”中的各个滤镜也同时出现在相应的滤镜组菜单中，从 Photoshop CS6 起则将其全部转移到“滤镜库”中，不过可以通过设置首选项让它们重新出现在滤镜菜单中。

148. 蝴蝶精灵

春天到，花儿俏，蝴蝶精灵丛中笑，美丽的蝴蝶精灵化茧成蝶是经过许多次的磨练才成就最后辉煌的。本例利用滤镜、通道、蒙版等合成技术，制作一幅回归大自然的蝴蝶精灵的图像。

文件路径：素材\第 12 章\148

视频文件：MP4\第 12 章\148. mp4

STEP 01 启动 Photoshop CC 程序后执行“文件”|“新建”命令，弹出“新建”对话框，设置相关参数，如图 12-101 所示。

STEP 02 单击“确定”按钮新建文档。按 Ctrl+O 组合键，打开“大海”素材。选择工具箱中的“移动”工具，将素材拖拽至文档中，适当调整其位置，继续添加“花”的素材，如图 12-102 所示。

STEP 03 按 Ctrl+Shift+Alt+N 组合键，新建图层。选择工具箱中的“矩形选框”工具，在画布中创建矩形，如图 12-103 所示。

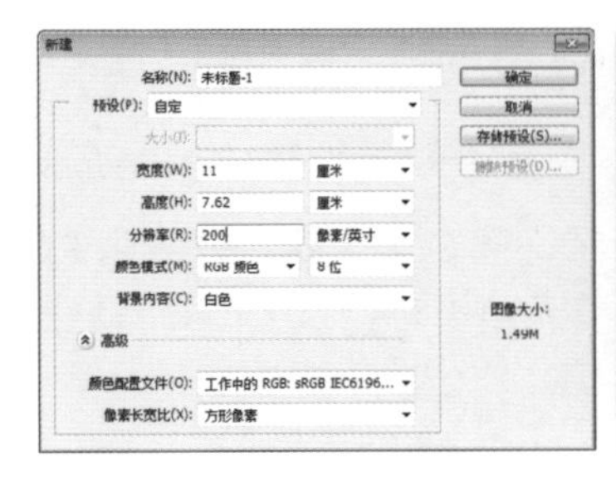

图 12-101 “新建”对话框

图 12-102 添加大海和花

图 12-103 创建矩形选区

STEP 04 选择“渐变”工具，在工具选项中打开“渐变编辑器”对话框，在渐变条上设置滑块的颜色分别为深蓝色（#10184e）、紫色（#9039f1）、蓝色（#0717ff）、青色（#00fef7）到亮绿色（#00ff2a），从画布的右上角往左下角拉出线性渐变，如图 12-104 所示。

STEP 05 更改其混合模式为“色相”。选择图层面板下的“添加图层蒙版”按钮，添加图层蒙版，选择“画笔”工具，用黑色画笔工具将多余的部分擦除掉，效果如图 12-105 所示。

STEP 06 按 Ctrl+O 组合键，打开“城堡”素材，结合本书的“钢笔”工具抠图的方法，将城堡抠取出来并将其拖拽到文档中，放在适合的位置，如图 12-106 所示。

STEP 07 按 Ctrl+J 组合键，复制城堡。按 Ctrl+T 组合键进行垂直翻转，给城堡制作倒影，添加蒙版，适当降低不透明度将部分城堡隐藏，如图 12-107 所示。

图 12-104　填充渐变色

图 12-105　更改混合模式

图 12-106　添加城堡

STEP 08 按 Ctrl+Shift+Alt+N 组合键，新建图层。选中"通道"面板，在通道面板中选择"创建新通道"按钮，创建新的通道。执行"滤镜"|"渲染"|"纤维"命令，在弹出的对话框中设置相关参数，如图 12-108 所示。

STEP 09 执行"滤镜"|"模糊"|"动感模糊"命令，在弹出的对话框中设置参数，如图 12-109 所示。

图 12-107　添加倒影

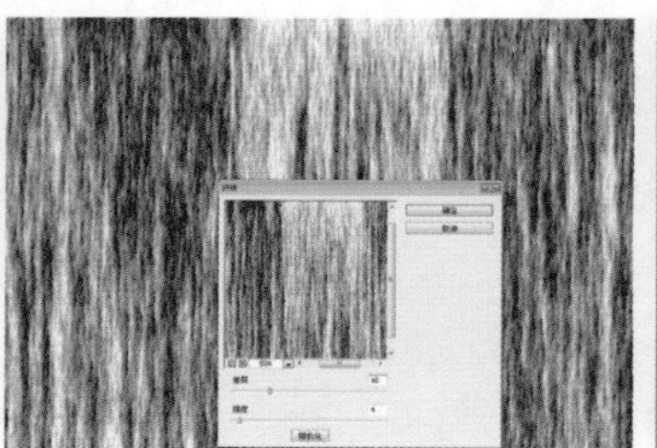

图 12-108　"纤维"效果

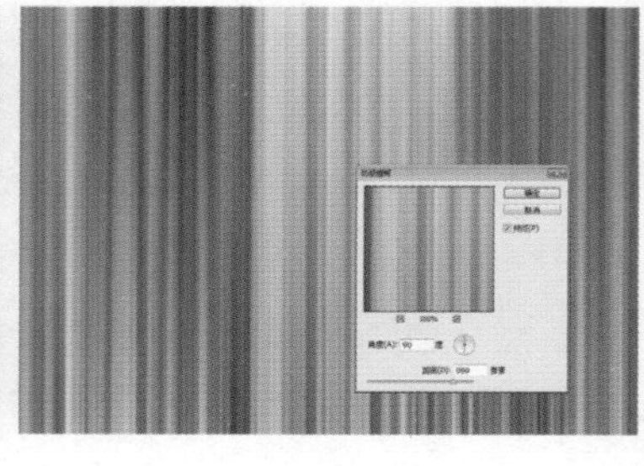

图 12-109　"动感模糊"效果

STEP 10 执行"滤镜"|"扭曲"|"极坐标"命令，在弹出的对话框中设置参数，如图 12-110 所示。

STEP 11 按住 Ctrl 键的同时单击 Alpha 通道，载入 Alpha 通道的选区，按 Ctrl+2 组合键回到 RGB 模式，选择图层面板，将前景色设为白色，按 Alt+Delete 组合键填充前景色，按 Ctrl+D 组合键取消选区，如图 12-111 所示。

STEP 12 选择"椭圆选框"工具，绘制一个椭圆，按 Shift+F6 组合键羽化 100 像素，按 Ctrl+Shift+I 组合键进行反选，按 Delete 键将其删除，按 Ctrl+D 组合键取消选区，如图 12-112 所示。

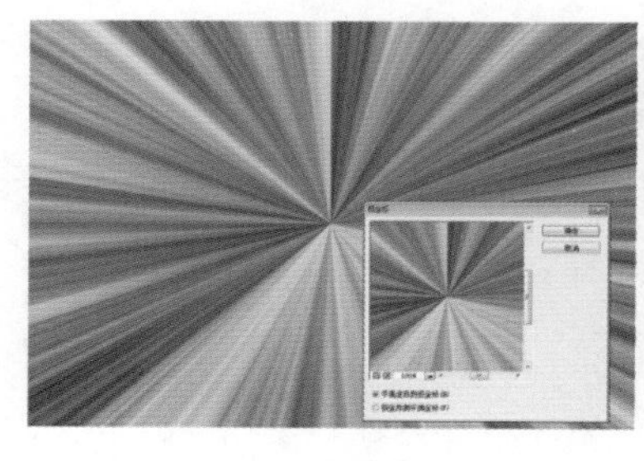

图 12-110　"极坐标"效果

图 12-111　填充效果

图 12-112　删除

STEP 13 选择“矩形选框”工具，在光束上方创建矩形，按 Delete 键将多余的光束删掉，并更改另一半光束的位置。双击该光束图层打开“图层样式”对话框，在弹出的对话框中选择“外发光”选项，设置相关参数，更改不透明度为 75%，如图 12-113 所示。

STEP 14 按 Ctrl+O 组合键，打开“蝴蝶”和“星光”素材，为文档继续添加素材，如图 12-114 所示。

STEP 15 按 Ctrl+O 组合键，打开“精灵”素材，结合本书“磁性套索”工具抠图的方法，将精灵抠取出来拖拽到文档中，按 Ctrl+T 组合键进行水平翻转，效果如图 12-115 所示。

图 12-113 “外发光”选项

图 12-114 添加素材

图 12-115 最终效果

149. 天鹅之女

传说远古时候，一个勇士在战斗中负了伤被困在戈壁上，生命垂危，一只天鹅飞来把他引到清泉边，勇士解渴后伤口痊愈，天鹅变成一个美丽的姑娘和勇士结婚，生了一个儿子。本例利用蒙版抠图、蒙版及调整图层的运用来制作躺在湖面上休憩的天鹅女。

文件路径：素材\第 12 章\149
视频文件：MP4\第 12 章\149.mp4

制作提示：

STEP 01 新建 24.69cm × 12.7cm 的文档。

STEP 02 添加实例所需要的素材文件，并对添加后的素材文件进行色彩处理。

STEP 03 新建图层，填充蓝色，利用“加深”与“减淡”工具涂抹，制作成天空的样子。

STEP 04 添加湖水，让人物下方的空间更加显得有饱满度。

STEP 05 继续添加实例所需要的素材。

STEP 06 利用调整图层调整整幅图像的色调。

150. 藤蔓

每个女孩心里都有一棵爱的藤蔓，当新的爱情开始时，藤蔓会慢慢地延伸，爱情结果时，藤蔓会结出果实。本例通过素材及调整图层的相结合制作一幅果实累累的爱情藤蔓。

文件路径：素材\第 12 章\150

视频文件：MP4\第 12 章\150.mp4

制作提示：

STEP 01 新建 20cm × 13.34cm 的文档。

STEP 02 将人物及天空素材添加到文档中，并调整人物的整体色调。

STEP 03 选择“画笔”工具在人物的肌肤上制作高光区域和暗部区域。

STEP 04 添加实例所需要的素材至文档中，添加图层蒙版，将多余的素材进行隐藏。

STEP 05 添加苹果素材，执行“动感模糊”命令，模糊苹果。

STEP 06 利用调整图层调整整个图像的色调。